全国技工院校“十二五”系列规划教材

中国机械工业教育协会推荐教材

钳工工艺与综合技能训练

（理实一体化）

主　编　汪哲能

副主编　杨美玉　魏立仲

参　编　徐文庆　马玉涛　赵　琦

　　　　柴茂田　齐海龙

主　审　宋满仓

机 械 工 业 出 版 社

本书是为适应当前职业教育人才培养模式、课程体系和教学内容等改革的要求，以劳动和社会保障部培训就业司2008年颁发的高级技工学校专业教学计划与教学大纲为参考，根据钳工职业技能标准，以达到国家职业技能鉴定标准和就业能力为目标而编写的。作为一本理实一体化的教材，本书将钳工工艺与钳工实习的内容有机地结合在一起，内容包括钳工常用工量具、划线、锉削、錾削、锯削、孔加工、螺纹加工、刮削与研磨、矫正与弯曲、铆接与粘接、装配及3个综合练习，共14个单元。

本书可作为高级技工学校、技师学院及各类职业院校机械类专业教材，也可作为企业职工培训教材及相关工程技术人员的参考用书。

图书在版编目（CIP）数据

钳工工艺与综合技能训练：理实一体化/汪哲能主编. —北京：机械工业出版社，2012.8（2023.8重印）

全国技工院校“十二五”系列规划教材

ISBN 978-7-111-38935-4

Ⅰ.①钳…　Ⅱ.①汪…　Ⅲ.①钳工—技工学校—教材　Ⅳ.①TG9

中国版本图书馆CIP数据核字（2012）第140967号

机械工业出版社（北京市百万庄大街22号　邮政编码100037）

策划编辑：马　晋　责任编辑：马　晋

版式设计：霍永明　责任校对：张　薇

封面设计：张　静　责任印制：常天培

北京机工印刷厂有限公司印刷

2023年8月第1版第10次印刷

184mm×260mm · 13.5印张 · 334千字

标准书号：ISBN 978-7-111-38935-4

定价：28.00元

电话服务	网络服务
客服电话：010-88361066	机　工　官　网：www.cmpbook.com
010-88379833	机　工　官　博：weibo.com/cmp1952
010-68326294	金　　书　　网：www.golden-book.com
封底无防伪标均为盗版	机工教育服务网：www.cmpedu.com

全国技工院校“十二五”系列规划教材
编审委员会

序

“十二五”期间，加速转变生产方式，调整产业结构，将是我国国民经济和社会发展的重中之重。而要完成这种转变和调整，就必须有一大批高素质的技能型人才作为后盾。根据《国家中长期人才发展规划纲要（2010—2020年）》的要求，至2020年，我国高技能人才占技能劳动者的比例将由2008年的24.4%上升到28%（目前一些经济发达国家的这个比例已达到40%）。可以预见，作为高技能人才培养重要组成部分的高级技工教育，在未来的10年必将会迎来一个高速发展的黄金期。近几年来，各职业院校都在积极开展高级工培养的试点工作，并取得了较好的效果。但由于起步较晚，课程体系、教学模式都还有待完善与提高，教材建设也相对滞后，至今还没有一套适合高级技工教育快速发展需要的成体系、高质量的教材。即使一些专业（工种）有高级工教材也不是很完善，或是内容陈旧、实用性不强，或是形式单一、无法突出高技能人才培养的特色，更没有形成合理的体系。因此，开发一套体系完整、特色鲜明、适合理论实践一体化教学、反映企业最新技术与工艺的高级工教材，就成为高级技工教育亟待解决的课题。

鉴于高级技工教材短缺的现状，机械工业出版社与中国机械工业教育协会从2010年10月开始，组织相关人员，采用走访、问卷调查、座谈等方式，对全国有代表性的机电行业企业、部分省市的职业院校进行了历时6个月的深入调研。对目前企业对高级工的知识、技能要求，各学校高级工教育教学现状、教学和课程改革情况以及对教材的需求等有了比较清晰的认识。在此基础上，他们紧紧依托行业优势，以为企业输送满足其岗位需求的合格人才为最终目标，组织了行业和技能教育方面的专家精心规划了教材书目，对编写内容、编写模式等进行了深入探讨，形成了本系列教材的基本编写框架。为保证教材的编写质量、编写队伍的专业性和权威性，2011年5月，他们面向全国技工院校公开征稿，共收到来自全国22个省（直辖市）的110多所学校的600多份申报材料。在组织专家对作者及教材编写大纲进行了严格的评审后，决定首批启动编写机械加工制造类专业、电工电子类专业、汽车检测与维修专业、计算机技术相关专业教材以及部分公共基础课教材等，共计80余种。

本系列教材的编写指导思想明确，坚持以达到国家职业技能鉴定标准和就业能力为目标，以各专业的工作内容为主线，以工作任务为引领，由浅入深，循序渐进，精简理论，突出核心技能与实操能力，使理论与实践融为一体，充分体现“教、学、做合一”的教学思想，致力于构建符合当前教学改革方向的，以培养应用型、技术型、创新型人才为目标的教材体系。

本系列教材重点突出了如下三个特色：一是“新”字当头，即体系新、模式新、内容新。体系新是把教材以学科体系为主转变为以专业技术体系为主；模式新是把教材传统章节模式转变为以工作过程的项目为主；内容新是教材充分反映了新材料、新工艺、新技术、新方法。二是注重科学性。教材从体系、模式到内容符合教学规律，符合国内外制造技术水平实际情况。在具体任务和实例的选取上，突出先进性、实用性和典型性，便于组织教学，以提高学生的学习效率。三是体现普适性。由于当前高级工生源既有中职毕业生，又有高中生，各自学制也不同，还要考虑到在职人群，教材内容安排上尽量照顾到了不同的求学者，适用面比较广泛。

此外，本系列教材还配备了电子教学课件，以及相应的习题集，实验、实习教程，现场操作视频等，初步实现教材的立体化。

我相信，本系列教材的出版，对深化职业技术教育改革，提高高级工培养的质量，都会起到积极的作用。在此，我谨向各位作者和所在单位及为这套教材出力的学者表示衷心的感谢。

原机械工业部教育司副司长

中国机械工业教育协会高级顾问

郝广发

前言

为适应当前职业教育人才培养模式、课程体系和教学内容等改革的要求，在中国机械工业教育协会和机械工业出版社的大力支持下，我们在对市场进行详尽调研，认真听取行业专家、教育专家意见，总结近几年职业教育教学实践成功经验的基础上，组织相关专业教师编写了本书。

我们以劳动和社会保障部培训就业司2008年颁发的高级技工学校专业教学计划与教学大纲为参考，以“注重实践、强化应用”为指导思想，将本书定位为任务驱动、理实一体化模式，根据钳工职业技能标准，以达到国家职业技能鉴定标准和就业能力为目标，将钳工工艺与钳工实习的内容有机地结合在一起，充分体现“教、学、做合一”的教学思想。

在编写过程中我们力求做到图文并茂、形象直观、通俗易懂，让学生由浅入深，理论联系实际，逐步掌握钳工相关的工艺知识及基本操作技能，从而具备完成生产任务和分析问题、解决问题的能力。我们致力于将本书打造成符合当前教学改革方向的，以培养应用型、技术型、革新型人才为目标的教材。

本书由衡阳财经工业职业技术学院汪哲能任主编，黑龙江技师学院杨美玉、石家庄市机械技工学校魏立仲任副主编，衡阳财经工业职业技术学院徐文庆、黑龙江技师学院马玉涛、石家庄市机械技工学校赵琦、柴茂田、齐海龙参加编写工作。具体分工如下：汪哲能编写单元一、单元十一；杨美玉编写单元二、单元十四；魏立仲编写单元七、单元九；齐海龙编写单元三、单元十二；马玉涛编写单元四；徐文庆编写单元五；柴茂田编写单元六、单元八；赵琦编写单元十、单元十三，全书由汪哲能负责统稿。大连理工大学模塑制品教育部工程研究中心宋满仓教授认真仔细地审阅了书稿，并提出了许多宝贵的修改意见和中肯的改进建议。在本书的编写过程中，编者参阅了同类书籍及有关资料、技术标准等，在此对主审及相关作者谨致以衷心的谢意。

本书可作为高级技工学校、技师学院及各类职业院校机械类专业高级工通用教材，也可作为企业职工培训教材及相关工程技术人员的参考用书。我们期望读者能通过本书了解钳工工艺知识，掌握钳工操作技能。

由于编者水平所限，虽然我们在编写过程中认真核查、反复校对、多方求证、力求完美，但难免还会存在不足和欠妥之处，恳请读者批评指正。

编　者

目　录

单元一 钳工常用工量具

1

知识目标：

1. 了解钳工常用的设备及工具；
2. 了解钳工常用的量具。

技能目标：

1. 掌握钳工常用设备及工具的使用；
2. 掌握钳工常用量具的使用。

钳工是大多用手工工具并经常在台虎钳上进行手工操作的一个工种。与机械加工相比，钳工操作劳动强度大、生产效率低，但可以完成机械加工不便或难以完成的工作，在机械制造和设备维修工作中，钳工仍是不可缺少的重要工种。钳工的主要工作任务有：

1. 加工零件

如零件加工过程中的划线、精密加工（如刮削、研磨等）以及检验和修配等。在单件、小批量生产或缺乏设备的情况下，采用钳工加工零件仍是一种经济实用的方法。

2. 装配

把零件按机械设备的各项技术要求进行组件、部件装配和总装配，并经过调整、检验和试运行等，使之成为合格的机械设备。

3. 设备维修

当机械设备在使用过程中出现故障、损坏或长期使用后精度降低而影响使用时，也要通过钳工进行维护和修理。

4. 工具的制造和修理

制造和修理各种工具、夹具、量具、模具及各种专用设备。

随着机械工业的发展，钳工的工作范围日益广泛，需要掌握的技术知识和技能也逐步提高。钳工要完成好本职工作，必须掌握好钳工的各项基本操作技能，如划线、錾削、锉削、锯削、钻孔、锪孔、铰孔、攻螺纹和套螺纹、刮削、研磨及基本测量技能和简单热处理方法等。

课题一　钳工常用的设备及工具

一、台虎钳

1. 台虎钳的种类

台虎钳是用来夹持工件的通用夹具，有固定式和回转式两种结构类型，如图 1-1 所示。

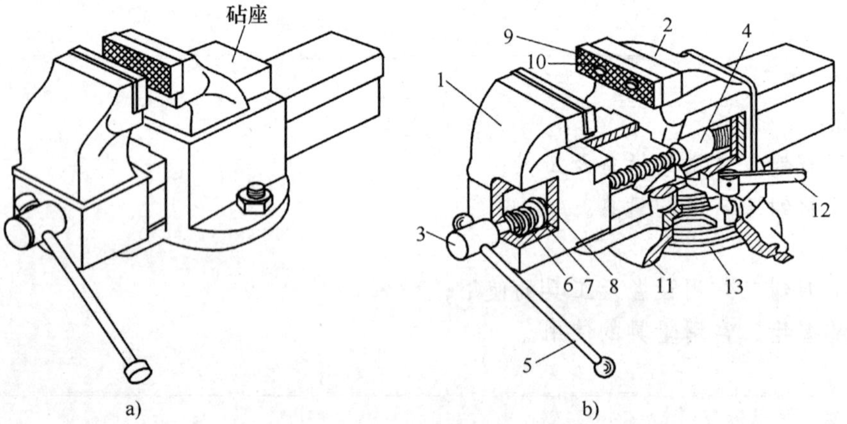

图 1-1　台虎钳

a）固定式　b）回转式

1—活动钳身　2—固定钳身　3—丝杠　4—丝杠螺母　5—手柄　6—弹簧　7—挡圈　8—销　9—钢制钳口　10—螺钉　11—转座　12—锁紧手柄　13—夹紧盘

2. 台虎钳的结构

由于回转式台虎钳使用较为灵活，因此使用广泛。下面着重介绍其构造和工作原理。活动钳身 1 通过导轨与固定钳身 2 的导轨孔做滑动配合。丝杠 3 装在活动钳身上，可以旋转，但不能轴向移动，并与安装在固定钳身内的丝杠螺母 4 配合。当转动手柄 5 使丝杠旋转，就可带动活动钳身相对于固定钳身做进退移动，起夹紧或松开工件的作用。弹簧 6 借助挡圈 7 和销 8 固定在丝杠上，其作用是当放松丝杠时，可使活动钳身及时地退出。在固定钳身和活动钳身上，各装有钢制钳口 9，并用螺钉 10 固定。钳口的工作面上制有交叉的网纹，使工件夹紧后不易产生滑动。钳口经过热处理淬硬，具有较好的耐磨性。固定钳身装在转座 11 上，并能绕转座轴心线转动，当转到要求的方向时，扳动锁紧手柄 12 使夹紧螺钉旋紧，便可在夹紧盘 13 的作用下把固定钳身紧固不动。转座上有三个螺栓孔，用于与钳台固定。

3. 台虎钳的规格

台虎钳的规格以钳口的宽度进行表示，常用的有 100mm、125mm、150mm 等。

4. 使用台虎钳的注意事项

1）夹紧工件时只允许依靠手的力量来扳动手柄，不允许用锤子敲击或套上长管子来扳手柄，以防丝杠、螺母或钳身因过载而损坏。

2）在夹持工件时应尽量将工件夹在钳口的中间位置，以避免钳口受力不均匀。

图 1-2 钳桌的高度

3）在进行强力工作时（比如錾削），应尽量使作用力朝向固定钳身，否则将额外增加丝杠和螺母的载荷，容易造成螺纹的损坏。

4）每次工作完毕后应将所夹持的工件卸下，避免丝杠及螺母长时间受力。

二、钳桌（钳台）

钳桌用来安装台虎钳、放置工量具和工件等。

钳桌高度为 800～900mm，为便于操作，钳口高度以恰好与操作者的肘部齐平为宜，如图 1-2 所示。

三、砂轮机

1. 砂轮机的作用

砂轮机用来刃磨錾子、钻头等刀具或其他工具，也可用来磨工件或材料上的毛刺、锐边、氧化皮等。

2. 砂轮机的组成

砂轮机主要由砂轮、电动机和机座组成，如图 1-3 所示。

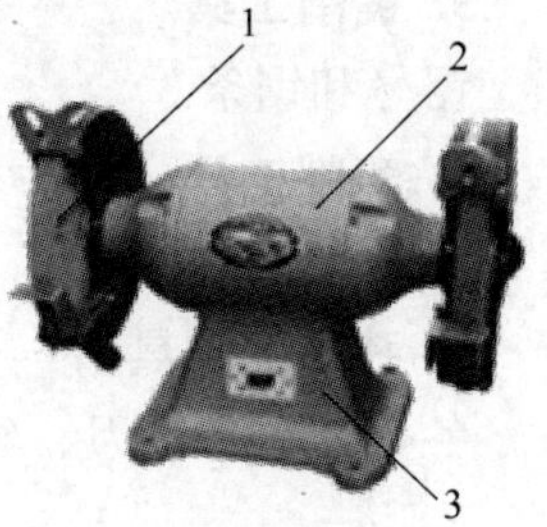

图 1-3 砂轮机

1—砂轮 2—电动机 3—机座

砂轮是由磨料和结合剂构成的特殊刀具，质地硬而脆，工作时转速较高，因此使用砂轮机时应严格遵守安全操作规程，严防砂轮碎裂和造成人身事故。

3. 使用砂轮机的注意事项

1）使用前应检查砂轮机电源接线是否完好，防护罩必须牢固安全，砂轮机的搁架与砂轮间距离保持在 3mm 以内，如图 1-4a 所示。如果间隔距离过大，则在刃磨时容易将刃磨对象夹在砂轮与搁板之中，引起砂轮爆裂，造成安全事故，如图 1-4b 所示。

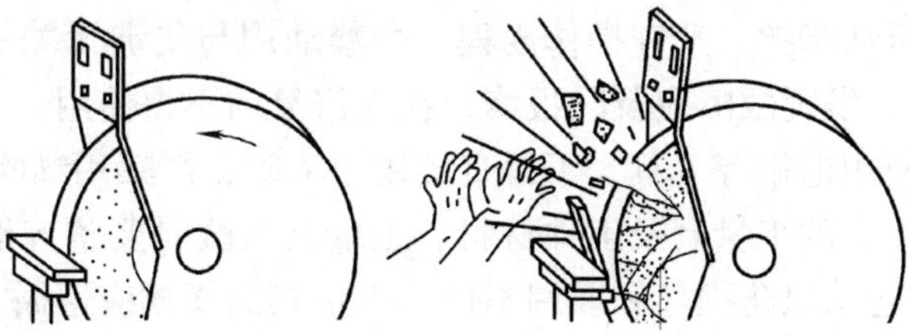

图 1-4 砂轮与搁架的距离不能太大

2）砂轮的旋转方向应正确，使磨屑向下方飞离砂轮。

3）起动后，应等砂轮转速平稳后再进行磨削。

4）磨削时要防止刀具或工件撞击砂轮或施加过大的压力。

5）磨削时，操作者不要站立在砂轮的正对面，而应站在侧面或斜对面。

6）使用砂轮时，必须使用砂轮的外圆柱面刃磨，不得使用砂轮的侧面，以防砂轮变薄后强度不够，发生事故。

四、钻床

钻床是用来对工件进行孔加工的设备。

常用钻床有台式钻床、立式钻床和摇臂钻床等，可以根据加工对象及加工要求的不同进行选择。

五、钳工各类工具

1. 划线工具

划线工具主要有钢直尺、划针、划规、划线平板、游标高度尺、直角尺、样冲等。

2. 锉削工具

各种种类及规格的锉刀。

3. 锯削工具

锯弓和锯条。

4. 錾削工具

锤子和各种錾子。

5. 孔加工工具

各类钻头、铰刀、丝锥和铰杠等。

六、钳工实训工场安全规则

1）进入实训工场必须穿工作服，严禁穿拖鞋或凉鞋。女生在操作机床时必须戴工作帽，并将头发扎在帽子里。严禁戴手套操作机床。

2）不迟到、不早退、不无故缺席，不擅自离开实训岗位。不准在实训工场内吃零食，严禁大声喧哗、追逐嬉闹和持器件工具打闹。爱护实训工场的设备设施，严禁损坏。不允许在划线平板上校正工件，禁止用锤子等敲击平板。

3）认真训练，听从指挥，严守操作规程，严禁动用与实训无关的机床设备。使用的机床和工具要经常检查，发现故障应及时报修，在未修复前不得使用。

4）清除切屑要使用毛刷等工具，不得直接用手清除，严禁用嘴吹。

5）妥善保管好个人的工量具及工件材料。工量具收藏时要整齐地放入工具箱内，不要任意堆放，混杂在一起，以防损坏和取用不便。工量具的摆放应遵循方便、安全、合理的原则。锤子、锯弓等工具，应平稳地放在钳桌上，不要将手柄露在外面。使用计量器具时要轻拿轻放，防止磕碰。量具不能与工具或工件混放在一起。在使用量具时，应将量具盒合上，量具置于盒盖上，避免切屑、灰尘等掉入盒内。用完后及时将量具擦拭干净后再放入盒内。

6）毛坯和已加工的零件应放在规定的位置，排列要整齐平稳，保证安全，便于取放，并避免碰伤工件上已加工表面。

7）工作完毕，必须清理工作场地，将工具和零件整齐地摆放在指定的位置上，并做好设备清洁和日常设备维护工作。

课题二　钳工常用的量具

一、测量概述

所谓测量，是指将被测量（未知量）与已知的标准量进行比较，以得到被测量大小的过程，是对被测量对象定量认识的过程。

1. 量具的种类

用来测量、检验零件和产品尺寸及形状的工具被称为量具。量具的种类很多，根据其用途和特点，可分为三种类型：

（1）万能量具　这类量具一般都有刻度，在测量范围内可以测量零件和产品形状及尺寸的具体数值，如钢直尺、游标卡尺、千分尺、游标万能角度尺等。

（2）专用量具　这类量具不能测量出实际尺寸，只能测定零件和产品的形状及尺寸是否合格，如塞尺、半径样板等。

（3）标准量具　这类量具只能制成某一固定尺寸，通常用来校对和调整其他量具，也可以作为标准与被测量件进行比较，如量块等。

2. 长度的单位

我国法定的长度单位名称和代号见表1-1。

表1-1　长度计量单位

单位名称	代　号	对基准单位的比
米	m	基准单位
分米	dm	10^{-1}
厘米	cm	10^{-2}
毫米	mm	10^{-3}
微米	μm	10^{-6}

工厂里有时也采用丝米（dmm）、忽米（cmm）等非法定单位，$1\text{dmm}=10^{-4}\text{m}$，$1\text{cmm}=10^{-5}\text{m}$。习惯上把忽米叫做“丝”或“道”，即1丝（或1道）=0.01mm。需注意的是，“丝”和“丝米”不是一个概念。

除了米制单位外，在有些场合还会使用到英制尺寸。钳工常用英制尺寸的换算方法和名称如下：

1ft = 12in（1英尺 = 12英寸）

英制尺寸常以英寸为单位，1in = 25.4mm。

3. 角度的单位

钳工工作中常用的角度度量制有角度制和弧度制两种。角度制是以“度”为单位来度量角的单位制，弧度制是以“弧度”为单位来度量角的单位制。1度是圆周的1/360所对应的圆心角的大小，1弧度是弧长等于半径长度的圆弧所对应的圆心角的大小，因此1弧度≠1度。

1°=60′（1度=60分）

1′=60″（1分=60秒）

角度和弧度的换算方法如下：

$$1° = \frac{\pi}{180}\text{rad} \approx 0.01745\text{rad}$$

$$1\text{rad} = \frac{180°}{\pi} \approx 57.30°$$

二、游标卡尺

1. 游标卡尺的作用

游标卡尺是指示量具，可直接测量出工件的外尺寸、内尺寸和深度尺寸，如图1-5所示。常用游标卡尺的游标读数值为0.02mm，是一种适合于测量中等精度尺寸的量具。

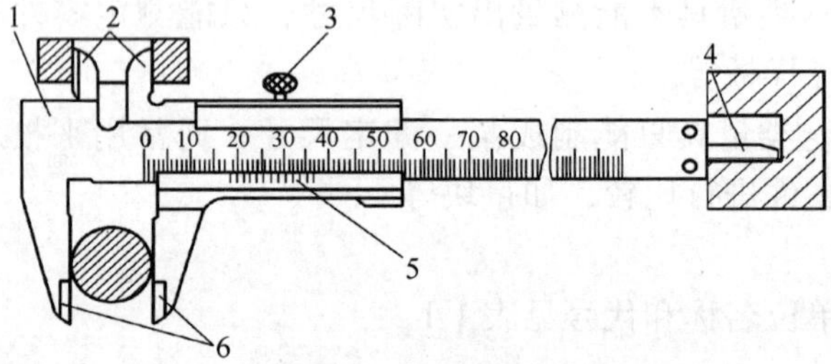

图1-5　游标卡尺

1—尺身　2—内测量爪　3—紧固螺钉

4—深度尺　5—游标　6—外测量爪

2. 游标卡尺的刻线原理

精度为0.02的游标卡尺，尺身1格为1mm，当两个测量爪并拢时，尺身上的49mm正好对准游标上的50格，如图1-6所示。则游标每1格的值为：49mm÷50=0.98mm，尺身与游标每1格相差的值为：1mm-0.98mm=0.02mm。

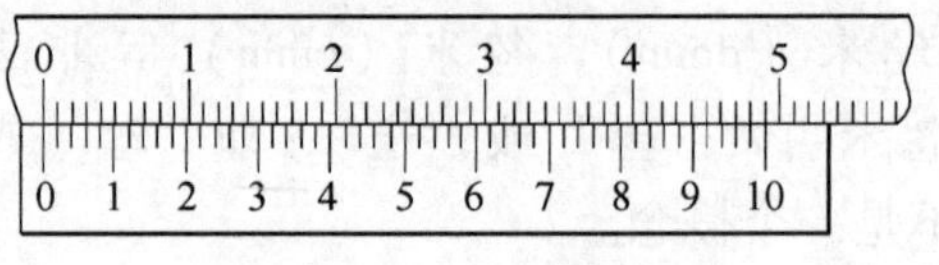

图1-6　游标卡尺的刻线原理

3. 游标卡尺的使用

游标卡尺是依靠两个测量爪间的距离来进行测量的，为保证测量准确，在测量前应将卡尺擦干净，测量爪贴合后，游标零线和主尺零线应对齐，两测量面接触贴合后，应无透光现象（或有极微的均匀透光）。

以测量外尺寸为例，在测量时应将两测量爪张开到略大于被测尺寸，将固定量爪的测量面贴靠着工件，然后轻轻移动游标，如图1-7a所示，使活动量爪的测量面也紧靠工件，如图1-7b所示。

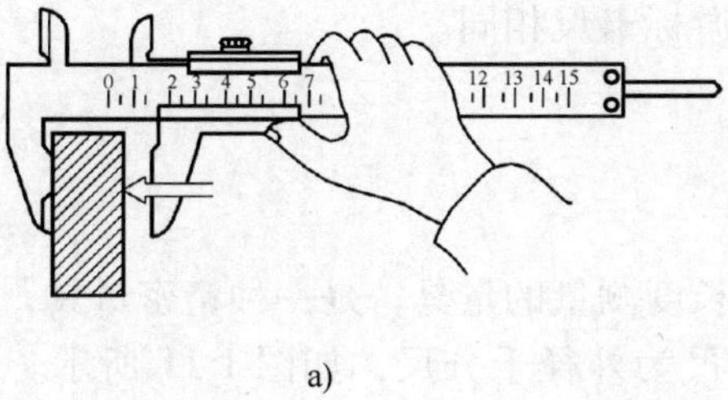

图 1-7　测量时测量爪的动作

4. 游标卡尺的读数方法

1）读出在游标零线的左面，尺身上的整数毫米数，如图 1-8 所示，此处为 28mm。

2）在游标上找出与尺身刻线对齐的那一条刻线，读出尺寸的毫米小数值，图中为 0. 86mm。

3）将尺身上读出的整数和游标上读出的小数相加，即得测量值，如图 1-8 所示尺寸为 $L = 28\text{mm} + 0.86\text{mm} = 28.86\text{mm}$。

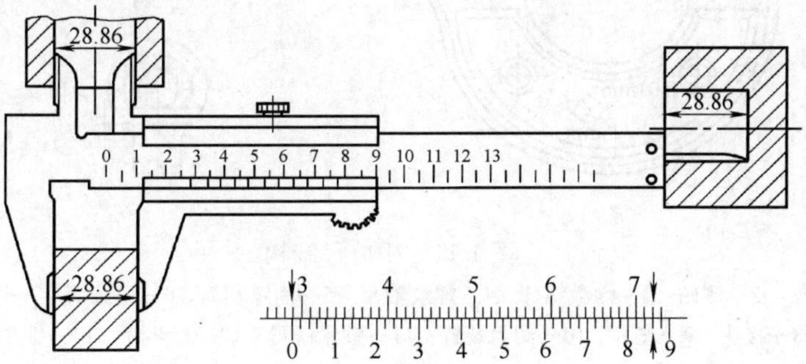

图 1-8　游标卡尺测量值的读法

三、游标深度尺和游标高度尺

游标深度尺是用于测量深度的专用量具，如图 1-9 所示。游标高度尺除测量高度外，还可用作精密划线，如图 1-10 所示。

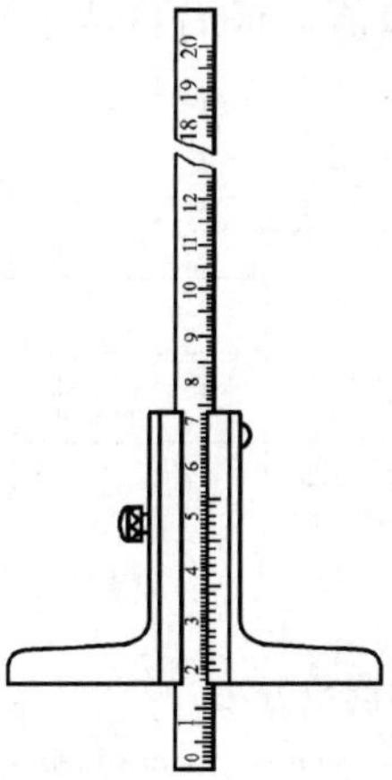

图 1-9　游标深度尺

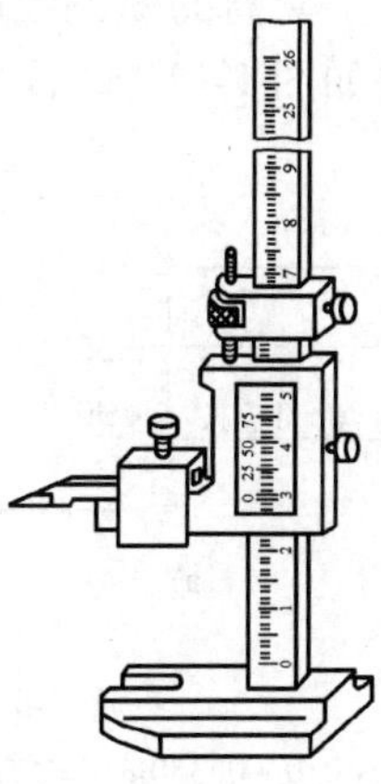

图 1-10　游标高度尺

游标深度尺和游标高度尺的读数方法与游标卡尺相同。

四、千分尺

1. 千分尺的结构

千分尺是一种以螺杆作为运动零件进行长度测量的量具，是一种精密量具，其测量精度比游标卡尺高，而且比较灵敏。常用的千分尺为外径千分尺，如图 1-11 所示。钳工常用千分尺的规格按测量范围分有 0 ~ 25mm、25 ~ 50mm、50 ~ 75mm、75 ~ 100mm 等几种规格，使用时可按被测工件的尺寸选用。千分尺的制造精度分为 0 级和 1 级两种，0 级精度高，1 级稍差。

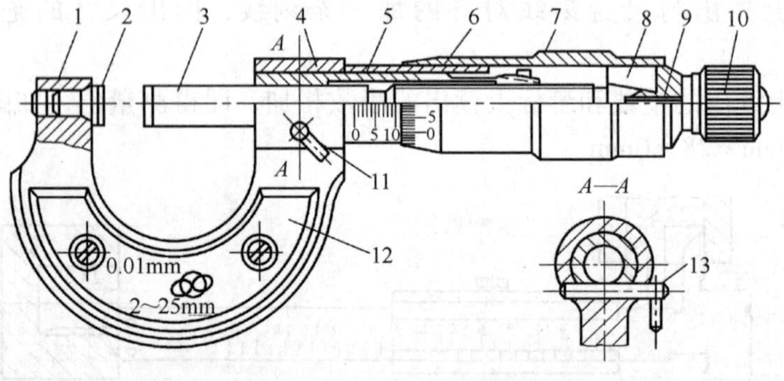

图 1-11　千分尺结构

1—尺架　2—测砧　3—测微螺杆　4—螺纹轴套　5—固定套筒　6—微分筒　7—调节螺母　8—接头　9—垫片　10—测力装置　11—锁紧螺母　12—绝热片　13—锁紧轴

2. 千分尺的刻线原理

千分尺螺杆的螺距为 0.5mm，当活动套筒转一周时，螺杆轴向移动 0.5mm。固定套筒（主尺）上每格刻度为 0.5mm，活动套筒圆锥周边上共刻 50 格，因此当活动套筒转一格时，螺杆就移动 0.5mm ÷ 50 = 0.01mm。

3. 千分尺的读数方法

使用千分尺测量尺寸时要先看固定套筒露出的数值（毫米或半毫米）是多少，然后再看活动套筒的刻线和固定套筒的横刻线所对齐的数值，最后将两个数值相加就是千分尺对工件的测量值，读数方法如图 1-12 所示。

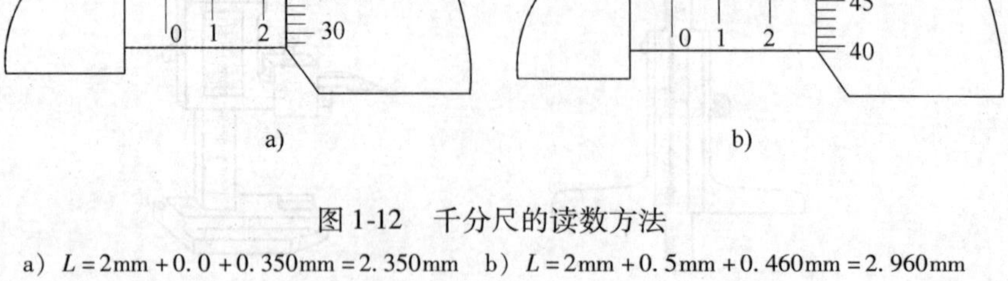

图 1-12　千分尺的读数方法

a）$L = 2\text{mm} + 0.0 + 0.350\text{mm} = 2.350\text{mm}$　b）$L = 2\text{mm} + 0.5\text{mm} + 0.460\text{mm} = 2.960\text{mm}$

4. 其他千分尺

除了上述常用的千分尺（一般称为数字式外径千分尺）外，还有如图 1-13 所示的数显外径千分尺、如图 1-14 所示的内径千分尺等。

图 1-13 数显外径千分尺

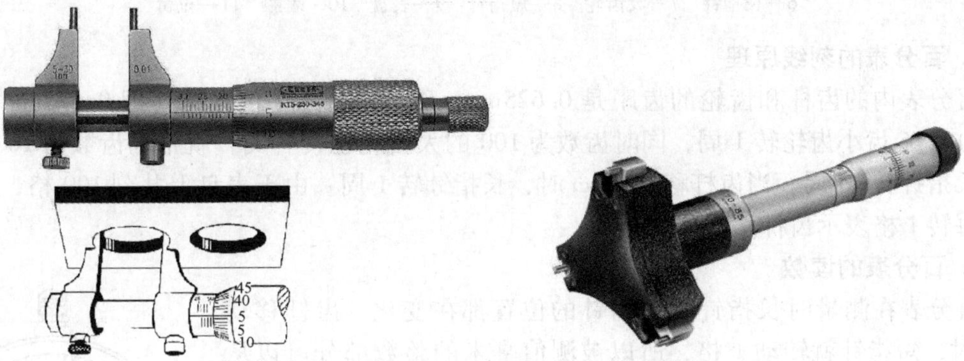

a) b)

图 1-14 内径千分尺

a）小尺寸内径千分尺 b）大尺寸内径千分尺

五、百分表

1. 百分表的作用

百分表可用来检验机床精度和测量工件的尺寸、形位误差。

2. 百分表的结构

百分表的结构如图 1-15 所示。图中 1 是淬硬的触头，用螺纹旋入齿杆 2 的下端。齿杆的上端有齿，当齿杆上升时，带动齿数为 16 的小齿轮 3，在小齿轮 3 的同轴上装有齿数为 100 的大齿轮 4，再由这个齿轮带动中间的齿数为 10 的小齿轮 5。在小齿轮 5 的同轴上装有长指针 6，因此长指针可随之一起转动。在小齿轮 5 的另一边装有大齿轮 7，其轴上端装有短指针 8，用来记录长指针的转数（长指针转 1 周时短指针转 1 格）。在其轴下端装有游丝，用来消除齿轮间的间隙，以保证其精度。拉簧 11 的作用是使齿杆 2 能回到原位。在表盘 9 上刻有刻度，共分 100 格。转动表圈 10，可调整表盘刻度与长指针的相对位置。

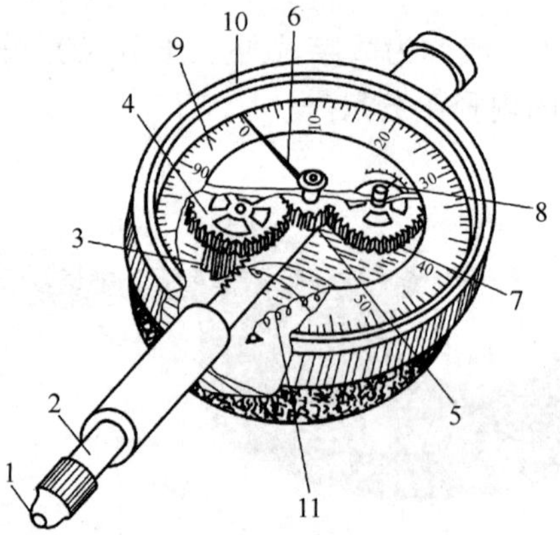

图 1-15　百分表的结构

1—触头　2—齿杆　3—小齿轮（16 齿）　4—大齿轮（100 齿）　5—小齿轮（10 齿）
6—长指针　7—大齿轮　8—短指针　9—表盘　10—表圈　11—拉簧

3. 百分表的刻线原理

百分表内的齿杆和齿轮的齿距是 0.625mm。当齿杆上升 16 齿时（即 0.625mm × 16 = 10mm），16 齿小齿轮转 1 周，同时齿数为 100 的大齿轮也转一周，就带动齿数为 10 的小齿轮和长指针转 10 周。当齿杆移动 1mm 时，长指针转 1 周。由于表盘上共刻 100 格，所以长指针每转 1 格表示齿杆移动 0.01mm。

4. 百分表的读数

百分表在测量时长指针和短指针的位置都在变化。齿杆移动 1mm 时，短指针就转动 1 格，所以被测值毫米的整数部分可以从短指针指示盘上读出，如图 1-16 所示毫米的整数部分为 1mm。齿杆移动 0.01mm 时，长指针转 1 格，所以被测毫米的小数部分可以从表盘上读出。为便于读数，可在测量前旋转表圈，使表盘的零刻线对准长指针，这样就不必记住长指针的起始位置，直接从表盘上读数。若长指针停在两条刻线之间，可用估读法得出数值。如图 1-16 所示，毫米的小数部分为 0.345mm，将整数部分和小数部分相加，就是被测尺寸，即 $S = 1\text{mm} + 0.345\text{mm} = 1.345\text{mm}$。

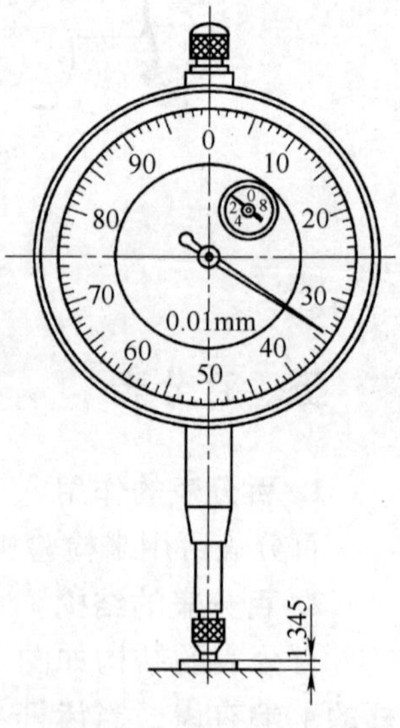

图 1-16　百分表的读数

5. 杠杆百分表

在钳工工作中使用杠杆百分表较多，其结构形式按表盘位置与测量杆运动方向的关系，主要分为正面式和端面式两种，如图 1-17 所示。

杠杆百分表的表盘 5 是对刻度的，每小格表示 0.01mm。它的测量范围较小（不大于 1mm），指针 4 至多能转 1 圈，所以没有转数指示盘。为方便读数可以转动表圈 3 来对零位。

测量时，测量杆 7 的球面测量端要靠在被测表面上，当被测尺寸引起测量端微小位移（摆动）时，经过杠杆—齿轮传动机构的放大作用，使指针 4 产生较大幅度的摆动，因而可从表盘 5 上读出被测数值。

拨动换向器 6（两个挡位）可以使测量杆 7 改变测量方向；测量杆还可以扳动成不同的角度进行测量。连接销（或称夹持柄）2 是用来将杠杆百分表装夹在表座上的。

六、游标万能角度尺

1. 游标万能角度尺的结构

游标万能角度尺由刻有角度线的主尺和固定在扇形板上的游标（副尺）组成，如图1-18所示。扇形板可以在主尺中回转移动，形成和游标卡尺相似的结构，用夹紧块可将直角尺和直尺固定在底板上。游标万能角度尺适用于机械加工中的内、外角度测量，可测 0°～320°的外角及 40°～130°的内角。

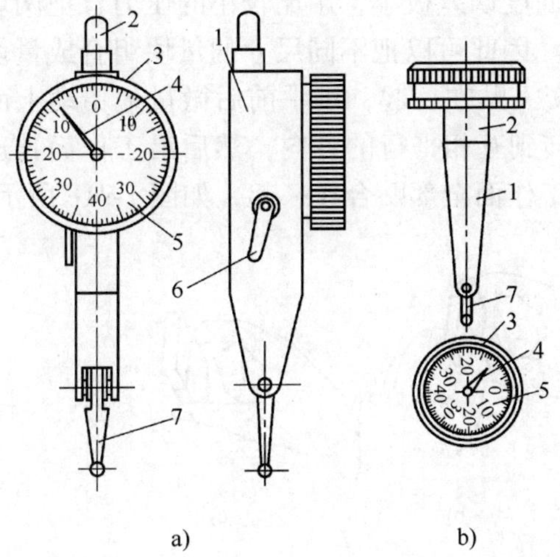

图 1-17　杠杆百分表

1—表体　2—连接销　3—表圈　4—指针
5—表盘　6—换向器　7—测量杆

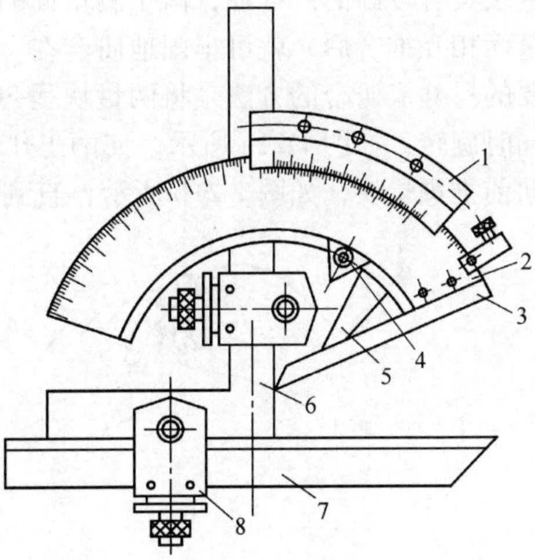

图 1-18　游标万能角度尺

1—游标　2、5—扇形板　3—基尺　4—制动器
6—角尺　7—直尺　8—夹紧块

2. 游标万能角度尺的刻线原理

分度值为 2′的游标万能角度尺的扇形板上刻有 120 格刻线，间隔为 1°。游标上刻有 30 格刻线，对应扇形板上的度数为 29°，则游标上每格度数为 29°/30 = 58′。扇形板与游标每格相差的度数为 1° − 58′ = 2′。

3. 游标万能角度尺的读数

游标万能角度尺的读数方法和游标卡尺相似，先从主尺上读出副尺零线前的整度数，再从副尺上读出角度“分”的数值，两者相加就是被测工件的角度值。

七、量块

量块是机械制造业中长度尺寸的标准。量块可以对量具和量仪进行检验校正，也可用于精密划线和精密机床的调整。为了保持量块的精度，延长其使用寿命，一般不允许用量块直接测量工件。

量块是用不易变形的耐磨材料（如铬锰钢）制成的长方形六面体，一般由不同的尺寸组成一套，装在特制的木盒内，如图 1-19 所示。它有两个工作面和四个非工作面，如图 1-

20 所示，工作面是一对相互平行且平面度误差极小的平面，又叫测量面。

图 1-19　量块

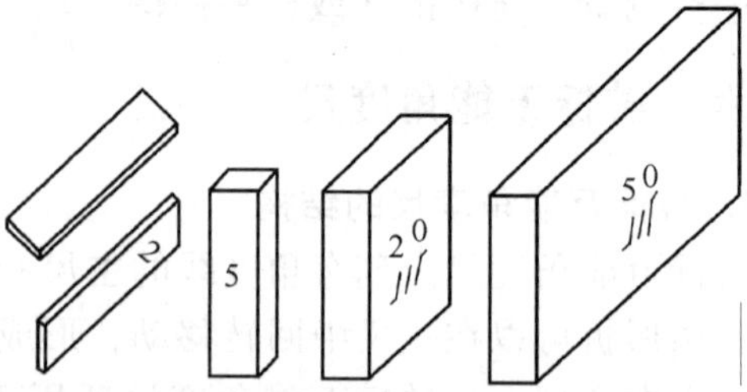

图 1-20　量块的工作面和非工作面

量块具有较高的研合性，由于测量面的平面度误差极小，用比较小的压力，把两块量块的测量面相互推合后，就可牢固地研合在一起。因此可以把不同尺寸的量块组合成量块组得到需要的尺寸。研合的方法是将两量块呈 30°交叉贴在一起，用手前后微量地错动上面的量块，同时旋转，如图 1-21a 所示，使两工作面转到互相平行的方向，然后沿工作面长边方向平行向前推进量块，如图 1-21b 所示，直到两工作面全部贴合在一起，如图 1-21c 所示。

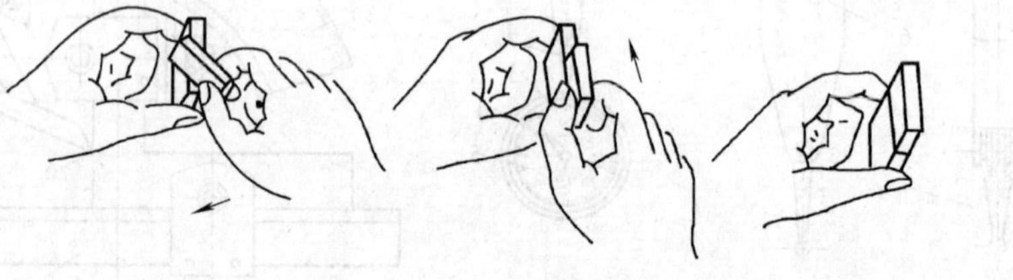

a)　　b)　　c)

图 1-21　量块的研合

量块有 42 块一套和 87 块一套等几种，其基本尺寸见表 1-2。

表 1-2　量块的基本尺寸

87 块量块			42 块量块		
量块基本尺寸/mm	间距/mm	块数	量块基本尺寸/mm	间距/mm	块数
1.005	—	1	1.005	—	1
1.01，1.02，…，1.49	0.01	49	1.01，1.02，…，1.09	0.01	9
1.6，1.7，1.8，1.9	0.1	4	1.1，1.2，…，1.9	0.1	9
0.5，1，…，9.5	0.5	19	1，2，…，9	1	9
10，20，…，100	10	10	10，20，…，100	10	10
1，1，1.5，1.5	0.5	4	1，1，1.5，1.5	0.5	4

为了工作方便，减少积累误差，选用量块时，应尽可能采用最少的块数。用 87 块一套的量块，一般不要超过 4 块；用 42 块一套的量块，一般不要超过 6 块。在计算时，选取第一块时应根据组合尺寸的最后一位数字选取，以后各块依次类推。以从 87 块一套的量块中选取 48.245mm 的尺寸为例，选取步骤如图 1-22 所示，依次选取测量值为 1.005mm、1.24mm、6mm、40mm 的 4 块量块。

八、半径样板

半径样板是带有一组准确内、外圆弧半径尺寸的薄板，用于检验圆弧半径的测量器具，如图 1-23 所示。根据半径样板的规格不同，能测量的半径在 1～25mm 之间，有 0.25mm、0.5mm、1mm 不同的增量值。在进行圆弧面加工时，其曲面轮廓度可用半径样板通过塞尺或透光法进行检查。

48.245
−1.005
47.24
−1.24
46
−6
40

图 1-22　量块选择

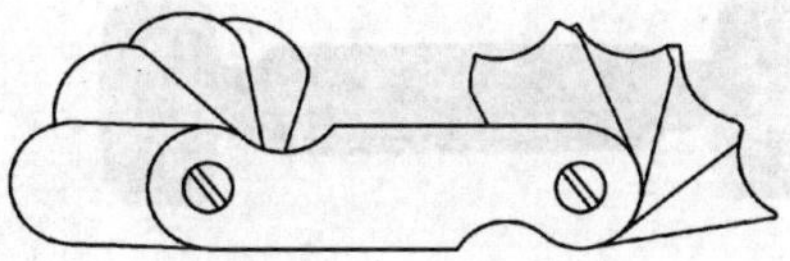

图 1-23　半径样板

九、塞尺

塞尺是用来检验两个结合面之间间隙大小的片状量规，如图 1-24 所示。

塞尺有两个平行的测量平面，其长度制成 50mm、100mm 或 200mm 等不同规格，由若干片叠合在夹板里。厚度为 0.02～0.1mm 的塞尺，相邻两片的尺寸间隔为 0.01mm；厚度为 0.1～1mm 的塞尺，相邻两片的尺寸间隔为 0.05mm。

使用塞尺时，根据间隙的大小，用一片或数片重叠在一起插入间隙内以对间隙进行测量。例如，用 0.3mm 的塞尺可以插入工件的间隙，而 0.35mm 的塞尺插不进去，说明零件的间隙在 0.3～0.35mm 之间。

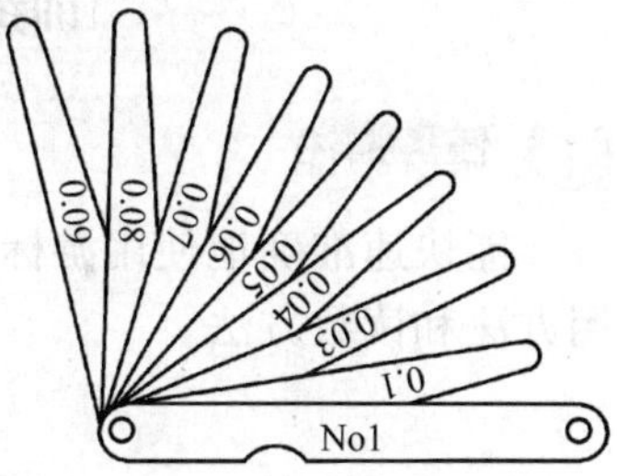

图 1-24　塞尺

塞尺很薄，容易弯曲和折断，测量时不能用力过大，还应注意不能测量温度较高的工件。用完后要擦拭干净，及时合到夹板中去。

十、塞规和环规

塞规和环规均属于专用量具，光面塞规（又称圆孔塞规）和光面环规分别用于检验内孔和外圆尺寸是否合格。

光面塞规是用来测量工件内孔尺寸的精密量具，两端分别做成最大极限尺寸和最小极限尺寸两种。最小极限尺寸的一端叫做通端，最大极限尺寸的一端叫做止端。常用的塞规形式如图 1-25 所示，塞规的两头各有一个圆柱体，长圆柱体的一端为通端，短圆柱体的一端为止端。检查工件时，合格的工件应当能通过通端而不能通过止端。光面环规亦分为通端和止端，用于综合测量光面圆柱工件，如图 1-26 所示。

图 1-27 所示的螺纹塞规用于综合检验内螺纹，图 1-28 所示的螺纹环规用于综合检验外螺纹。

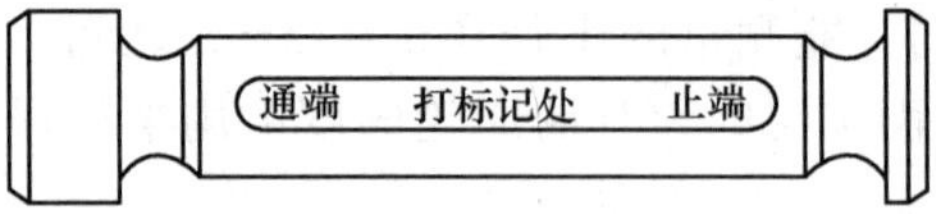

图 1-25　光面塞规

图 1-26　光面环规

图 1-27　螺纹塞规

图 1-28　螺纹环规

课题三　测量训练

训练一　使用游标卡尺进行长度的测量

任务描述

能快速准确地使用游标卡尺对图 1-29 所示定位块进行长度的测量，熟悉游标卡尺的使用方法和读数方法。

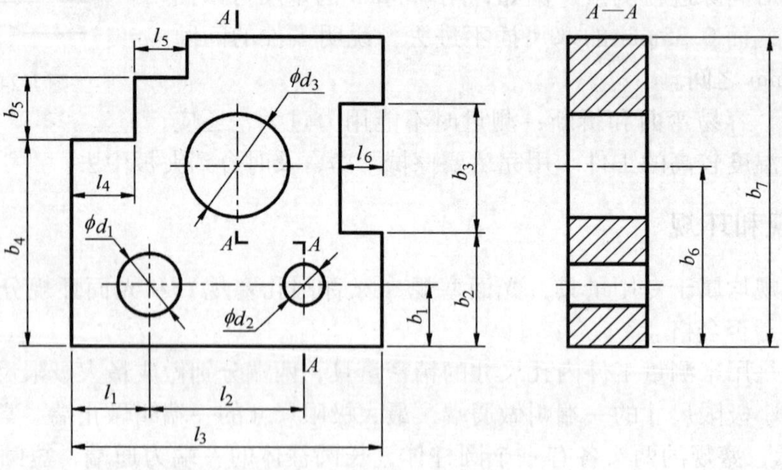

图 1-29　定位块的测量

任务分析

游标卡尺用于一般精度的测量，可用于测量内、外尺寸以及深度尺寸。

任务准备

1）量具：精度为0.02mm的游标卡尺。

2）辅具：干净抹布。

3）材料：定位块。

任务实施

使用游标卡尺对图1-29所示的零件进行测量，熟悉游标卡尺的使用方法和读数方法。

为提高游标卡尺的读数熟练程度，可利用身边的各种物品进行练习，比如纸张的厚度、钢笔笔套的内径、笔套的深度等。

检查评议

练习记录及成绩评定

班级：＿＿＿＿　姓名：＿＿＿＿　学号：＿＿＿＿　成绩：＿＿＿＿

序号	测量项目	配分	配分标准	测量结果	得分
1	l_1	6	超差±0.02mm不得分		
2	l_2	6	超差±0.02mm不得分		
3	l_3	6	超差±0.02mm不得分		
4	l_4	6	超差±0.02mm不得分		
5	l_5	6	超差±0.02mm不得分		
6	l_6	6	超差±0.02mm不得分		
7	b_1	6	超差±0.02mm不得分		
8	b_2	6	超差±0.02mm不得分		
9	b_3	6	超差±0.02mm不得分		
10	b_4	6	超差±0.02mm不得分		
11	b_5	6	超差±0.02mm不得分		
12	b_6	6	超差±0.02mm不得分		
13	b_7	6	超差±0.02mm不得分		
14	Φd_1	6	超差±0.02mm不得分		
15	Φd_2	6	超差±0.02mm不得分		
16	Φd_3	6	超差±0.02mm不得分		
17	安全文明生产	4	违者每次扣2分，严重者从总分中扣除5~10分		

问题及防治

使用游标卡尺应注意：

1）测量时，要防止卡尺歪斜，如图1-30所示，否则读数会产生误差。

2）读数时，应把卡尺水平拿着，在光线充足的地方，视线垂直于刻线表面，避免由于斜视角造成的读数误差。

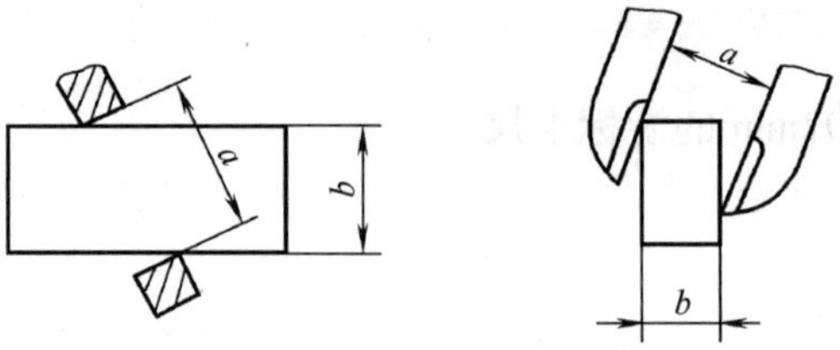

图 1-30　游标卡尺测量面与工件的错误接触

扩展知识

目前在实际使用中除了以上游标卡尺外，还有更为方便的带表卡尺和电子数显卡尺。图 1-31 所示的带表卡尺可以通过指示表读出测量的尺寸；图 1-32 所示的电子数显卡尺是利用电子数字显示原理，对两个测量爪相对移动的距离进行读数的一种长度测量工具。

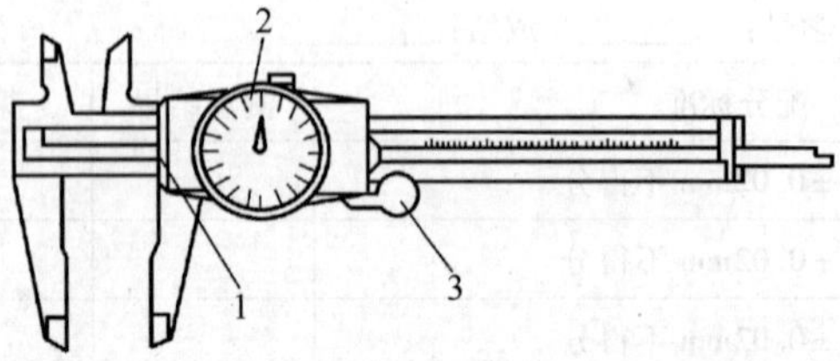

图 1-31　带表卡尺

1—读数部位　2—指示表　3—微动装置

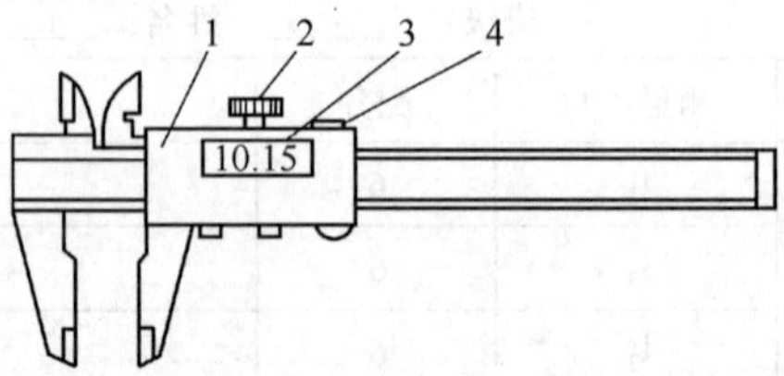

图 1-32　电子数显卡尺

1—尺框　2—紧固螺钉　3—显示器　4—输出端口

训练二　使用千分尺进行长度的测量

任务描述

能快速准确地选择合适量程的千分尺对不同的长度进行测量。

任务分析

千分尺用于较高精度的测量，不同的千分尺适用的量程范围各不相同，在测量时应选择合适的量程。

任务准备

1）量具：测量范围为 0 ~ 25mm、25 ~ 50mm、50 ~ 75mm、75 ~ 100mm、100 ~ 125mm 的千分尺。

2）辅具：干净抹布。

3）材料：适合进行测量训练的不同尺寸的工件。

任务实施

由于千分尺的测量面较小，为使测量结果比较准确，在测量较大平面时，应在被测面的四角及中间共测五点；对于狭长平面，可只测三点，如图 1-33 所示。

1）测量时，千分尺的测量面和零件的被测表面均应擦拭干净，以保证测量准确。

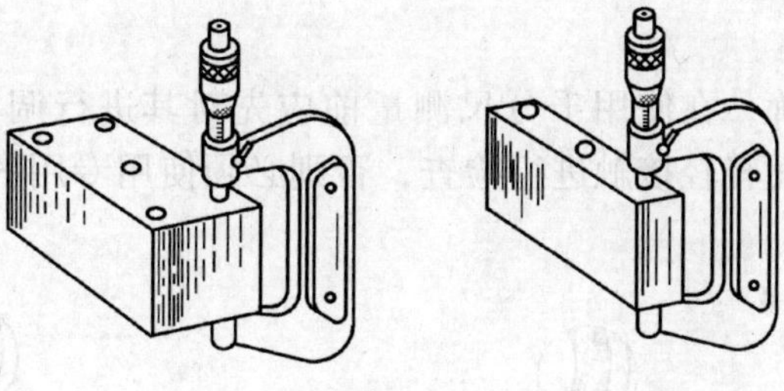

a)　　b)

图 1-33　测量点的位置

a）五点测量　b）三点测量

2）千分尺可用单手或双手握持对工件进行测量，如图 1-34 所示。

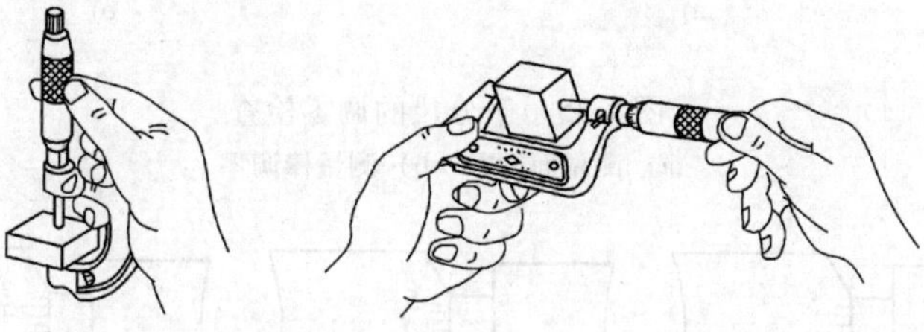

a)　　b)

图 1-34　千分尺的使用方法

a）单手测量　b）双手测量

3）千分尺使用完毕后应用干净的布擦拭干净，并将测量面涂油防锈。

4）千分尺不可与工具、刀具和工件混放，用好后须放入盒内妥善保管。

根据千分尺的规格，对符合其量程的物品进行读数练习。

检查评议

练习记录及成绩评定

班级：________　姓名：________　学号：________　成绩：________

序号	测量项目	配分	测量结果	得分
1	自定义项目 1	10		
2	自定义项目 2	10		
3	自定义项目 3	10		
4	自定义项目 4	10		
5	自定义项目 5	10		
6	自定义项目 6	10		
7	自定义项目 7	10		
8	自定义项目 8	10		
9	自定义项目 9	10		
10	安全文明生产	10		

问题及防治

为保证测量结果准确，在使用千分尺测量前应先对其进行调零检查。如果是 0 ~ 25mm 的规格，可以将两测量面轻轻接触进行检查，否则必须使用专用的测量棒，如图 1-35 所示。调零标准如图 1-36 所示。

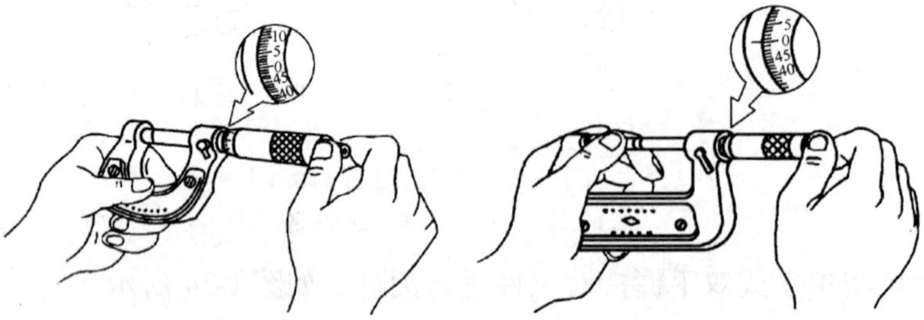

a)　　　　b)

图 1-35　千分尺的调零检查

a）测量面调零　b）测量棒调零

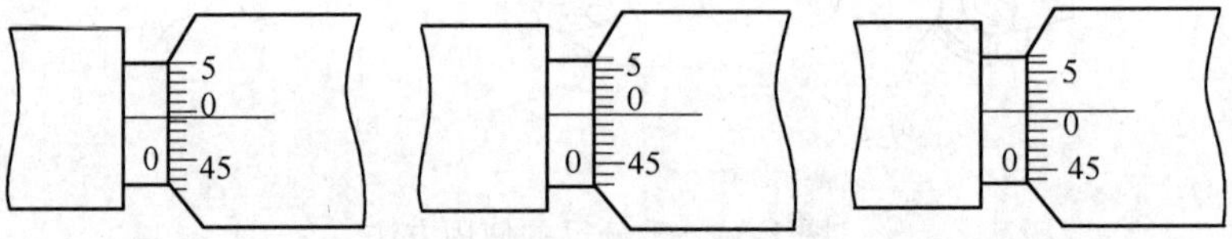

a)　　　　b)　　　　c)

图 1-36　零位的对齐

a）没有调零，读数偏小　b）调零准确　c）没有调零，读数偏大

扩展知识

1. 千分尺的拆装

将千分尺进行拆分，对照图 1-37 认识各部分的名称，熟悉千分尺的结构。注意各零件的保管，以免散落丢失。

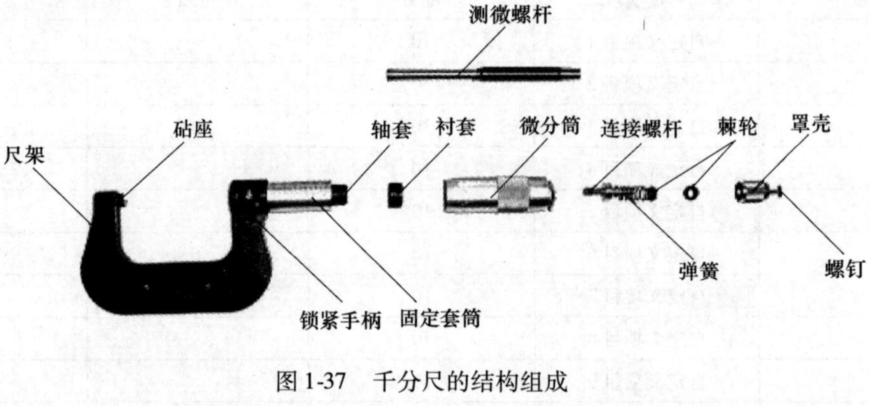

图 1-37　千分尺的结构组成

2. 读数的估计

在使用千分尺进行测量时，有时活动套筒的刻线与固定套筒的横刻线不一定能对齐，这时就需要对读数进行估计，如图 1-38 所示。

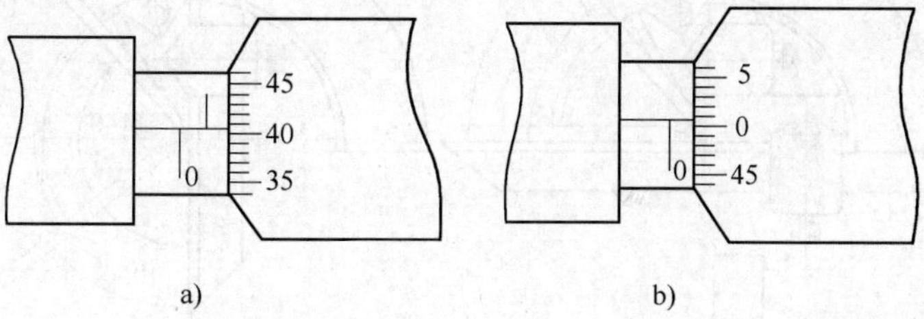

图 1-38　读数的估计

a）$L = 0 + 0.5\text{mm} + 0.405\text{mm} = 0.905\text{mm}$　b）$L = 0 + 0.5\text{mm} + 0.006\text{mm} = 0.506\text{mm}$

训练三　使用游标万能角度尺进行角度的测量

任务描述

能快速准确地使用游标万能角度尺对图 1-39 所示角度样板进行角度的测量，熟悉游标万能角度尺的使用方法和读数方法。

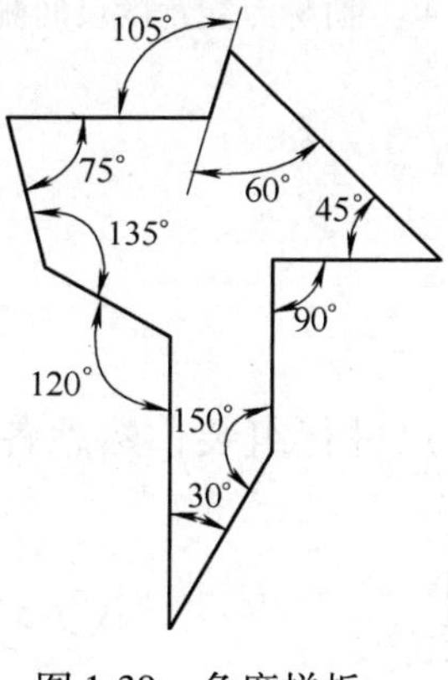

图 1-39　角度样板

任务分析

与其他量具不同，游标万能角度尺在使用时必须根据所测量的角度选择不同的附件进行组合。

相关知识

测量角度大小不同，所使用的附件也不相同。在 0° ~ 50°范围内，应装上直角尺和直尺；在 50° ~ 140°范围内，应装上直尺；在 140° ~ 230°范围内，应装上直角尺；在 230° ~ 320°范围内，不装直角尺和直尺，如图 1-40 所示。

任务准备

1. 量具：游标万能角度尺。

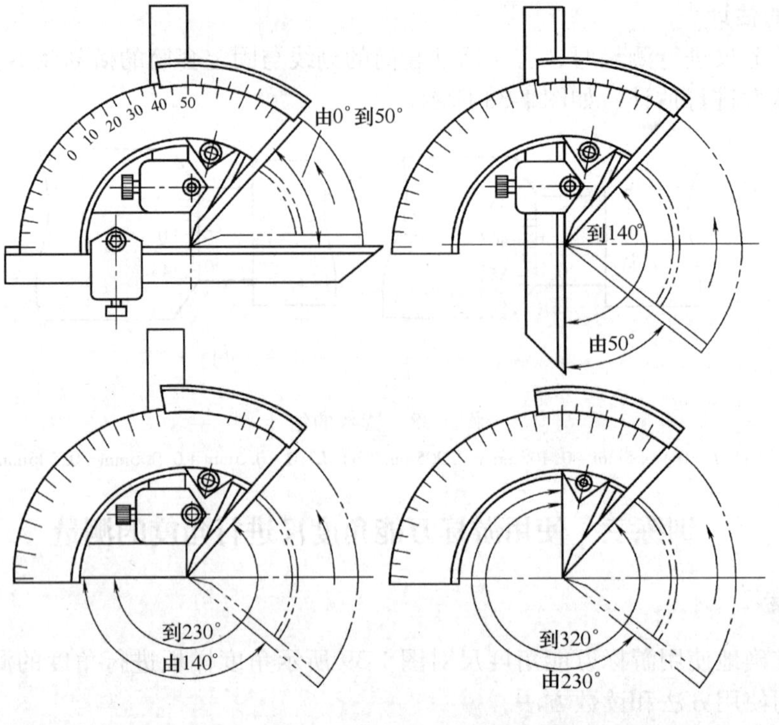

图 1-40　游标万能角度尺的测量范围

2. 辅具：干净抹布。

3. 材料：角度样板等。

任务实施

1. 游标万能角度尺的组装

对照图 1-41 将游标万能角度尺进行组装，熟悉各部分的连接、测量方法及测量角度范围。

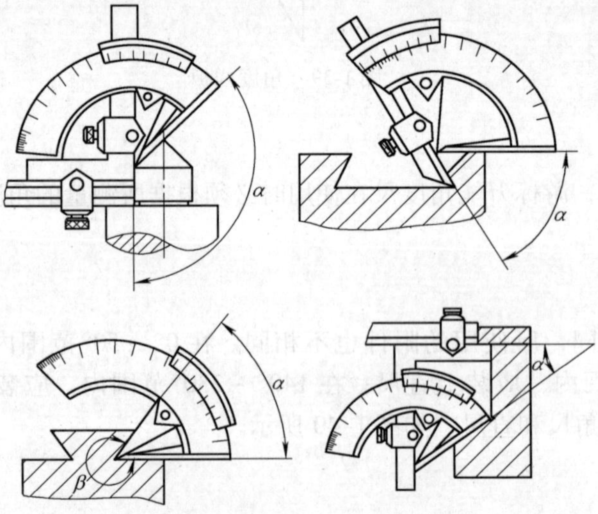

图 1-41　游标万能角度尺的使用

2. 游标万能角度尺的设置练习

利用游标万能角度尺设置如下角度，通过练习熟练掌握游标万能角度尺的使用。

①30° ②45° ③60° ④120°

⑤150° ⑥200° ⑦240° ⑧300°

3. 角度测量练习

使用游标角度尺对图 1-39 所示的角度样板进行角度测量。

检查评议

练习记录及成绩评定

班级：________ 姓名：________ 学号：________ 成绩：________

序号	测量项目	配分	测量结果	得分
1	指定角度 1	10		
2	指定角度 2	10		
3	指定角度 3	10		
4	指定角度 4	10		
5	指定角度 5	10		
6	指定角度 6	10		
7	指定角度 7	10		
8	指定角度 8	10		
9	指定角度 9	10		
10	安全文明生产	10		

问题及防治

1. 使用游标万能角度尺进行角度测量的注意事项

1）使用前应检查零位。

2）测量时，应使游标万能角度尺的两个测量面与被测件表面在全长上保持良好接触，然后拧紧制动器上的螺母，锁紧后进行读数。

2. 量具使用注意事项

为了保持量具的精度，延长其使用寿命，应注意对量具的维护和保养。

1）测量前应将量具的测量面和工件表面擦拭干净，以免影响测量精度和加快量具的磨损。

2）测量时不能用力过猛过大，一方面防止损坏量具，另一方面也避免因测量力过大而造成测量不准。

3）量具不能和工具、刀具放在一起，以免被损坏。不能使用精密量具测量毛坯。

4）使用量具时要轻拿轻放，不能乱扔乱放，更不能把量具当工具使用。

5）机床开动时，不要用量具测量工件。

6）不要把量具放在温度高的地方，以免受热变形。量具不能测量高温工件。

7）量具用完后，应及时擦拭干净、涂油，放在专用盒中，防止生锈。

8）精密量具应定期鉴定和保养，使用时如发现精密量具有不正常现象，应及时送交计量室检修。

扩展知识

将游标万能角度尺的各组成部分进行拆分，熟悉其结构，掌握测量不同角度范围时各附件的连接方法。

思考与练习

1. 使用台虎钳时应注意什么？
2. 使用砂轮机时如何保证安全？
3. 试述游标读数值为0.02mm的游标卡尺的刻线原理。
4. 读出图1-42所示游标卡尺的数值。

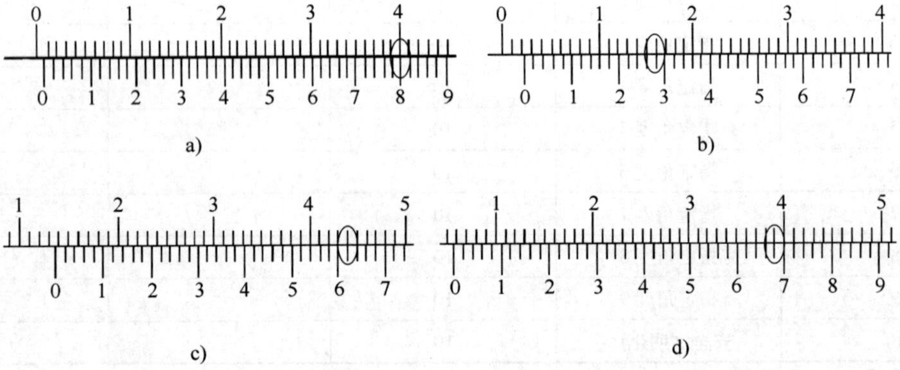

图1-42　题4图（注：图中椭圆表示尺身与游标刻线对齐处）

5. 试述千分尺的刻线原理。
6. 读出图1-43所示千分尺的数值。

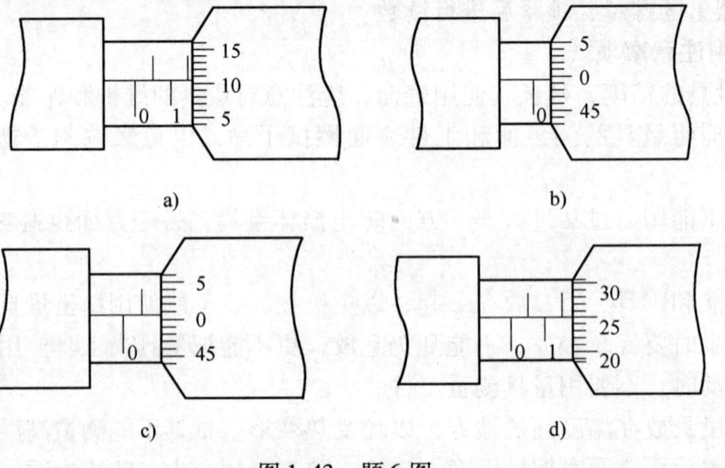

图1-43　题6图

7. 试述百分表的工作原理。

8. 试述分度值为2′的游标万能角度尺的刻线原理。

9. 量块的用途是什么？试用量块组配下列尺寸（假设使用87块一套的量块）：58.23mm；17.87mm；61.425mm；93.645mm。

单元二　划　　线

2

知识目标：

1. 掌握划线工具的种类和使用方法；
2. 了解划线基准的选择；
3. 了解划线时找正、借料的方法。

技能目标：

1. 掌握一般划线的方法，能正确使用划线工具；
2. 掌握划线时的找正和借料；
3. 掌握平面划线和立体划线方法。

课题一　划线工具的使用

一、钢直尺

钢直尺是一种简单的尺寸量具，在尺面上刻有尺寸刻线，最小刻线间距为 0.5mm，其长度规格有 150mm、300mm 等多种。它主要用于量取尺寸、测量工件，也可作为划直线时的导向工具，如图 2-1 所示。

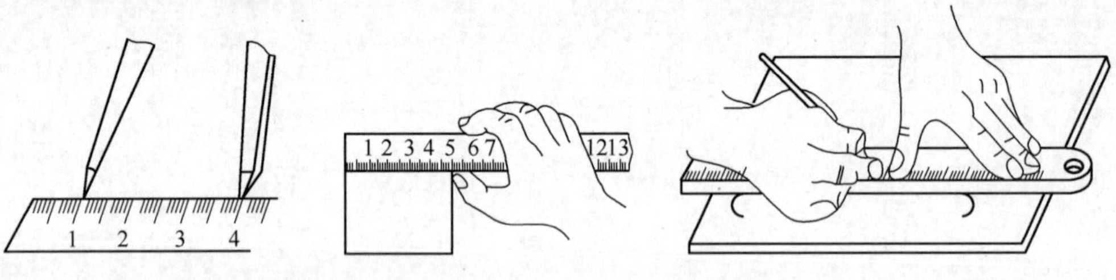

a)　　b)　　c)

图 2-1　钢直尺的使用

a）量取尺寸　b）测量工件　c）导向工具

二、划针

划针是在工件上划线的工具，如图 2-2 所示。一般由 $\phi3 \sim \phi5$mm 的弹簧钢丝制成，尖端磨成 15°～20°，并进行淬硬处理，以提高其耐磨性。

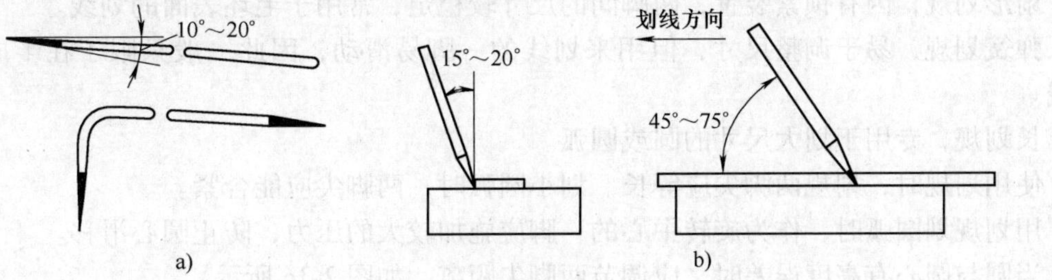

图 2-2　划针及其用法

a）划针　b）划针用法

用划针划线时，一手压紧导向工具，另一手握住划针，使针尖紧贴在导向工具的边缘，上部向外倾斜 15°～20°，同时向移动方向倾斜 45°～75°，这样既便于观察，又能保证所划线条的准确性。

划线时，应注意划线的方向。一般水平线应自左向右划，竖直线应自上向下划，倾斜线应自左下向右上方划或自左上向右下划。

划线时，用力大小应适度，线条应清晰均匀，并注意控制线条宽度。一根线条应一次划成，避免多次重复导致线条变粗或不重合而造成误差。

三、划规

划规用来划圆和圆弧，等分线段和圆，也可用来量取尺寸。划规一般用中碳钢或工具钢制成，两脚尖刃磨后进行淬硬处理。钳工用的划规有普通划规、扇形划规、弹簧划规和长划规，如图 2-3 所示。

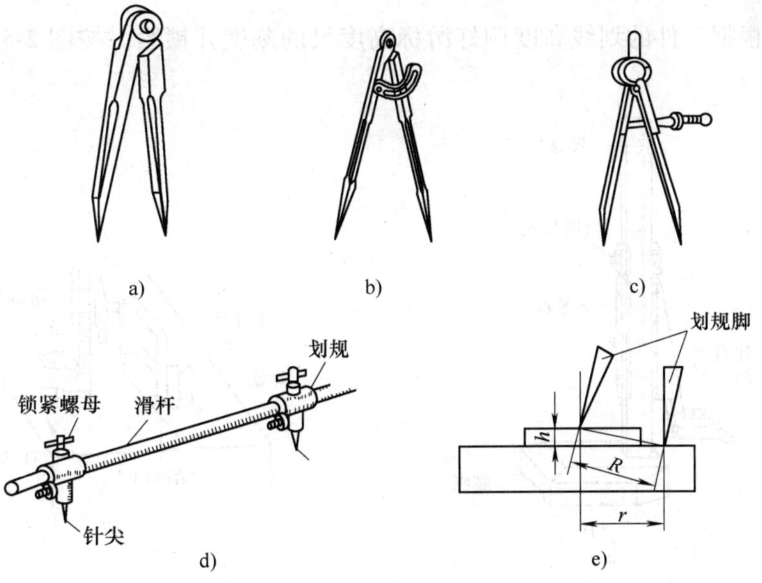

图 2-3　划规及其使用

a）普通划规　b）扇形划规　c）弹簧划规　d）长划规　e）在中心与圆周有高度差的表面上划圆

普通划规，因结构简单、制作方便，应用较广。

扇形划规，因有锁紧装置，两脚间的尺寸较稳定，常用于毛坯表面的划线。

弹簧划规，易于调整尺寸，但用来划线的一脚易滑动，因此一般只限于在半成品表面划线。

长划规，专用于划大尺寸的圆或圆弧。

使用划规时，划规两脚尖应等长。划小圆弧时，两脚尖应能合紧。

用划规划圆弧时，作为旋转中心的一脚应施加较大的压力，防止圆心滑移。

当圆与圆心有高度误差时，应调节两脚尖距离，如图 2-3e 所示。

四、划线平板

划线平板是进行划线操作的平台，用来安放工件，摆放划线工具，如图 2-4 所示。划线平板一般由铸铁制成，其工作表面经过刨削和刮削加工，平面度较高，以保证划线精度。

划线平板的正确使用和保养方法如下：

1）安装时，平板的工作面应处于水平状态。

2）工作面要经常保持清洁，防止被铁屑、砂料划伤，更不得用硬物敲击工作表面。

3）工作面各处要均匀使用，以免局部磨损。

4）划线工作结束后，要把平台表面擦净，上油防锈。

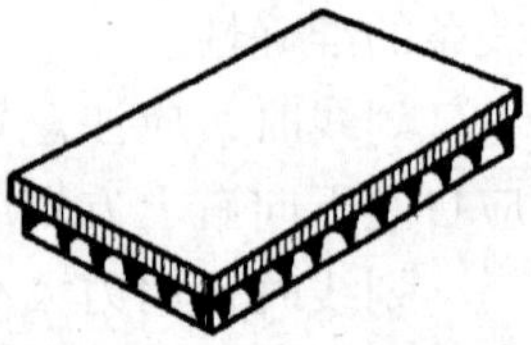

图 2-4　划线平板

5）划线平板应定期检查、调整和研修，以保证其精度。

五、游标高度尺

游标高度尺主要用于测量工件的高度和划线，其读数原理与游标卡尺相同，如图 2-5a 所示。

划线时，根据工件的划线高度调好游标高度尺的刻度并锁紧。按图 2-5b 所示方法进行划线操作。

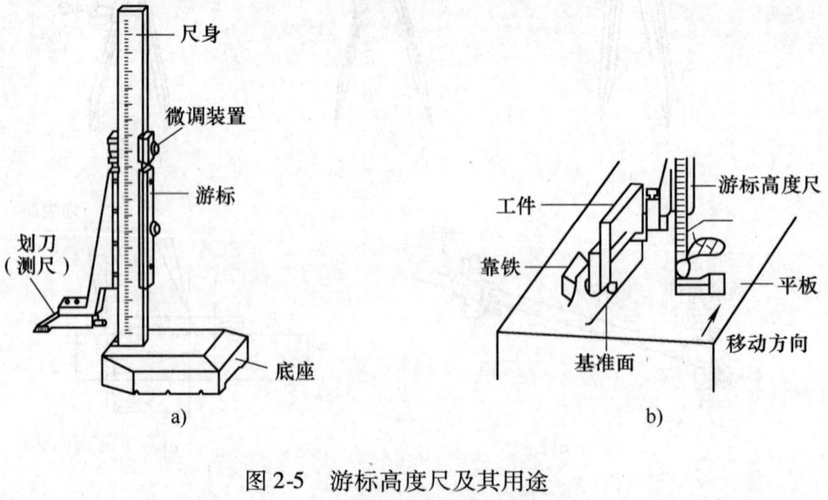

图 2-5　游标高度尺及其用途

a）结构　b）划线方法

六、直角尺

如图 2-6a 所示的直角尺主要用于定性测量工件的垂直度。如图 2-6b 所示，是以直角尺为基准，用透光法来检测工件上面和右面的垂直度；如图 2-6c 所示，是以平板为基准，用透光法来检测工件左面的垂直度。

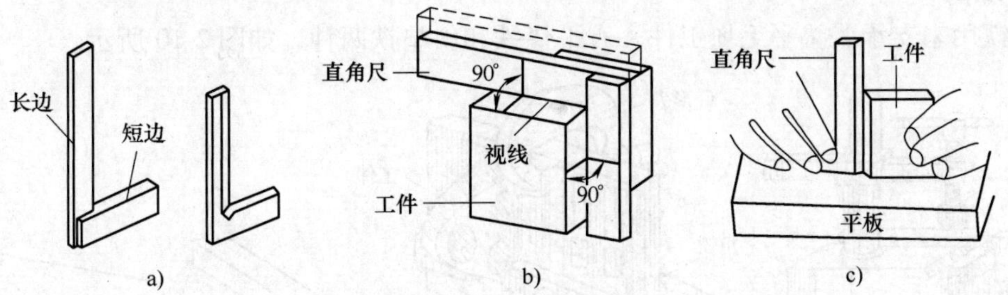

图 2-6　直角尺及其用途

a）直角尺　b）直角尺测量垂直度　c）借助平板测量垂直度

七、样冲

样冲由碳素工具钢制成，也可用旧丝锥、铰刀等改制，如图 2-7a 所示。

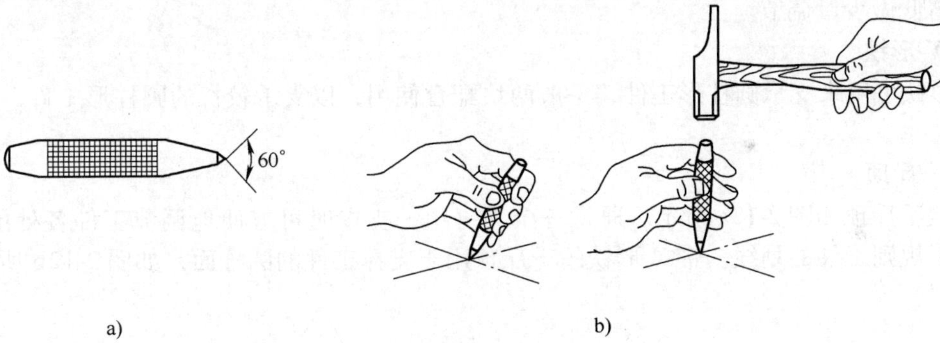

图 2-7　样冲及其使用

a）样冲　b）样冲的使用

冲眼时，先将样冲斜放在线上，锤击前再竖直，以保证冲眼的准确性，如图 2-7b 所示。

冲眼间距要视线条的长短、曲直而定。在长直线上的冲眼间距应大些；在曲线上的冲眼间距应小些。在线条相交处，必须冲眼。

冲眼的深度一般应视工件的表面粗糙程度而定。粗糙表面或孔的中心冲眼要深，光滑表面或薄壁工件冲眼要浅。精加工表面不允许冲眼。

八、支承工具

1. 方箱

方箱是用铸铁制成的空心箱体，经精密加工，使各相邻工作表面相互垂直，如图 2-8 所示。在划线时，用方箱上的夹紧装置将工件夹紧，翻转方箱即可划出全部相互垂直的线。使用方箱进行划线，不仅划线效率高，而且相互位置精度也较高，适用于小型工件，特别是异形工件的划线。

2. 角铁

角铁一般采用铸铁制成，其工作表面相互垂直，如图 2-9 所示。角铁工作表面上的槽用来穿螺栓并配合搭板固定工件。

3. 垫铁

垫铁用来支承、垫平毛坯工件，有平垫铁和斜垫铁两种，如图 2-10 所示。

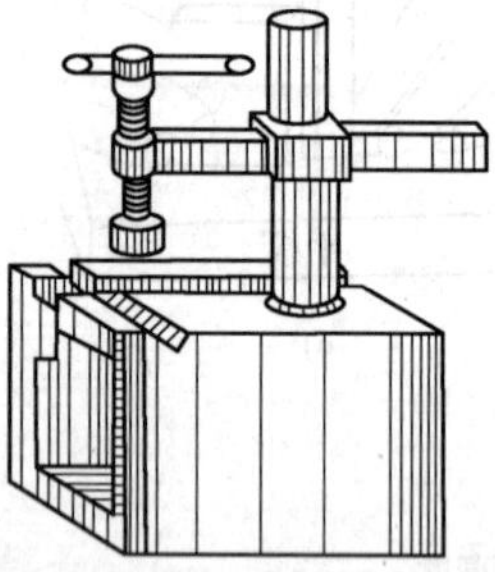

图 2-8　方箱

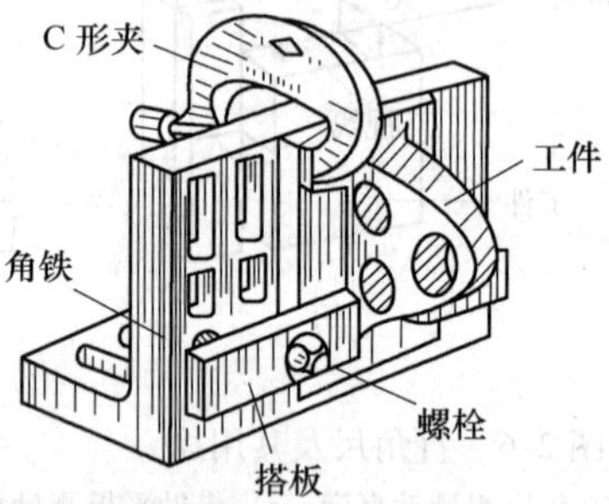

图 2-9　角铁

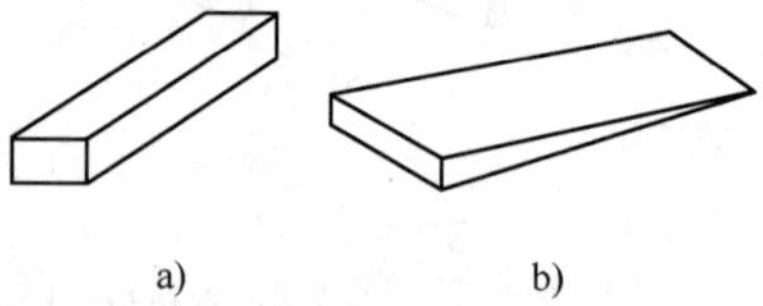

图 2-10　垫铁

a）平垫铁　b）斜垫铁

平垫铁一般每副两块，具有相同的准确尺寸，用于在划线中平行垫高工件。斜垫铁能对工件的高低做少量调节。

4. V 形铁

V 形铁可用来支承圆柱形工件，一般两块配合使用，以支承较长的圆柱形工件，如图 2-11 所示。

5. 千斤顶

锥顶千斤顶如图 2-12a 所示。通常三个为一组，支撑时可方便地调节工件各处的高度，适用于不规则工件的划线。带 V 形铁的千斤顶用于支撑工件的圆柱面，如图 2-12b 所示。

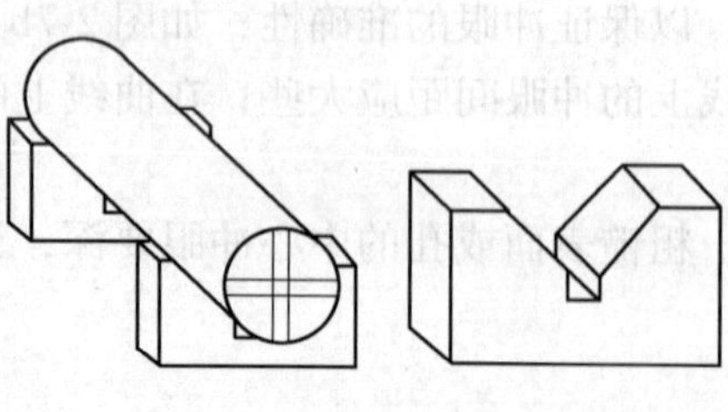

图 2-11　V 形铁

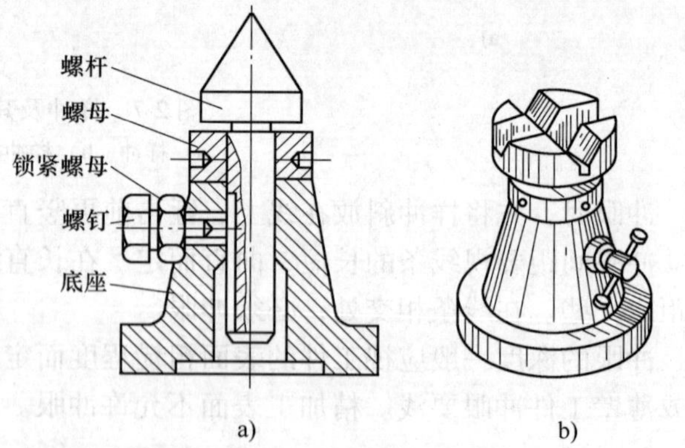

图 2-12　千斤顶

a）锥顶千斤顶　b）带 V 形铁千斤顶

6. C 形夹

C 形夹主要用来配合角铁或方箱对工件进行夹紧固定，如图 2-9 所示。

课题二 划线方法

一、平行线的划法

平行线的划线方法如图 2-13 所示。

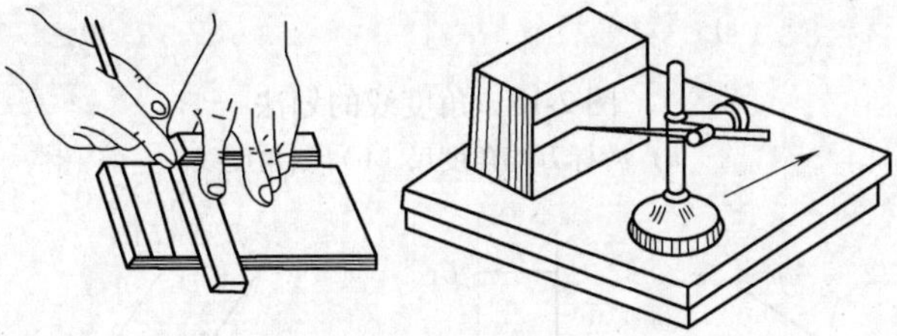

a) b)

图 2-13 平行线的划法

a）用宽座直角尺划平行线 b）利用划线平板、划线盘（或游标高度尺）划平行线

二、垂直线的划法

垂直线的划线方法如图 2-14 所示。

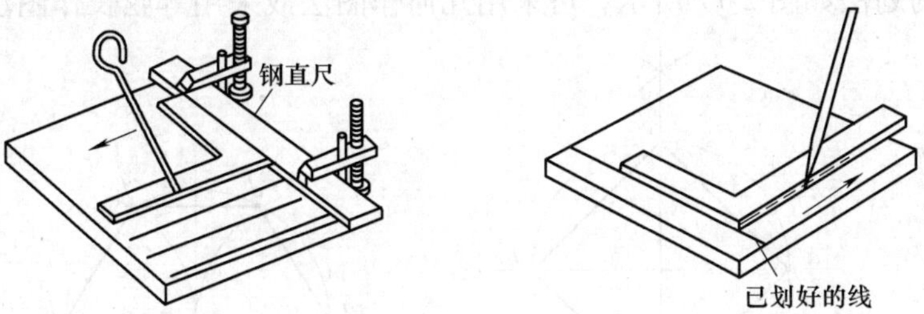

a) b)

图 2-14 垂直线的划法

a）用钢直尺和直角尺配合划垂直线 b）用直角尺划垂直线

三、角度线的划法

角度线通常采用游标万能角度尺划出，如图 2-15 所示。

四、圆弧与两直线相切的划法

圆弧与两直线相切的划法如图 2-16 所示。

无论两基准线是直角、锐角还是钝角，首先以圆弧半径为间距，划两基准线的平行线 L_1、L_2，相交于点 O，以该点为圆心、圆弧半径为半径，用划规划圆弧即可与两基准线相切于两切点 A、B。

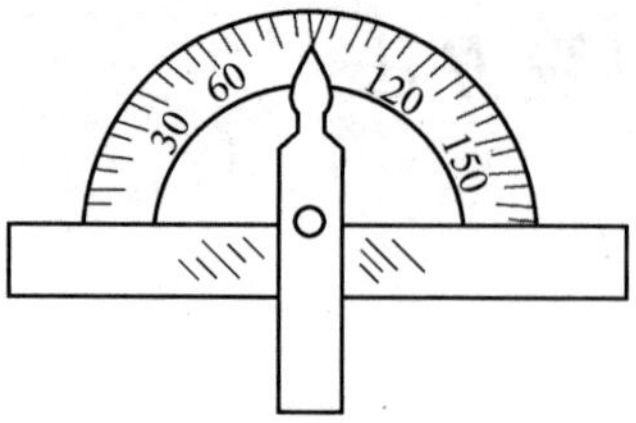

a)

b)

图 2-15　角度线的划法

a）游标万能角度尺　b）划角度线

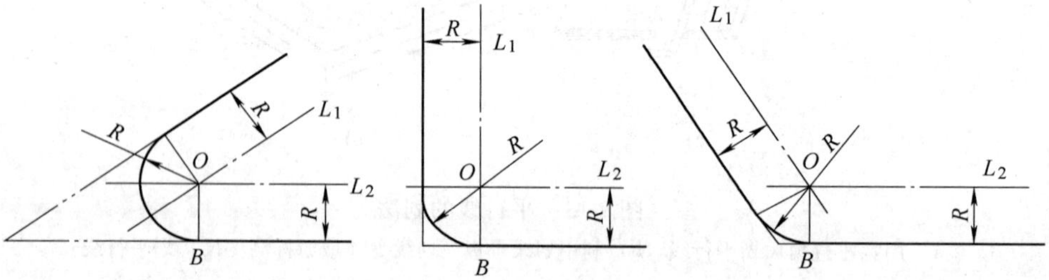

图 2-16　圆弧与两直线相切的划法

五、正多边形的划法

正多边形的划法如图 2-17 所示，可采用几何作图法或采用等弦长作图法划出。

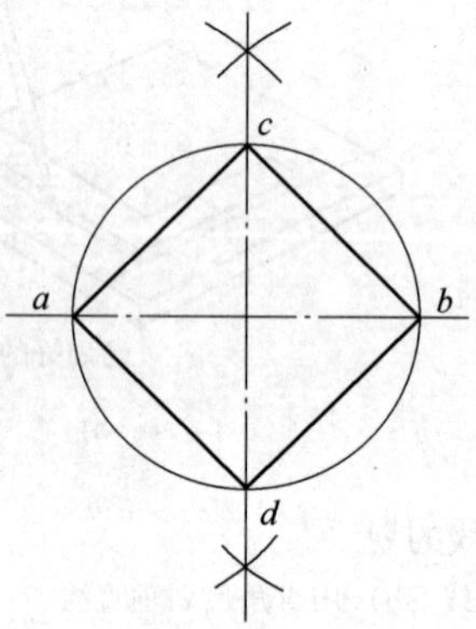

a)

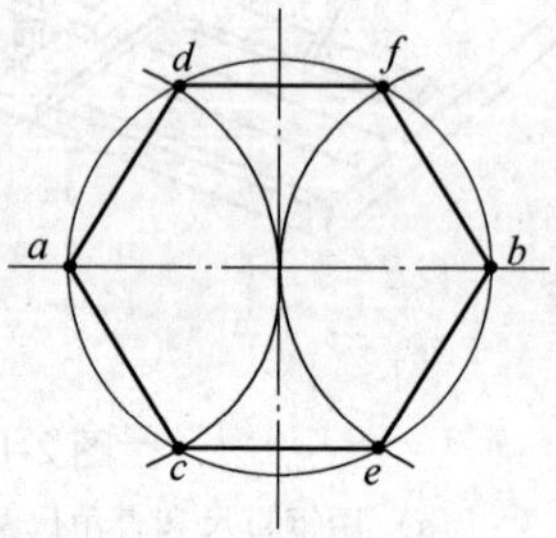

b)

图 2-17　正多边形的划法

a）在圆内划正方形　b）在圆内划正六边形

课题三　划线基准的选择

一、基准的概念

1. 基准

基准是指图样或工件上用来确定其他点、线、面位置的依据。基准分设计基准和工艺基准。

(1) 设计基准 在图样上用来确定其他点、线、面位置的基准称为设计基准。

(2) 工艺基准 在零件加工时，根据工艺需要用于确定其他点、线、面位置的基准称为工艺基准。

2. 划线基准

划线基准属于工艺基准，是指划线时选择工件上某些点、线、面作为依据，用来确定工件其他点、线、面位置的尺寸和位置。

划线时，首先应确定划线基准。平面划线时需要确定两个基准，立体划线时需要确定三个基准。

二、基准的确定

合理地确定划线基准是做好划线工作的关键。只有划线基准选择合理，才能提高划线质量和效率，还可以提高工件的合格率。

确定划线基准应遵循以下选择原则：

1）划线时，应尽量使划线基准与设计基准保持一致，以减少误差，这是选择划线基准的基本原则。

2）对称形状的工件，应以对称中心线作为划线基准。

3）有孔或凸台的工件，应以主要的孔或凸台的中心线作为划线基准。

4）未加工的毛坯件，应以主要的、面积较大的不加工面作为划线基准。

5）加工过的零件，应以加工后的较大表面作为划线基准。

对于工艺要求复杂的工件，通常需要进行几次划线。如在工件毛坯上划线称为第一次划线；经过车、铣、刨等加工后，再划线称为第二次划线……。在每次划线时，应根据工件的具体情况选择划线基准。

三、基准的形式

常见划线基准类型有以下三种：

1）以两个相互垂直的平面或直线为基准，如图 2-18 所示。

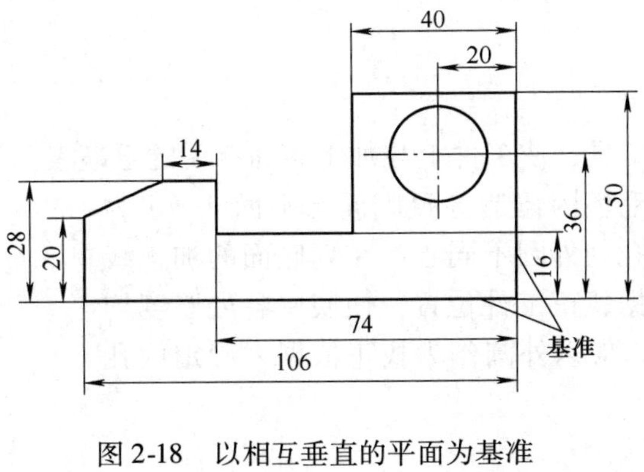

图 2-18 以相互垂直的平面为基准

2）以一个平面（或直线）和一条对称中心线为基准，如图 2-19 所示。

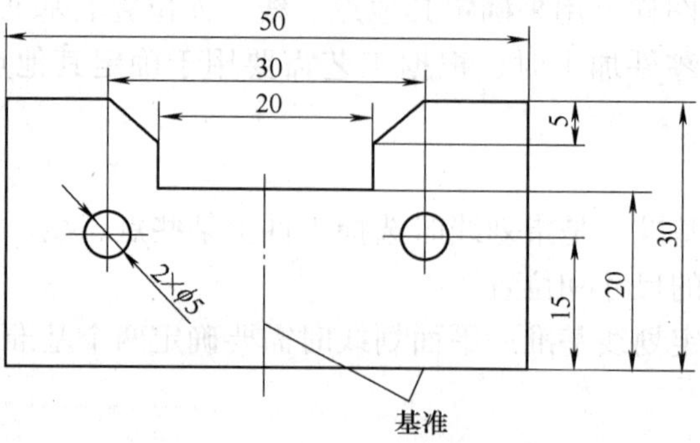

图 2-19　以一个平面（或直线）和一条对称中心线为基准

3）以两条相互垂直的中心线为基准，如图 2-20 所示。

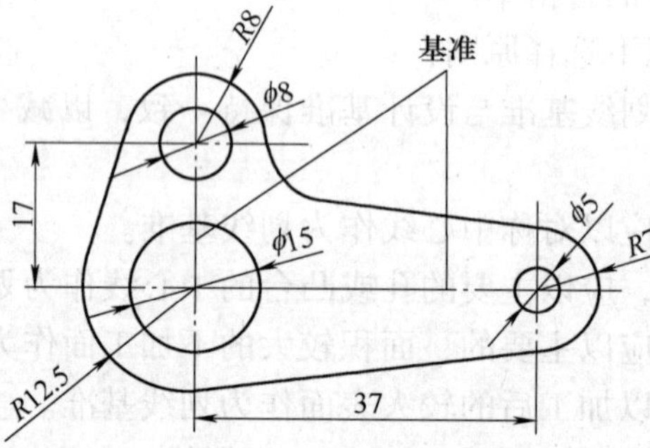

图 2-20　以两个相互垂直的中心线为基准

课题四　划线时的找正和借料

工件毛坯在铸、锻过程中，由于各种原因，可能造成形状变形、偏心、壁厚不均匀等缺陷。当这些缺陷误差不大时，可通过找正和借料的方法来补救，以提高毛坯的利用率。

一、找正

1. 找正的定义

找正就是利用划线工具，使工件上与加工表面有关的毛坯表面处于合适的位置。图 2-21 所示为轴承座毛坯，其毛坯因铸造导致底面与平面 *A*（*A* 为不加工面）不平行，内孔与外圆不同心。在划底面的加工线时，应以上平面 *A* 为依据找正工件位置，使底座各处厚度均匀；在划内孔加工线时，应以外圆作为找正依据来确定内孔的中心。

图 2-21　轴承座毛坯的找正

2. 找正的原则

1）工件若有几个与加工表面有关的不加工表面时，应选重要的、较大的或外观质量较高的不加工表面作为找正的主要依据，并兼顾其他次要的不加工表面，使划线后的加工表面与不加工表面之间的尺寸和位置符合图样要求，而将无法弥补的误差集中到次要的或不显眼的部位。

2）若毛坯没有不加工表面，可以通过对各加工表面自身位置进行找正，尽量合理、均匀地分布各加工面的加工余量。

二、借料

1. 借料的作用

当工件毛坯上的误差或缺陷用找正的方法不能补救时，可采取借料的方法来解决。

2. 借料的定义

借料就是通过对有误差或缺陷的工件毛坯进行试划和调整，将各个待加工面的加工余量进行合理分配，相互借用，从而保证各个待加工面都有足够的加工余量，而误差或缺陷可在加工后消除，或使其影响减少到最低程度。

图 2-22a 所示为一圆环形的工件图样，其内孔、外圆都需要加工。当毛坯比较精确时，所划线条如图 2-22b 所示。当内孔、外圆偏心量较大时，如以外圆作为找正依据，则内孔的加工余量不足，如图 2-22c 所示；反之，则外圆的加工余量不足，如图 2-22d 所示。因此，只有在同时兼顾内孔、外圆的情况下，适当地选择圆心位置，才能保证内孔、外圆都有足够的加工余量，如图 2-22e 所示。

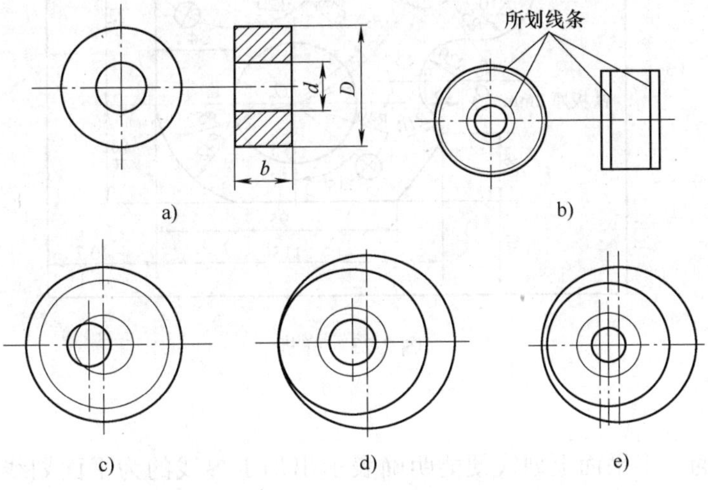

图 2-22　找正与借料示例（圆环的划线与借料）
a）工件图样　b）合格毛坯划线
c）以外圆找正　d）以内孔找正　e）借料划线

3. 借料的一般步骤

借料时，往往要经过多次试划，才能确定合理的借料方案。借料的一般步骤是：

1）详细测量工件毛坯的各部分尺寸，找出偏移部位及偏移量。

2）分析工件毛坯，确定借料的方向及大小，划出基准线。

3）根据图样要求，以基准线为依据，划出其余各线。

4）全面复查各加工表面的加工余量，若发现余量不足，则应继续调整，重新划线。

划线时工件的找正和借料往往是结合起来进行的。

借料也存在局限性，当毛坯误差太大不能补救时，则只能报废。

课题五 划线训练

训练一 平面划线

任务描述

按图 2-23 所示样板的图样要求准确划线。

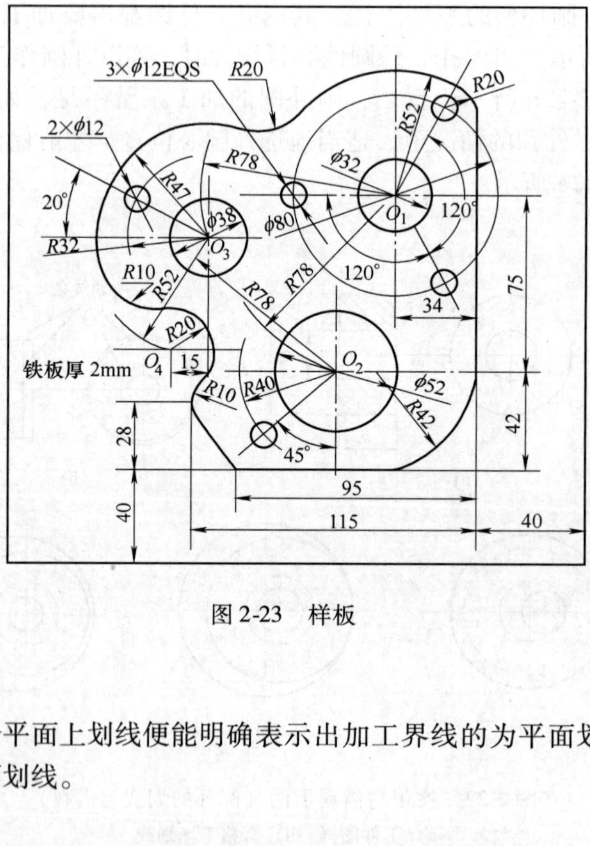

图 2-23 样板

任务分析

只需在工件的一个平面上划线便能明确表示出加工界线的为平面划线。根据图样分析，该样板的划线属于平面划线。

相关知识

1. 划线前的准备工作

1）划线前，应认真分析图样的技术要求和工件的工艺规程，合理选择划线基准，确定划线位置、划线步骤和方法。

2）清理工件上的油污、毛刺、氧化皮及锈斑。

3）在工件上涂色。为了使划出的线条清晰，一般都需要在工件的划线部位涂上一层涂料。常用的涂料及应用见表 2-1。

表 2-1　划线常用涂料

名　　称	配 制 比 例	应　　用
石灰水	稀糊石灰水 + 适量牛皮胶	铸件、锻件毛坯
蓝油	2% ~4% 龙胆紫 +3% ~6% 虫胶漆 +91% ~95% 酒精	已加工表面
硫酸铜溶液	100g 水 +1 ~1.5g 硫酸铜和少许硫酸溶液	形状复杂的工件

涂色时，为使所划线条清晰，应尽量涂得薄而均匀，如涂得太厚则容易剥落。

2. 划线

1）正确安放工件和选用工具。

2）先划出基准线和位置线，再按水平线、垂直线、角度斜线、圆弧线的顺序依次划线。

3）按图样要求检查所划线条的准确性、完整性。

4）检查无误后，在线条上打上样冲眼。

任务准备

1）工具：划线平板、划针、划规、样冲、锤子等。

2）量具：游标高度尺、钢直尺、游标万能角度尺、直角尺等。

3）辅具：划线涂料、毛刷等。

4）材料：厚度为 2mm 的铁板。

任务实施

1）选定划线基准，从板料底边向上划 40mm 的线条，从板料右侧边向左划距离为 40mm 且与第一条线垂直的线条，以这两条垂直线作为划线基准。

2）划尺寸 42mm 水平线；划尺寸 75mm 水平线；划尺寸 34mm 垂直线。

3）以 O_1 为圆心、R78mm 为半径划弧，并截 42mm 水平线得 O_2 点。通过 O_2 点作垂直线。

4）分别以 O_1、O_2 点为圆心、R78mm 为半径划弧相交得 O_3 点，通过 O_3 点划水平线和垂直线。

5）通过 O_2 点划 45°线，并以 R40mm 为半径截得 ϕ12mm 圆的圆心；通过 O_3 点划 20°线，并以 R32mm 为半径截得另一 ϕ12mm 圆的圆心。

6）划垂直线与 O_3 垂直线距离为 15mm，并以 O_3 为圆心、R52mm 为半径划弧截得 O_4 点。

7）划尺寸为 28mm 水平线；按尺寸 95mm 和 115mm 划出左下方的斜线。

8）划出 ϕ32mm、ϕ80mm、ϕ52mm、ϕ38mm 的圆周线。

9）把 ϕ80mm 圆周按图样作三等分。

10）划出五个 ϕ12mm 的圆周线。

11）以 O_1 为圆心、R52mm 为半径划圆弧；以 O_3 为圆心、R47mm 为半径划圆弧，并以 R20mm 为半径划两圆弧的相切圆弧；以 O_4 为圆心、R20mm 为半径划圆弧，并以 R10mm 为半径作两处的相切圆弧；以 R42mm 为半径作右下方的相切圆弧。

至此全部线条划完。在划线过程中，圆心找出后即应打上样冲眼，以便在用划规划圆弧时进行定位。划水平线和垂直线的方法可按实际条件选择。

检查评议

练习记录及成绩评定

班级：________ 姓名：________ 学号：________ 成绩：________

序号	测量项目	配分	配分标准	测量结果	得分
1	涂色薄而均匀	4	总体评定		
2	角度误差不大于1°	12	每差错一处扣3分		
3	线条清晰无重线	10	线条不清晰或有重线每处扣1分		
4	尺寸及线条位置公差 ±0.3mm	16	每一处超差扣2分		
5	各圆弧连线圆滑	12	每一处连接不好扣2分		
6	冲点位置公差 ±0.3mm	16	凡冲偏一处扣2分		
7	检验样冲眼分布合理	10	分布不合理每一处扣2分		
8	使用工具正确，操作姿势正确	10	发现一项不正确扣2分		
9	安全文明生产	10	违者每次扣2分，严重者从总分中扣除5～10分		

问题及防治

1）划线平板周围要保持清洁，禁止在1m以内堆放物件。

2）所用锤子、样冲等工具应经常检查，不得有裂纹、飞边毛刺，锤子要安装牢固。

3）使用砂轮机时，必须熟悉规程，并严格执行。

扩展知识

在划线时应注意对划线工具的维护和保养。

1）划针、划规和游标高度尺等划线工具应妥善保管，正确摆放，避免划线部位损伤。

2）工件在划线平板上应轻拿轻放，并尽可能减少摩擦，以免损伤工件及划线平板，造成划线平板精度的降低。

3）划线工具和设备使用完后，应及时进行清理，擦拭干净，并涂上机油防锈。

训练二　立体划线

任务描述

按图2-24所示的轴承座图样要求准确划线。

任务分析

需在工件几个不同方向的表面上同时划线，才能明确表示加工界线的为立体划线。根据图样分析，该轴承座的划线属于立体划线。

相关知识

该轴承座为一铸件，考虑到毛坯可能存在着误差和缺陷，在划线时必须对总体的余量加以全盘考虑。

分析图样所标注的尺寸和加工部位可知，需要划线的尺寸共有三个方向，所以工件要经过三次安放才能划完所有线条。划线基准选为 $\phi50$mm 孔的中心平面Ⅰ－Ⅰ、Ⅱ－Ⅱ和两个螺钉孔的中心平面Ⅲ－Ⅲ，如图 2-24 所示。

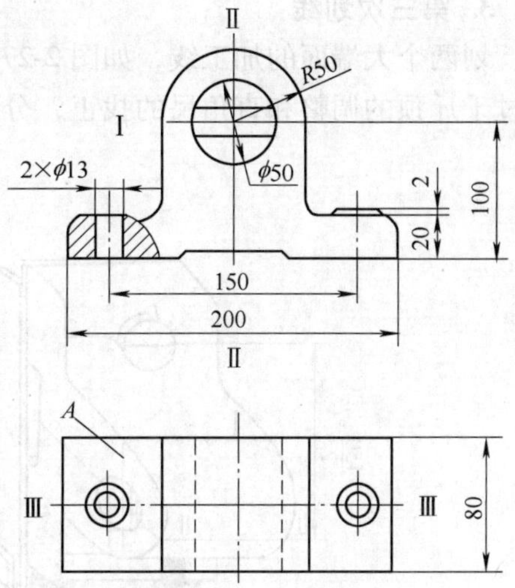

图 2-24　轴承座

任务准备

1）工具：划线平板、划针、划规、单脚规、样冲、锤子、垫铁、千斤顶等。

2）量具：游标高度尺、钢直尺、直角尺等。

3）辅具：划线涂料、毛刷等。

4）材料：轴承座。

任务实施

1. 第一次划线

划底面加工线（见图 2-25），这一方向的划线工作将牵涉到主要部位的找正和借料。

先确定 $\phi50$mm 轴承座内孔和 $R50$mm 外轮廓中心。由于外轮廓不加工，所以应以 $R50$mm 外圆为找正中心的依据。即先在装好中心塞块的孔两端用单脚规求出中心，然后用划规试划 $\phi50$mm 圆周线，观察内孔四周余量是否均匀，如果内孔与外轮廓偏心过多，就要做适当的借料。

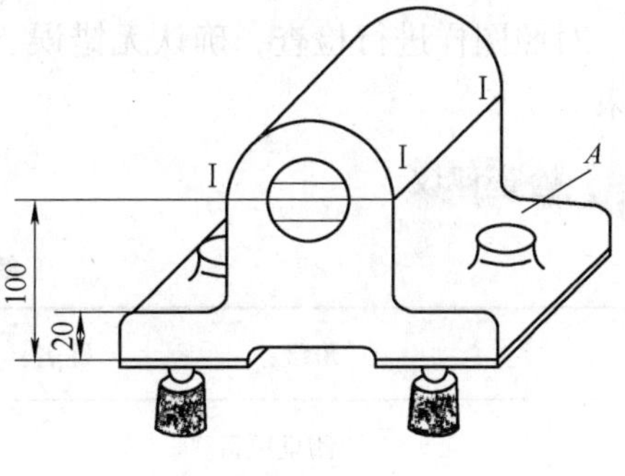

图 2-25　第一次划线

用三个千斤顶支持轴承座底面。调整千斤顶并用游标高度尺找正，使两端孔中心初步调整到同一高度。由于 A 面不加工，为了保证在底面加工后尺寸 20mm 的厚度在各处都均匀一致，还要用游标高度尺找正 A 面。两端孔中心既要保持同一高度，同时 A 面又要保持水平位置，两者发生矛盾时，就要兼顾两方面进行调整。待两端孔中心确定后，在孔中心打上样冲眼，划出基准线Ⅰ－Ⅰ和底面加工线以及两个螺钉孔的上平面加工线。

2. 第二次划线

划两螺钉孔的中心线，如图 2-26 所示。将工件侧翻 90°用千斤顶支承，通过千斤顶的调整和游标高度尺的找正，使轴承座内孔两端的中心处于同一高度，同时用直角尺按已划出的底面加工线找正垂直位置。划出Ⅱ－Ⅱ基准线和两个螺钉孔的中心线。

3. 第三次划线

划两个大端面的加工线，如图 2-27 所示。将工件翻转至图示位置，用千斤顶支承工件。通过千斤顶的调整和直角尺的找正，分别使底面加工线和Ⅱ－Ⅱ中心线处于铅垂位置。

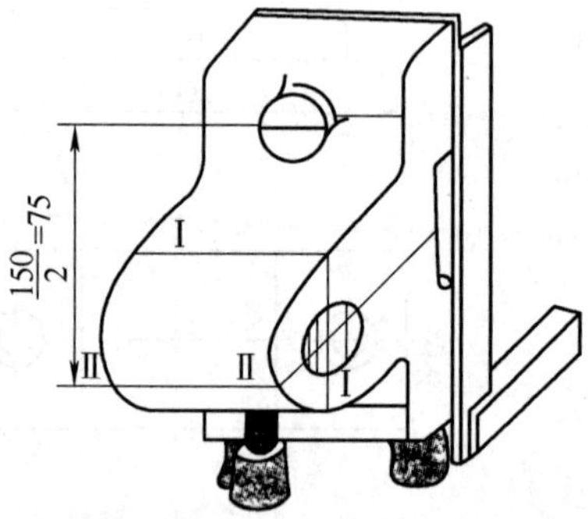

图 2-26　第二次划线

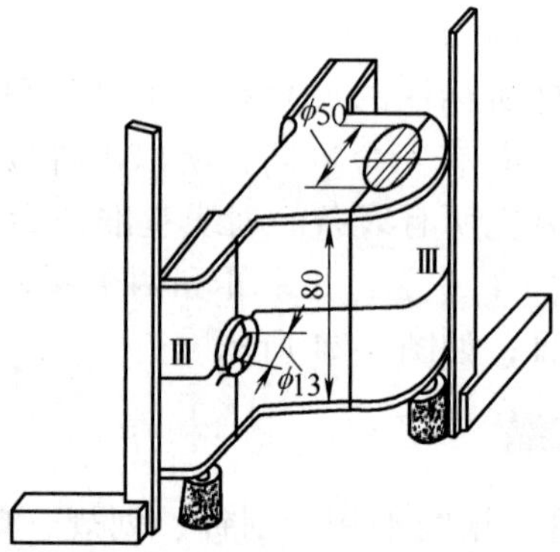

图 2-27　第三次划线

以两个螺钉孔的中心为依据，试划两个大端面的加工线。若有两面加工余量相差过多的情况，可通过上下调整螺钉孔的中心来借料。调整满意后即可划出Ⅲ－Ⅲ基准线和两个大端面的加工线。

4. 划线检查

对照图样进行检查，确认无错误、无遗漏后，在所划线条上打上样冲眼，划线工作至此结束。

检查评议

练习记录及成绩评定

班级：________　姓名：________　学号：________　成绩：________

序号	测量项目	配分	配分标准	测量结果	得分
1	三个位置垂直度找正误差小于 0.4mm	18	超差一处扣 6 分		
2	三个位置尺寸基准位置误差小于 0.6mm	18	超差一处扣 6 分		
3	划线尺寸误差小于 0.3mm	24	每超差一处扣 3 分		
4	线条清晰、样冲点正确	18	一处不正确扣 3 分		
5	检查样冲点位置是否正确	12	一处不正确扣 2 分		
6	安全文明生产	10	违者每次扣 2 分，严重者从总分中扣除 5～10 分		

问题及防治

1）工件应在支撑处打好样冲眼，使工件稳固地放在支撑上，防止倾倒。对于较大的工件，应附加支撑，使其安放稳定、可靠。

2）在对较大工件划线，必须使用吊车吊运时，绳索应安全、可靠，吊装的方法应正确。将大件放在平台上用千斤顶支承时，工件下应垫上木块，以保证安全。

3）调整千斤顶高度时，不可用手直接调节，以防止工件掉下砸伤手。

4）必须全面、仔细地考虑工件在平台上的摆放位置和找正方法。正确确定尺寸基准的位置是保证划线准确的重要环节。

5）划线时，游标高度尺要紧贴平板移动，划线压力要一致，以保证划出的线条清晰准确。

6）所划线条应尽可能细而清楚，要避免重复划线。

扩展知识

在立体划线时所确定的基准都是平面，而不像平面划线时的基准都是一些直线或中心线，这是因为在立体划线时，每划一个尺寸线，一般要在工件的四周都划到，才能明确表示工件的加工界线，而不是只划在一个面上，因此就需要选择能反映工件四周位置的平面作为基准。

思考与练习

1. 对图 2-28 所示的划线样板进行划线。

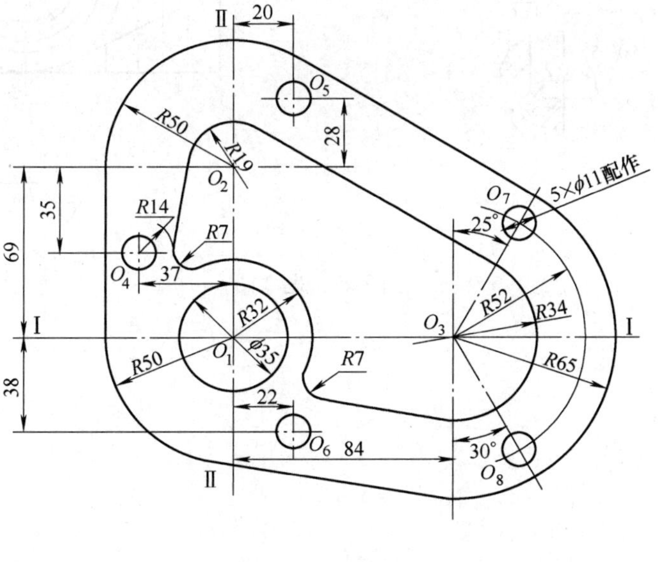

图 2-28　题 1 图

2. 对图 2-29 所示的阀体进行划线。

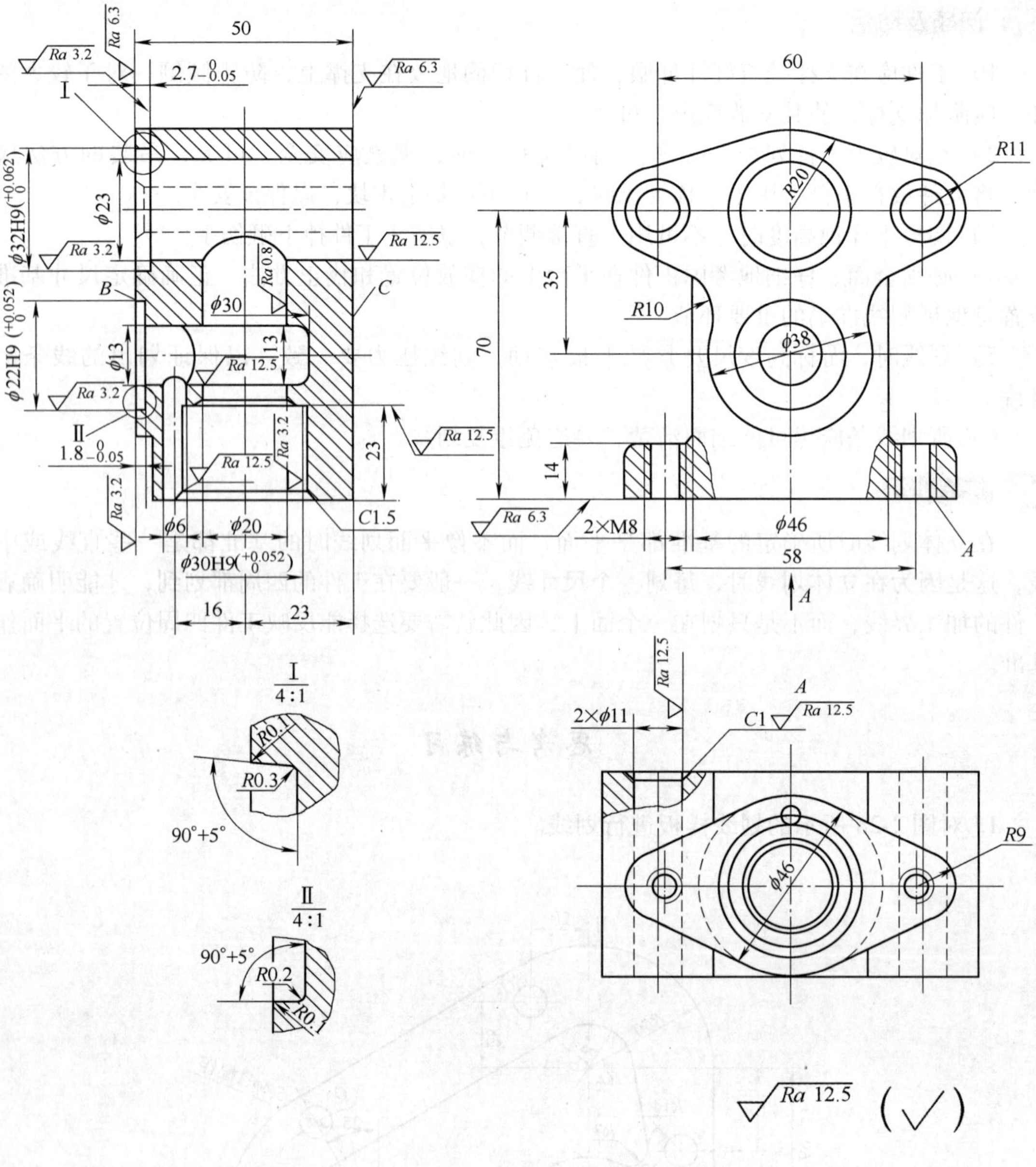
50
60
R11
R20
φ23
R10
35
70
φ30
φ38
φ13
13
23
14
C1.5
φ6
φ20
2×M8
φ46
58
16
Ⅰ
4:1
R0.1
R0.3
90°+5°
Ⅱ
4:1
R0.2
2×φ11
C1
R9
Ra 12.5
(√)

图 2-29　题 2 图

单元三 锉 削

3

知识目标：

1. 了解锉削的加工范围；
2. 了解锉刀的种类和构造。

技能目标：

1. 掌握锉削时工件的夹持方法；
2. 掌握平面和曲面的锉削方法；
3. 掌握锉削精度检验方法；
4. 掌握锉刀保养常识；
5. 掌握锉削时的安全文明生产常识。

课题一 锉 刀

一、锉削的加工范围

锉削是用锉刀对工件进行切削加工的方法。它常用于加工平面、曲面、孔、内外角和沟槽等各种复杂的形体表面，还可以用于配键、制作样板、整修特殊要求的几何形体或不便于机械加工的场合。锉削可以达到较高的尺寸精度（IT7 ~ IT8）、形位精度和表面粗糙度（*Ra*1.6 ~ 0.8μm）。

二、锉刀的构造

锉刀由碳素工具钢 T12、T13 或 T12A、T13A 制成，经热处理淬硬，其切削部分的硬度达 62HRC 以上。

锉刀各部分的名称如图 3-1 所示，锉刀面是锉削的主要工作面，锉刀舌则用来装锉刀柄。

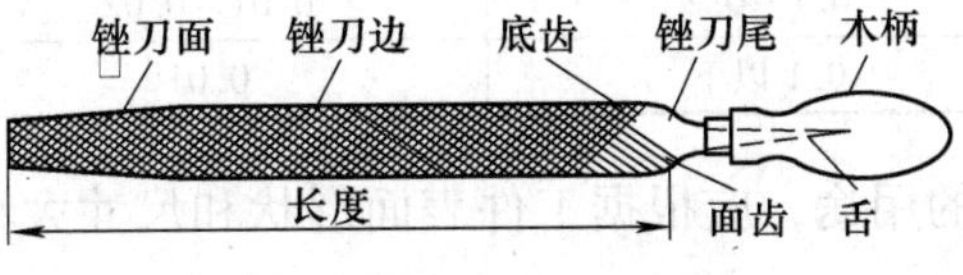

图 3-1 锉刀各部分的名称

三、锉刀的种类、规格及选用

1. 锉刀的种类

锉刀按其用途不同可分为普通钳工锉、异形锉和整形锉三种。

普通钳工锉按其断面形状又可分为平锉（又称板锉或扁锉）、方锉、三角锉、半圆锉和圆锉等五种，如图 3-2 所示。在使用时可根据加工对象形状的不同，选择不同的锉刀。

异形锉有刀口锉、菱形锉、扁三角锉、椭圆锉、圆肚锉等，如图 3-3 所示。异形锉主要用于锉削工件上特殊的表面。

图 3-2　普通钳工锉

图 3-3　异形锉

整形锉又称为什锦锉，如图 3-4 所示。整形锉主要用于修整工件表面的细小部分。

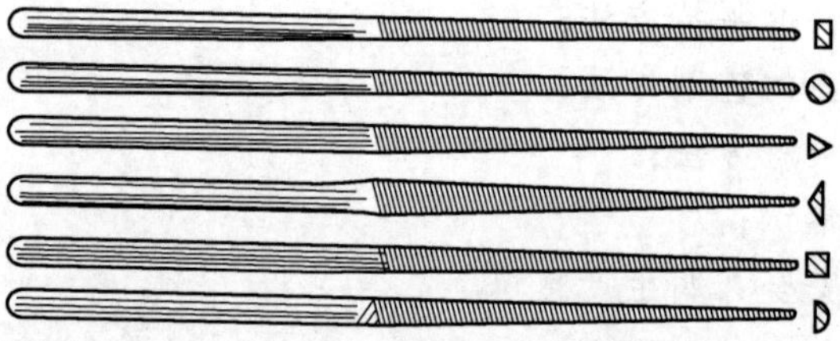

图 3-4　整形锉

2. 锉刀的规格及选用

锉刀的规格分尺寸规格和齿纹粗细规格两种。方锉刀的尺寸规格以方形尺寸表示，圆锉刀的规格用直径表示，其他锉刀则以锉身长度表示。钳工常用的锉刀中，锉身长度有 100mm、125mm、150mm、200mm、250mm 等多种规格。

齿纹粗细规格，以锉刀每 10mm 轴向长度内主锉纹的条数表示。主锉纹指锉刀上起主要切削作用的齿纹；而另一个方向上起分屑作用的齿纹，被称为辅助齿纹。

锉刀齿纹粗细规格的选用见表 3-1。

表 3-1　锉刀齿纹粗细规格的选用

锉刀粗细	适用场合		
	锉削余量/mm	尺寸精度/mm	表面粗糙度 Ra/μm
1 号（粗齿锉刀）	0.5～1	0.2～0.5	100～25
2 号（中齿锉刀）	0.2～0.5	0.05～0.2	25～6.3
3 号（细齿锉刀）	0.1～0.3	0.02～0.05	12.5～3.2
4 号（双细齿锉刀）	0.1～0.2	0.01～0.02	6.3～1.6
5 号（油光锉）	0.1 以下	0.01	1.6～0.8

每种锉刀都有其主要的用途，应根据工件表面形状和尺寸大小来选用，其具体选择如图 3-5 所示。

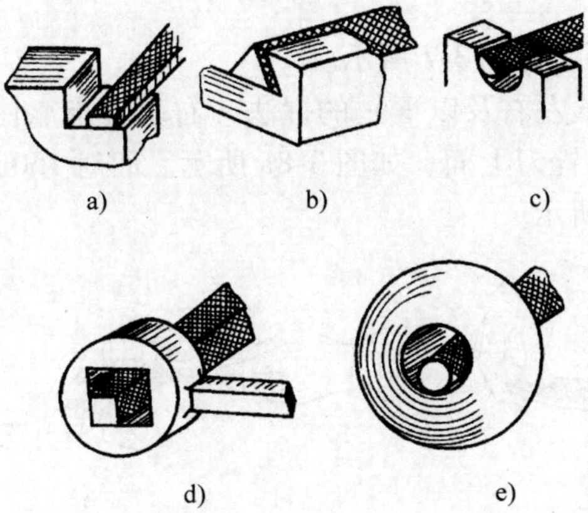

图 3-5　锉刀的选用
a）平锉　b）三角锉　c）半圆锉　d）方锉　e）圆锉

课题二　基本锉削方法

一、工件的夹持

锉削时工件的夹持是否正确，直接影响锉削质量的高低。工件夹持时应注意：

1）工件尽量夹持在台虎钳钳口宽度方向的中间，锉削面靠近钳口，以防锉削时产生振动。

2）夹持要稳固，但用力不可太大，以防工件变形。

3）夹持已加工表面和精密工件时，应在台虎钳钳口衬上纯铜皮或铝皮等软的衬垫，以防夹坏工件表面。

二、锉削姿势

锉削姿势的正确与否，对锉削质量、锉削力量的运用和发挥以及人体疲劳程度都有一定的影响。

1. 锉刀的握法

（1）大型锉刀（大于250mm）的握法　右手紧握锉刀柄，柄端抵在拇指根部的手掌上，大拇指放在锉刀柄上部，其余手指由下而上地握着锉刀柄，如图 3-6a 所示。左手的基本握法是将拇指的根部肌肉压在锉刀头上，拇指自然伸直，其余四指弯向手心，用中指、无名指捏住锉刀前端，如图 3-6b 所示。右手推动锉刀并决定推动方向，左手协同右手使锉刀保持平衡，如图 3-6c 所示。

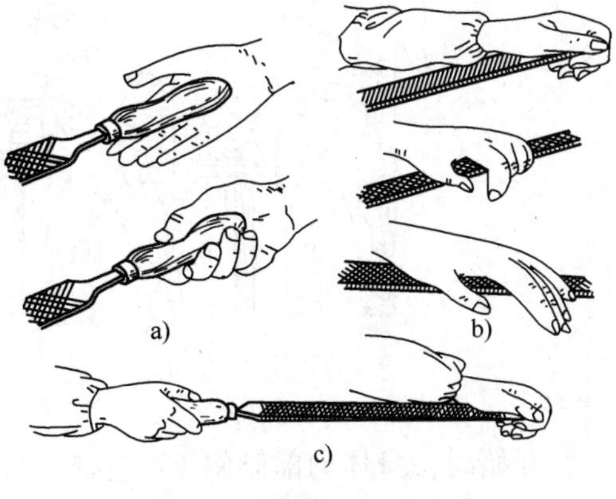

图 3-6　大型锉刀的握法
a）右手握法　b）左手握法　c）锉削动作

（2）中型锉刀（200mm 左右）的握法　其右手握法与大锉刀的握法相同，左手只需用大拇指、食指、中指轻轻地扶持即可，如图 3-7 所示。

（3）小型锉刀（150mm 左右及以下）的握法　右手食指靠住锉边，拇指与其余各指握锉，左手食指、中指轻按在锉刀上面，如图 3-8a 所示。而对 150mm 以下更小的锉刀，只需右手握住即可，如图 3-8b 所示。

图 3-7　中型锉刀的握法

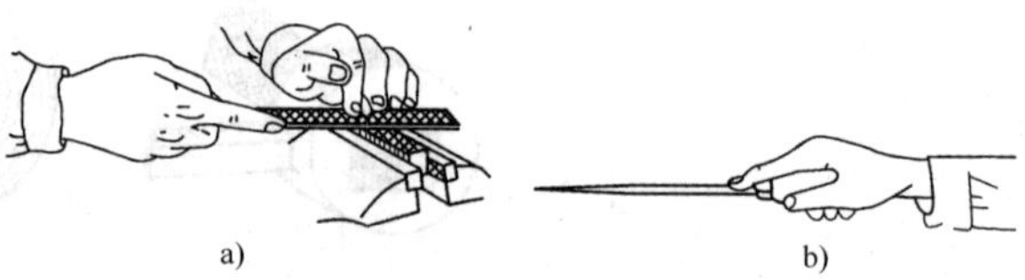

图 3-8　小型锉刀的握法

a）较小锉的握法　b）更小锉的握法

2. 站立步位和锉削动作

锉削时的站立位置如图 3-9 所示，站立要自然，便于用力，以适应不同的锉削要求。锉削时身体重心要落在左脚上，右膝伸直，左膝随锉削的往复运动而屈伸。

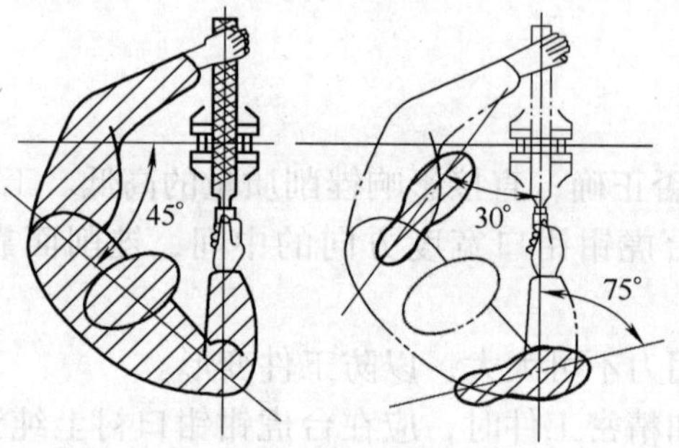

图 3-9　锉削时的站立步位和姿势

在锉刀向前锉削的动作过程中，身体和手臂的运动情况如图 3-10 所示。

图 3-10　锉削动作

开始时，身体向前倾斜 10°左右，右肘尽量向后收缩；锉最初 1/3 行程时，身体前倾到 15°左右，左膝稍有弯曲；锉至 2/3 行程时，右肘向前推进锉刀，身体逐渐倾斜到 18°左右；锉最后 1/3 行程时，右肘继续推进锉刀，身体则随锉削时的反作用力自然地退回到 15°左右；锉削行程结束后，手和身体都恢复到原来姿势，同时将锉刀略微提起退回。

三、锉削力和锉削速度

要锉出平直的平面，必须使锉刀保持水平直线的锉削运动。这就要求锉刀运动到工件加工表面任意位置时，锉刀前后两端的力矩平衡。为此，锉削前进时，左手所加的压力由大逐渐减小，而右手的压力由小逐渐增大，如图3-11所示。回程时不加压力，以减少锉齿的磨损。锉削速度一般控制在40次/min以内，推出时稍慢，回程时稍快，动作协调自如。

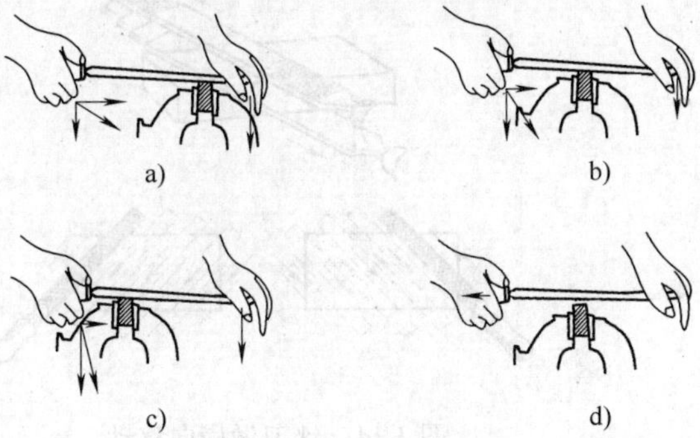

图3-11 锉平面时的两手用力

四、平面锉削

1. 平面锉削方法

（1）顺向锉 如图3-12所示，顺向锉是最普通的锉削方法。

锉刀运动方向与工件夹持方向始终一致。面积不大的平面和最后锉光都采用这种方法。顺向锉可得到正直的锉痕，比较整齐美观，精锉时常采用。

（2）交叉锉 如图3-13所示，锉刀运动方向与工件夹持方向约呈35°，且锉痕交叉。交叉锉时锉刀与工件的接触面增大，锉刀容易掌握平稳。交叉锉一般适用于粗锉。

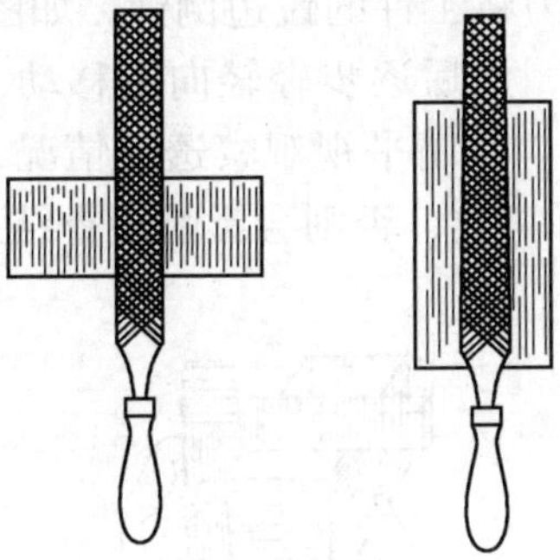

图3-12 顺向锉法

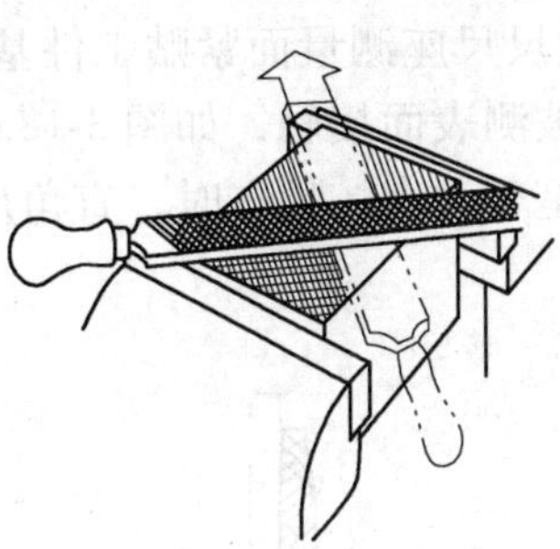

图3-13 交叉锉法

锉平面时，不管是顺向锉还是交叉锉，为了使整个加工面都能被均匀地锉到，一般在每次抽回锉刀时，应在横向上做适当移动，如图3-14所示。

（3）推锉 如图3-15所示，推锉一般用于锉削狭长平面或使用顺向锉法锉刀运动受阻等场合。推锉不能充分发挥手臂的力量，故锉削效率低，只适用于加工余量较小的平面或修整尺寸。

2. 平面度检验

一般用钢直尺或刀口形直尺作透光法检验，如图3-16所示。刀口形直尺沿加工面的纵向、横向和对角线方向逐一进行检验，以透过光线的均匀强弱来判断加工面是否平直。平面度误差值可用塞尺来检查确定。

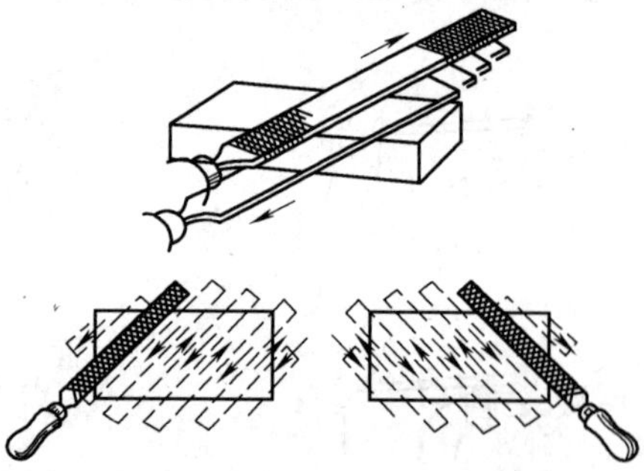

图 3-14　锉刀做横向移动

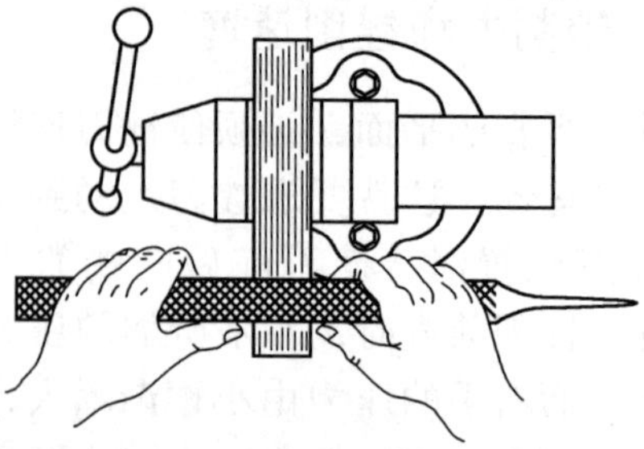

图 3-15　推锉

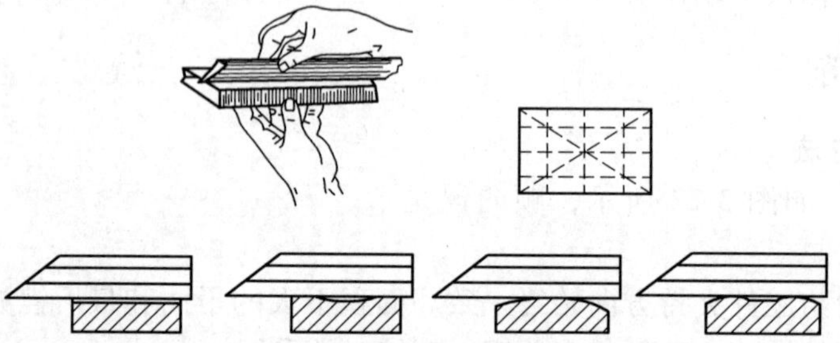

图 3-16　平面度检验

3. 垂直度检查

1）用直角尺检查工件垂直度前，应先用锉刀将工件的锐边倒钝，如图 3-17 所示。

2）先将直角尺尺座测量面紧贴工件基准面，然后逐步轻轻向下移动，使直角尺尺苗的测量面与工件的被测表面接触，如图 3-18a 所示。眼睛平视观察透光情况，以此来判断工件被测面与基准面是否垂直。检查时，直角尺不可斜放，否则会影响检查结果的准确性，如图 3-18b 所示。

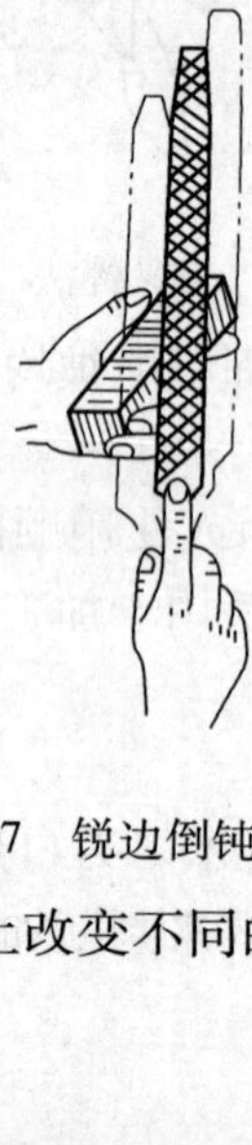

图 3-17　锐边倒钝方法

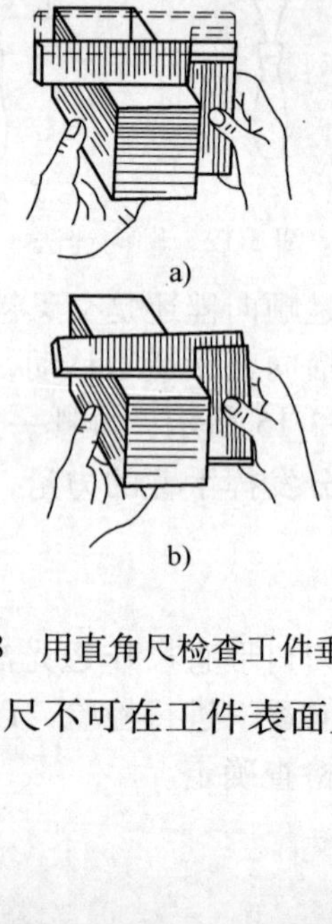

a)

b)

图 3-18　用直角尺检查工件垂直度

3）在同一平面上改变不同的检查位置时，直角尺不可在工件表面上拖动，以免直角尺被磨损而降低精度。

五、曲面锉削

1. 外圆弧面锉削

锉外圆弧面的方法有两种，一种是采用平锉顺着圆弧锉削的方法，如图 3-19a 所示。锉刀做前进运动的同时绕工件的圆弧中心做上下摆动，右手下压的同时左手上提。这种方法能使圆弧面光洁圆滑，但锉削位置不易掌握且效率不高，只适用于精锉外圆弧面。

另一种是用平锉对着圆弧面锉削的方法，如图 3-19b所示。锉刀做直线推进的同时绕圆弧面中心做圆弧摆动，待圆弧面接近尺寸时再用顺着圆弧面锉削的方法精锉成形，这种方法锉削效率高且便于按划线均匀锉削弧线，但只能锉成近似圆弧面的多棱形面，故适用于圆弧面的粗加工。

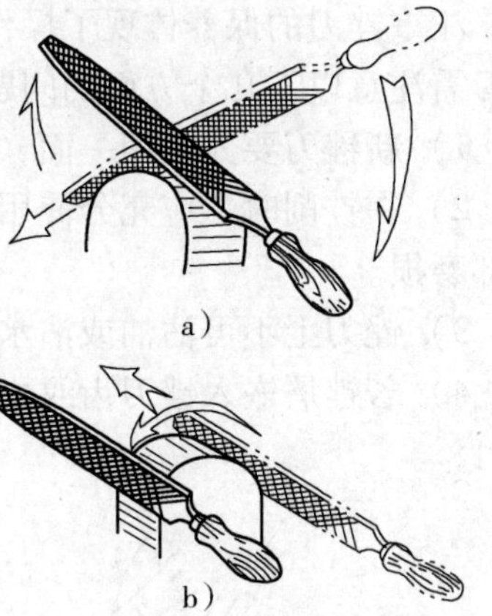

图 3-19　外圆弧面锉削

a）顺着圆弧面锉削　b）对着圆弧面锉削

2. 内圆弧面锉削

内圆弧面锉削时可根据圆弧半径的大小选择相应的圆锉、半圆锉。锉削时，锉刀要同时完成三个运动：前进运动、顺圆弧面向左或向右移动、绕锉刀中心线转动。只有三个运动协调完成，才能锉好内圆弧面，如图 3-20 所示。

3. 球面锉削

球面锉削是外圆弧面锉削方法中的顺向锉与横向锉的有机结合，如图 3-21 所示。

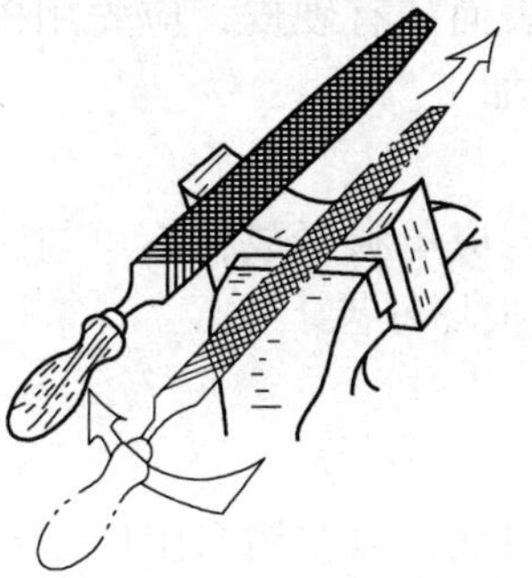

图 3-20　内圆弧面锉削

图 3-21　球面锉削

课题三　锉削训练

任务描述

通过训练完成长方体、正方体和六角体的锉削加工。

任务分析

通过技能训练掌握正确的锉削姿势，提高平面锉削技能，并掌握正确使用量具进行锉削质量检测的方法。

相关知识

一、锉刀的保养

注重锉刀的保养体现了操作者良好的职业素养，同时也可延长锉刀的使用寿命。保养好锉刀需注意以下几个方面的问题：

1）新锉刀要先使用一面，待用钝后再使用另一面。

2）在锉削时，应充分使用锉刀的有效全长，这样既可提高锉削效率，又可避免锉齿的局部磨损。

3）锉刀上不可沾油或沾水。

4）若锉屑嵌入锉刀齿纹内，必须及时用薄铁片或钢丝刷剔除，如图3-22所示。

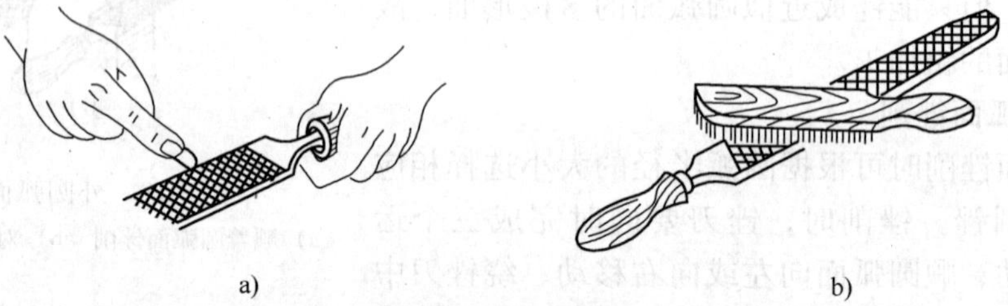

a)　　b)

图3-22　清除锉齿内的切屑

a）用薄铁片清除　b）用钢丝刷清除

5）不可锉毛坯件的硬皮及淬硬的工件。工件表面如有硬皮，应先用砂轮磨去或用旧锉刀、锉刀的有齿侧边锉去，然后再进行正常的锉削加工。

6）锉刀使用完毕后必须刷干净，以免生锈。

7）锉刀无论在使用过程中或放入工具箱时，均应单独平放，不可与其他工具或工件堆放在一起，也不可与其他锉刀互相重叠堆放，以免损坏锉齿。

二、文明生产和安全生产常识

1）锉刀是右手握持的工具，应放在台虎钳的右面；放在钳台上时，锉刀柄不可露在钳桌外面，以免掉落地上砸伤脚或损坏锉刀。

2）没有装柄的锉刀、锉刀柄已裂开或没有锉刀柄箍的锉刀不可使用。

3）锉削时，锉刀柄不能撞击到工件，以免锉刀柄脱落造成事故。

4）不能用嘴吹锉屑，也不能用手擦摸锉削表面。

5）锉刀不可用作撬棒或锤子。

任务准备

1）工具：划针、划规、样冲、锯弓、锯条、300mm粗齿平锉、250mm中齿平锉、200mm细齿平锉、150mm细齿平锉。

2）量具：游标高度尺、钢直尺、刀口形直尺、直角尺、游标卡尺、游标万能角度尺、千分尺。

3）辅具：钢丝刷、毛刷。

4）材料：按各任务准备。

任务实施一 锉削长方体

1. 技能训练图（见图 3-23）

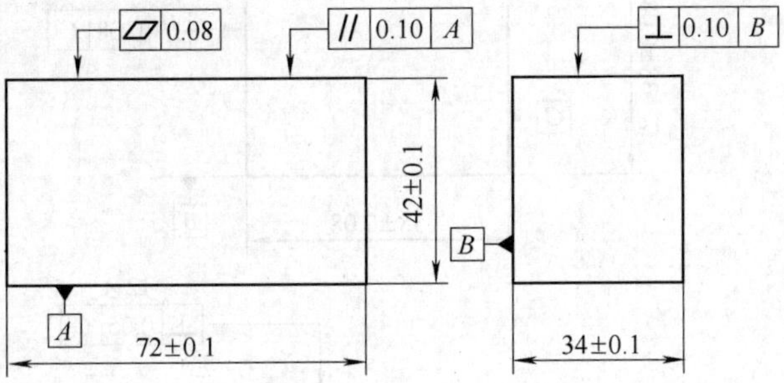

图 3-23 长方体

2. 训练步骤

1）选择最大的平面 1 作为基准面进行粗、精锉削，同时检查平面度，符合技术要求后即可作为长方体的加工基准面，如图 3-24 所示。

2）按长方体各面的编号顺序划线，依次对各面进行粗、精锉加工。用刀口形直尺、直角尺、游标卡尺等测量工具控制平面度、垂直度和尺寸精度，直至符合技术要求为止。

3）复检、去毛刺。

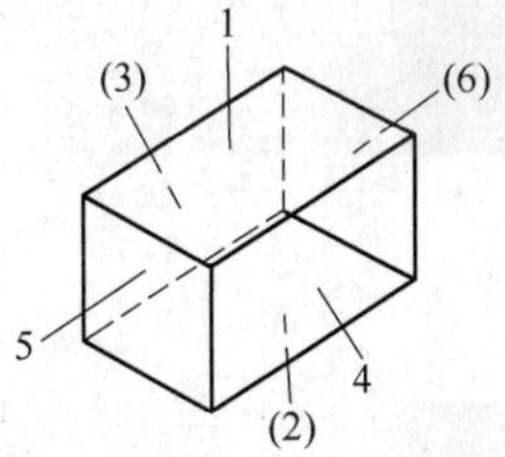

图 3-24 长方体加工顺序示意图

检查评议一

工件号	工位号	姓名		总得分	
项目	质量检测内容	配分	评分标准	实测结果	得分
锉削	72mm ±0. 1mm	10 分	超差不得分		
	34mm ±0. 1mm	10 分	超差不得分		
	42mm ±0. 1mm	10 分	超差不得分		
	⏥ 0.08	18 分	超差不得分		
	⊥ 0.10	24 分	超差不得分		
	// 0.10	8 分	超差不得分		
	锉削姿势正确	10 分	目测		
安全文明生产		10 分	违者不得分		
现场记录					

任务实施二　锉削正方体

1. 技能训练图（见图 3-25）

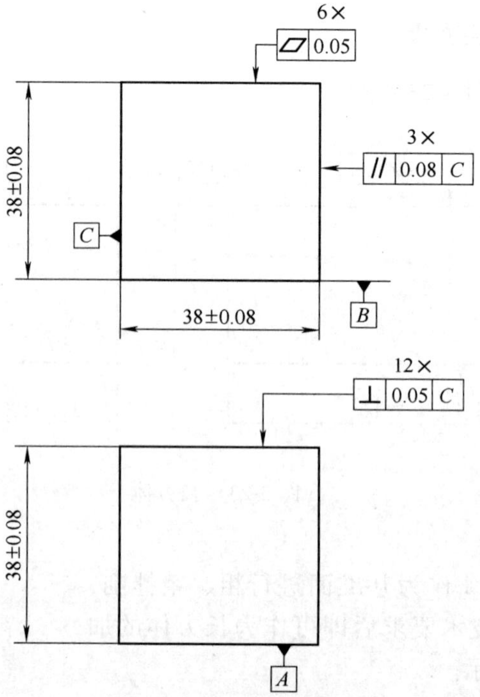

图 3-25　正方体

2. 训练步骤

1）锉削基准面 *A*，达到平面度、表面粗糙度要求。

2）锉削 *A* 面的对面，达到平面度、平行度、尺寸公差、表面粗糙度要求。

3）锉削 *B* 面并与 *A* 面垂直，达到平面度、垂直度、表面粗糙度要求。

4）锉削 *B* 面的对面，达到平面度、平行度、尺寸公差、表面粗糙度要求。

5）锉削 *C* 面并与 *A* 面垂直，达到平面度、垂直度、表面粗糙度要求。

6）锉削 *C* 面的对面，达到平面度、平行度、尺寸公差、表面粗糙度要求。

7）复检，并做必要的修正，去毛刺。

检查评议二

工件号	工位号	姓名		总得分	
项目	质量检测内容	配分	评分标准	实测结果	得分
锉削	38mm ± 0.08mm（3 组）	24 分	超差不得分		
	▱ 0.05	12 分	超差不得分		
	⊥ 0.05	24 分	超差不得分		
	// 0.08	18 分	超差不得分		
	表面粗糙度 *Ra*6. 3μm	12 分	降低一级不得分		

（续）

安全文明生产	10分	违者不得分		
现场记录				

任务实施三　锉削六角体

1. 技能训练图（见图3-26）

2. 训练步骤

1）检查用料余量，修整基准面A。

2）锉削第1面并达到平面度、垂直度、表面粗糙度要求，如图3-27a所示。

3）锉削第1面的对面并达到平面度、平行度、表面粗糙度和尺寸公差要求，如图3-27b所示。

4）锉削第1面的相邻面第3面并达到平面度、角度、表面粗糙度要求，如图3-27c所示。

5）锉削第3面的对面第4面并达到平面度、平行度、表面粗糙度和尺寸公差要求，如图3-27d所示。

6）用同样方法分别锉削第5、6面达到尺寸公差、平行度、平面度和表面粗糙度要求。

7）倒圆角。

8）自检，修整。

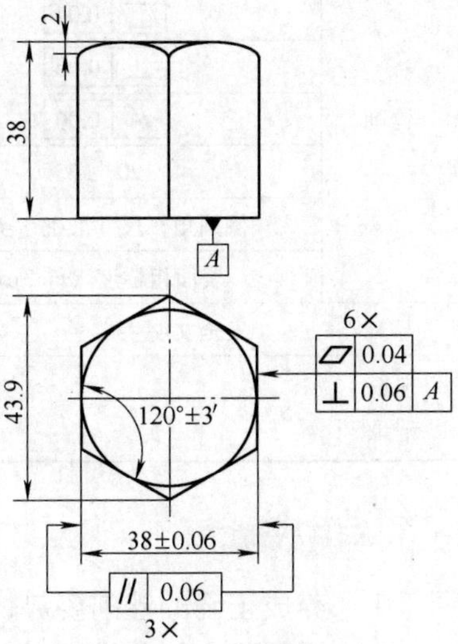

图3-26　六角体

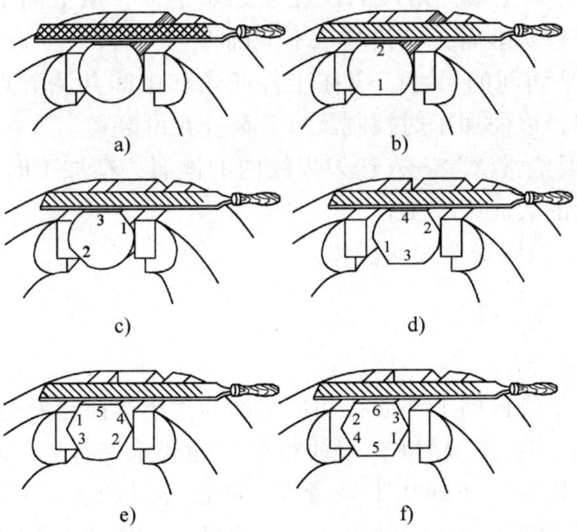

图3-27　六角体加工步骤示意图

a）粗、精锉削第1面　b）粗、精锉削第1面的对面　c）粗、精锉削第3面

d）粗、精锉削第3面的对面　e）粗、精锉削第5面　f）粗、精锉削第5面的对面

检查评议三

工件号		工位号		姓名		总得分	
项目	质量检测内容			配分	评分标准	实测结果	得分
锉削	38mm ±0.06mm（3 组）			30 分	一处超差扣 10 分		
	⏥ 0.04			12 分	一处超差扣 10 分		
	⊥ 0.06			12 分	一处超差扣 10 分		
	// 0.06			15 分	一处超差扣 10 分		
	120° ±3′			5 分	超差不得分		
	倒圆角，尺寸准确、美观			10 分	按正确、美观程度给分		
	表面粗糙度 *Ra*6.3μm			6 分	升高一级扣 1 分		
安全文明生产				10 分	违者不得分		
现场记录							

问题及防治

1）养成正确的锉削姿势，要求动作协调、自然。

2）锉削长方体各表面时，要先选择最大平面作为锉削基准面，按照“先锉平行面，后锉垂直面”的原则，才能减少积累误差，达到规定尺寸和相对位置精度的要求。

3）基准面作为加工控制其余各面的尺寸、位置精度的基准，必须在达到规定的平面度要求后，才能加工其他面。

4）在检查垂直度时，注意直角尺的尺座紧贴基准面，从上向下移动，压力不宜太大，否则易造成尺座离开工件基准面，导致测量不准确。

5）用千分尺测量平面间的尺寸，应在工件四角和中间共测五点，读取工件测量尺寸，了解工件平面平整情况，以便加工时控制尺寸，防止尺寸超差。

6）锉削钢件材料要经常清除嵌入锉刀齿纹内的锉屑，精加工时可在锉刀齿面上涂抹粉笔灰，以提高加工表面的表面粗糙度。

7）严守操作规程，做到安全文明操作。

扩展知识

1. 锉刀选用原则

在选用锉刀时，一是要根据工件形状和加工面的大小选择锉刀的形状和规格；二是要根据加工材料的软硬、加工余量、精度和表面粗糙度的要求选择锉刀的粗细。粗锉刀的齿距大，不易堵塞，适宜于粗加工（即加工余量大、精度等级和表面质量要求低）及铜、铝等软金属的锉削。细锉刀适宜于钢、铸铁以及表面质量要求高的工件的锉削。油光锉只用来修光已加工表面。锉刀越细，锉出的工件表面质量越高，但生产率越低。

2. 锉削质量的分析方法

使用各种测量工具，如刀口形直尺、塞尺、直角尺、游标卡尺、千分尺等，可对锉削质量进行实际测量而找出问题。一般而言，正确判断还要依赖适时的检验：要检查平面的直线度和平面度，需用钢直尺或刀口形直尺以透光法来检查，要多检查几个部位并进行对角线检查；要检查垂直度，用直角尺采用透光法检查，应选择基准面，然后对其他面进行检查，检查时，直角尺不可斜放，否则检查结果不准确；要检查尺寸，需要根据尺寸精度用钢直尺、游标卡尺或千分尺在不同位置上多测量几次；要检查表面粗糙度，一般用眼睛观察即可，也可用表面粗糙度样板进行对照检查。

思考与练习

1. 锉削的加工范围有哪些？
2. 如何对锉刀进行保养？
3. 简述锉削姿势的动作要领。
4. 简述锉削时两手用力的方法。

单元四 錾　　削

4

知识目标：

1. 了解錾削加工的概念及特点；
2. 了解錾子的种类及应用；
3. 了解常用錾削工具。

技能目标：

1. 掌握錾子和锤子的握法及正确的錾削姿势；
2. 掌握正确刃磨錾子的方法；
3. 掌握各种狭平面、油槽的錾削方法；
4. 掌握板料的錾切方法。

课题一　錾削工具

一、錾削加工

用锤子打击錾子，对金属工件进行切削加工的操作叫錾削，如图 4-1 所示。錾削是钳工工作中一项较为重要的基本操作，属于粗加工，平面度可控制在 0.5mm 之内。通过錾削工作的锻炼，可以提高锤击的力度和准确性，为装拆机械设备打下扎实的基础。

二、錾削的特点

目前，錾削工作主要用于不便于机械加工的场合，如清除毛坯上的飞边、毛刺、浇冒口，切割板料、条料，錾削平面及沟槽等。尽管錾削工作效率低，劳动强度大，但由于它所使用的工具简单，操作方便，因此在许多场合仍起着重要作用。

三、錾子

錾子是錾削所用的刀具，一般用碳素工具钢（T7A 或 T8A）锻打成型后再进行刃磨和热处理而成，经热处理后硬度达到 46～62HRC。錾子由切削部分、錾身及錾头构成，如图 4-2 所示。錾子切削部分的楔角主要根据材料的硬软来决定。錾身一般做成八棱形，防止錾削时錾子转动，錾头做成圆锥形，顶端略带球面，使锤击时的作用力易与刃口的錾切方向一致。錾子的种类及应用见表 4-1。

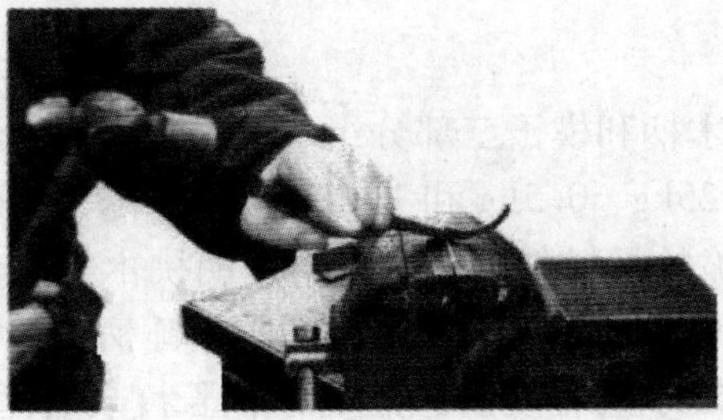

图 4-1 錾削

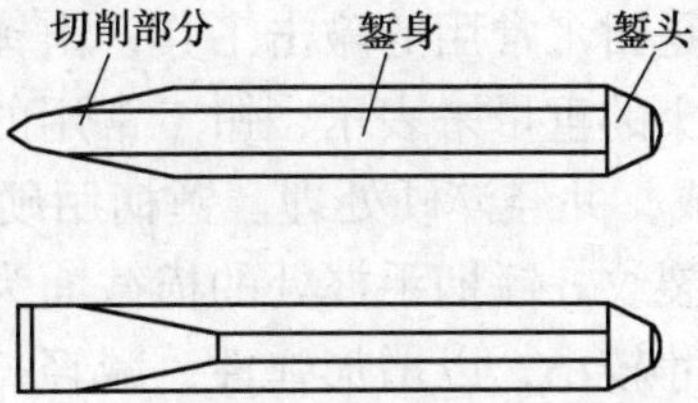

图 4-2 錾子的结构

表 4-1 錾子的种类及应用

錾子种类	特点及应用
 扁錾	切削部扁平，宽度约为 25mm。刃口略带弧形。刃口宽度约为 4mm。常用于錾削平面、分割材料及去毛边等，如图 4-3 所示
 尖錾	切削刃比较短，切削部分的两侧面从切削刃到錾身逐渐狭小，以防止錾槽时两侧面被卡住。主要用来錾削沟槽及分割曲线形板料，如图 4-4 所示
 油槽錾	切削刃很短，并呈圆弧形，刃口处类似马蹄形，其切削部分常做成弯曲形状。主要用来錾削润滑油槽，如图 4-5 所示

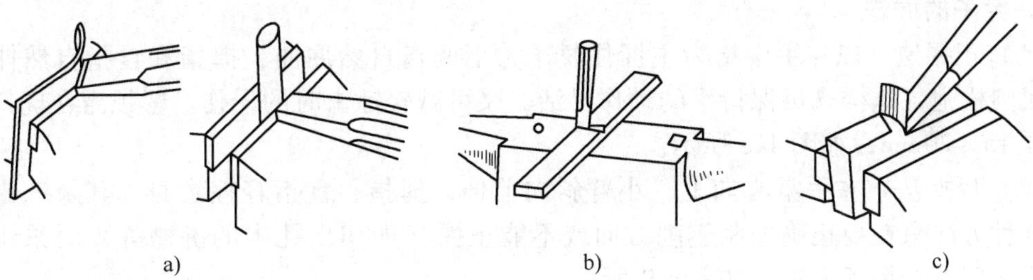

a) b) c)

图 4-3 扁錾的应用

a）板料、棒料錾切 b）錾断条料 c）錾切狭平面

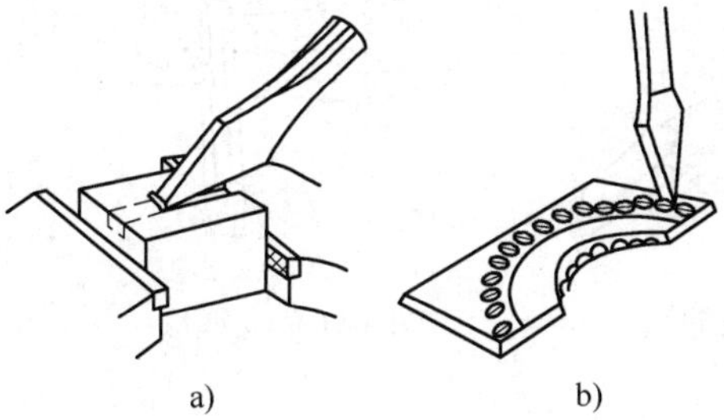

a) b)

图 4-4 尖錾的应用

a）錾槽 b）分割曲线形板料

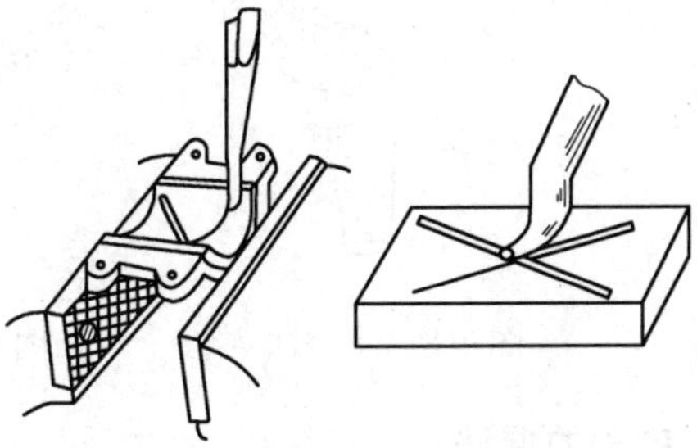

图 4-5 油槽錾的应用

四、锤子

锤子是钳工常用的敲击工具，由锤头、木柄和楔子三部分组成，如图 4-6 所示。锤子的规格以锤头的重量来表示，钳工常用的有 0.25kg、0.5kg 和 1kg 等几种。锤头用碳素工具钢（T7）制成，并经淬硬处理。锤柄用硬而不脆的材料制成，如檀木、胡桃木等，木柄必须无节疤、无裂纹。锤柄手握处的横截面为椭圆形，以便于锤头定向和防止锤柄在手中转动。锤柄截面尺寸较小，以增加弹性，减轻打击时震手的程度。选用的锤柄长度要合适，如图 4-7 所示。

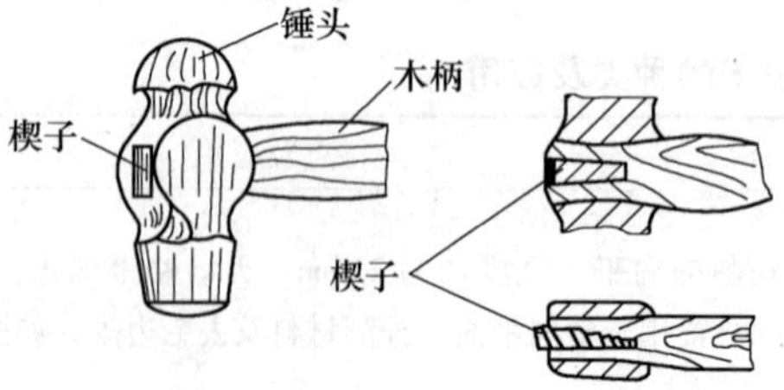

图 4-6 锤子

图 4-7 锤柄长度的选择

课题二 錾削方法

一、錾削方法概述

1. 錾子的握法

（1）正握法 以左手中指为主握住錾子，下两指自然屈曲，拇指和食指自然伸开使虎口处肌肉松弛，这样既可保持手的动作灵活，又可减轻锤击时的误伤。錾顶露在虎口处的长度应在 15～20mm，如图 4-8 所示。

（2）反握法 左手掌心向上，小臂斜向前伸，拇指、食指轻捏錾身，其余三指屈向掌心。这种方法只在要正确控制錾削方向或不能正握（如切出孔中的键槽等）时采用，而且不适用于臂挥的挥锤方法，如图 4-9 所示。

（3）立握法 这种握法要保持錾子直立，只用于剁断材料，如图 4-10 所示。

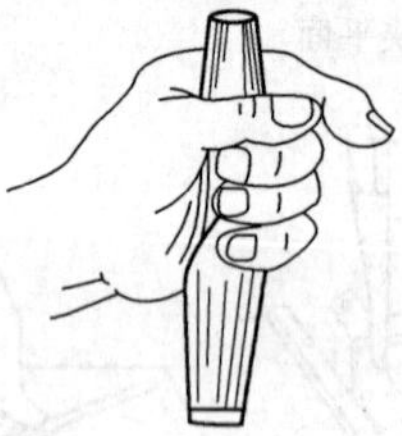

图 4-8 正握法

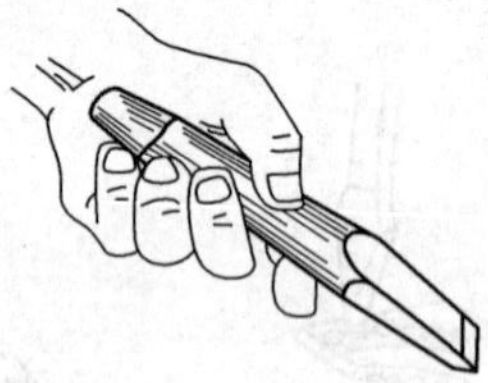

图 4-9 反握法

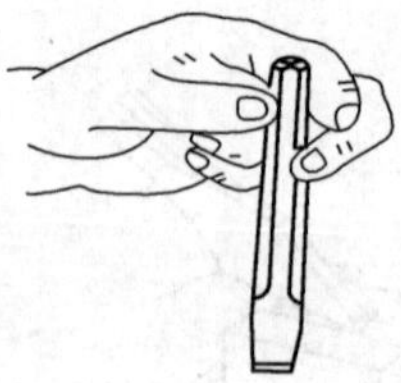

图 4-10 立握法

2. 锤子的握法

（1）紧握法 用右手五指紧握锤柄，大拇指合在食指上，虎口对准锤头方向（木柄椭圆的长轴方向），木柄尾端露出 15～30mm。在挥锤和锤击过程中，五指始终紧握，如图 4-

11 所示。

（2）松握法　只用大拇指和食指始终握紧锤柄。在挥锤时，小指、无名指、中指依次放松；在锤击时，则以相反的次序收拢握紧。这种握法的优点是手不易疲劳，且锤击力大，如图 4-12 所示。

3. 站立姿势

錾削时的站立位置如图 4-13 所示。身体与台虎钳中心线大致成 45°角，且略向前倾，左脚跨前半步，膝盖处稍有弯曲，保持自然，右脚要站稳伸直，不要过于用力。

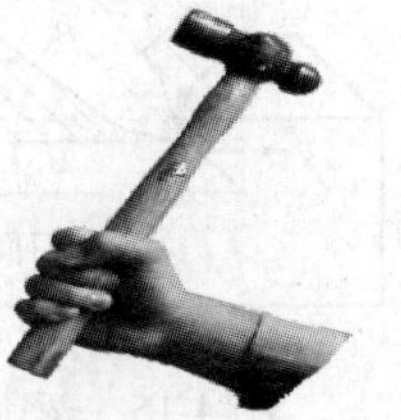

图 4-11　紧握法

图 4-12　松握法

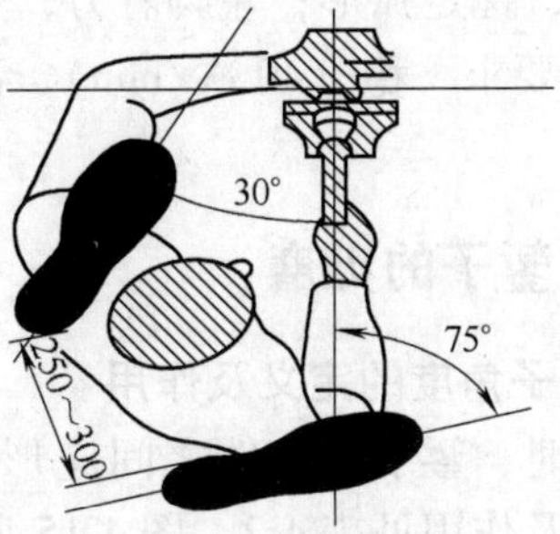

图 4-13　錾削时的站立位置

站立姿势歌谣：

台虎钳子左侧站，体与钳中成四五。

左迈半步稍弯曲，右脚站稳不用力。

两脚间距叁佰整，左成叁拾右柒五。

左握錾子右挥锤，上身倾斜紧跟随。

不紧不怕心不慌，每锤都击顶中央。

4. 挥锤方法

（1）腕挥　腕挥是仅用手腕的动作进行锤击运动，采用紧握法握锤，一般用于錾削余量较少及錾削开始或结尾处，如图 4-14a 所示。

（2）肘挥　用手腕与肘部一起挥动做锤击运动，采用松握法握锤，因挥动幅度较大，故锤击力也较大，这种方法应用最多，如图 4-14b 所示。

（3）臂挥　大臂绕肩关节摆动并加肘挥的动作挥锤，右上身还要与挥锤动作协调而稍微做水平的摆动。这种挥锤法能获得最大的冲击能量，用于需要大力錾削的工件，如图 4-

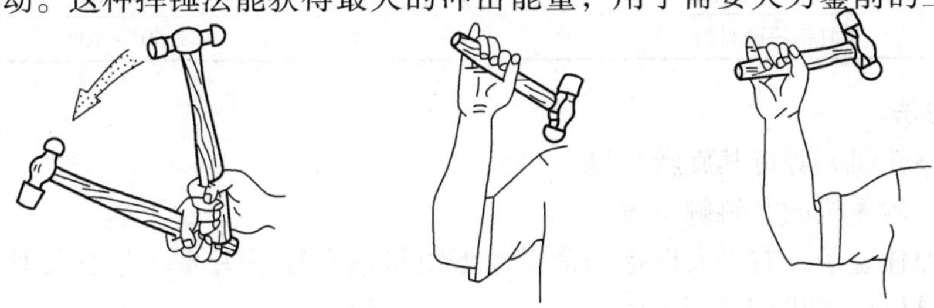

a)　　b)　　c)

图 4-14　挥锤方法

a）腕挥　b）肘挥　c）臂挥

14c 所示。

5. 锤击速度

錾削时的锤击动作要一下一下有节奏地进行，一般用肘挥时约为 40 次/min，腕挥时约为 50 次/min。锤子敲下去应具有加速度，以增加锤击的力量。

6. 锤击要领

（1）挥锤　肘收臂提，举锤过肩；手腕后弓，三指微松；锤面朝天，稍停瞬间。

（2）锤击　目视錾刃，臂肘齐下；收紧三指，手腕加劲；锤錾一线，锤走弧形；左脚着力，右腿伸直。

（3）要求　稳（40 次/min）、准（命中率高）、狠（锤击有力）。

二、錾子的刃磨

1. 錾子角度的定义及作用

錾削时，錾子与工件之间应形成适当的切削角度，錾子角度的定义及作用见表 4-2。图 4-15 所示为錾削平面时的情况。

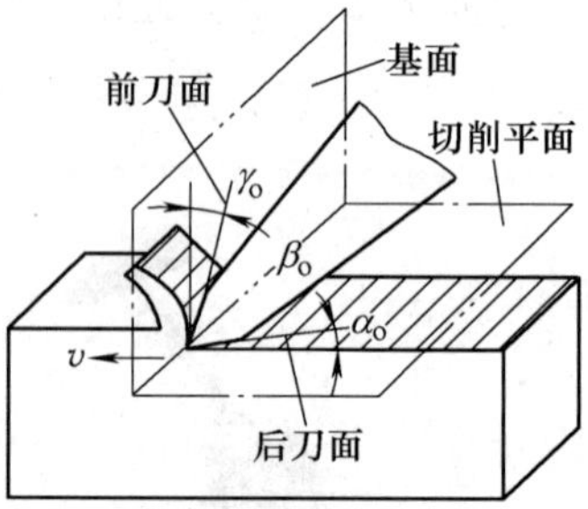

图 4-15　錾削角度

表 4-2　錾子角度的定义及作用

錾子角度	定　义	作　用
楔角 β_o	錾子前刀面与后刀面之间的夹角	楔角小，錾削省力，但刃口薄弱，容易崩损；楔角大，錾切费力，錾切表面不易平整。通常根据工件材料软硬选取楔角适当的錾子
后角 α_o	錾子后刀面与切削平面之间的夹角	减小錾子后刀面与切削平面的摩擦，使錾子容易切入材料。后角大小取决于錾削时錾子握执的方向
前角 γ_o	錾子前刀面与基面之间的夹角	减小切屑变形，使切削轻快。前角越大，切削越省力

2. 錾子楔角的选择

錾子楔角 β_o 的大小，由被加工材料的硬软来决定，见表 4-3。

表 4-3　錾子楔角的选择

工 件 材 料	楔角（β_o）
铜、铝、锡等软材料	30°～50°
结构钢等中等硬度材料	50°～60°
工具钢等硬材料	60°～70°

3. 刃磨方法

1）启动砂轮机，等待其旋转平稳。

2）站立在砂轮机的左斜侧位置。

3）双手握住錾子，右手大拇指和食指成蟹钳状捏牢錾子头部；左手大拇指在上，其余四指在下握紧錾身，如图 4-16 所示。

4）将錾子轻轻接触旋转着的砂轮，使切削刃高于砂轮水平中心线，并调整好刃磨位置。

5）刃磨錾子前、后刀面，并在砂轮全宽上左右来回平稳地移动。

6）对前、后刀面交替刃磨，磨至两面平整、錾刃平齐、楔角为所需錾切角度为止。

7）刃磨后要对楔角进行检查，可用专用角度样板或游标万能角度尺测量，如图 4-17 所示。

刃磨时加在錾子上的压力不宜过大，左右移动要平稳、均匀，并要经常蘸水冷却，以防退火。

4. 热处理方法

錾子的热处理包括淬火和回火两个过程，其目的是保证錾子切削部分具有较高的硬度和必要的韧性。錾头受锤子打击的顶部不准淬火，以防受击时碎裂伤人。

当錾子的材料为 T7A 或 T8A 时，可把錾子切削部分约 20mm 长的一端，均匀加热到750 ~ 780°C（呈樱红色）后迅速取出，在粗糙物体表面（如砖头、木块、砂布等）上急速擦掉刃面上的氧化层，迅速垂直地把錾子放入冷水内冷却（浸入深度为 5 ~ 6mm），并左右摆动，如图 4-18 所示。其目的是加速冷却，提高淬火硬度并使淬硬部分与不淬硬部分不致有明显的界线，避免錾子在此线上断裂。等到水面以上的部分变黑红色时取出錾子，再快速擦去刃部氧化皮，通过观察刃面上氧化膜的颜色来判断上端余热使刃部温度回升的程度。颜色（温度）适宜时迅速把錾子全部浸入水中冷却，即完成回火操作。錾子淬火时的回火颜色见表 4-4。

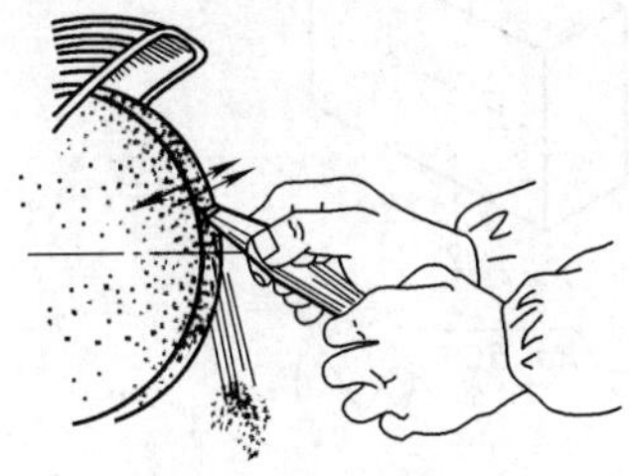

图 4-16　錾子的刃磨

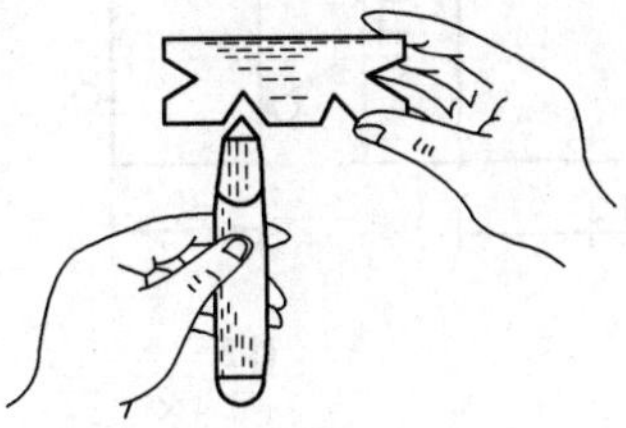

图 4-17　用样板检查角度

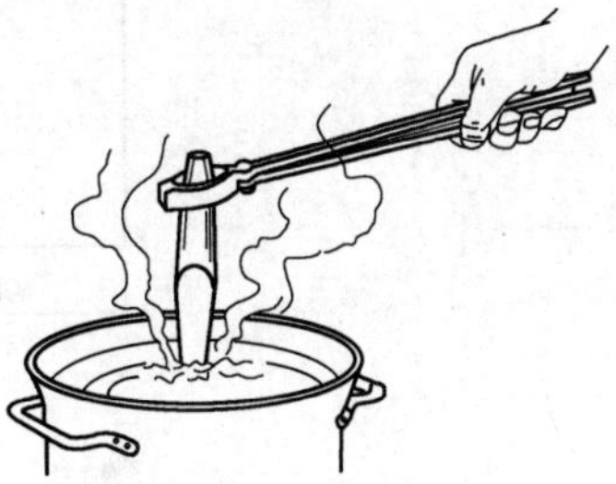

图 4-18　錾子的淬火

表 4-4　錾子淬火时的回火颜色

氧化膜颜色	对应的温度	冷却后的效果
黄白	200°C	很硬，相当脆
金黄	230°C	
紫红	270°C	硬度稍低，韧性较好
深蓝	290°C	硬度较低，韧性好
灰蓝	340°C	

錾子通常在深蓝色时冷却回火，俗称“淬蓝火”。

三、錾削安全常识

1）发现锤子木柄有松动或损坏时，要立即装牢或更换；木柄上不应沾有油，以免使用时滑脱。

2）錾削时要防止切屑飞出伤人，前面应对着防护网。

3）刃口应保持锋利，头部毛刺要及时磨去。

4）錾屑不得用手擦或用嘴吹，而应用毛刷清除。

5）錾削时应注意使作用力朝向固定钳身，避免造成丝杠和螺母螺纹的损坏。

6）锤子放置在钳台上时，锤柄不可露在外面，以免掉下砸伤脚。

7）刃磨錾子时，对砂轮施加的压力不能太大，发现砂轮表面跳动严重时，应及时检修。

8）不能用棉纱裹住錾子进行刃磨。

课题三　錾削训练

训练一　錾削狭平面

任务描述

錾削狭平面工件，如图4-19所示。

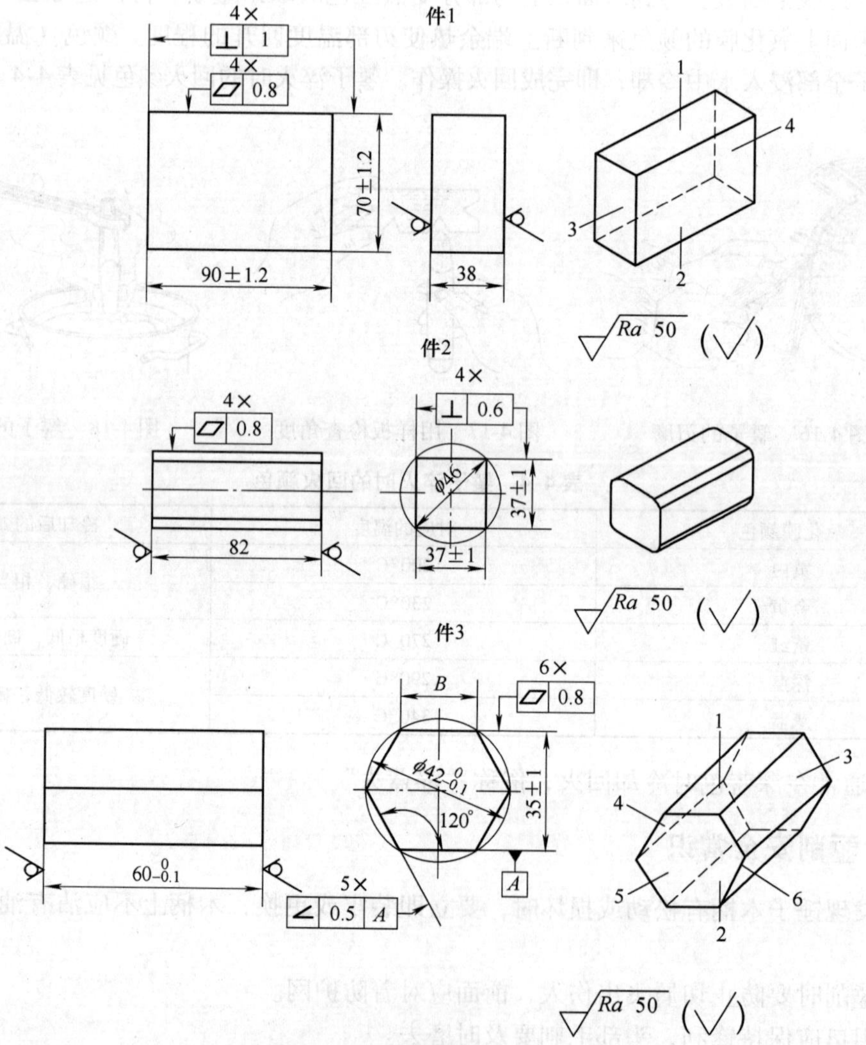

图4-19　錾削狭平面

任务分析

1）錾削狭平面，是指对小平面的錾削。

2）按图样要求准确划线。

3）通过錾削能正确掌握錾削的姿势和锤击要领。

4）掌握平面錾削方法，并能达到一定的精度。

相关知识

1. 起錾方法

錾削时的起錾方法有斜角起錾和正面起錾两种。在錾削平面时，应采用斜角起錾的方法，即先在工件的边缘尖角处，将錾子放成 θ 角（θ 为楔角 β_o 的一半），錾出一个斜面，然后按正常的錾削角度逐步向中间錾削，如图 4-20a 所示。有时不允许从边缘尖角处起錾（例如錾槽），则必须采用正面起錾，起錾时可在将切削刃抵紧起錾部位后，把錾子头部向下倾斜至与工件端面基本垂直，再轻敲錾子，如图 4-20b 所示。该方法使錾子容易切入材料，而不会产生滑脱、弹跳等现象，且便于掌握錾削余量。

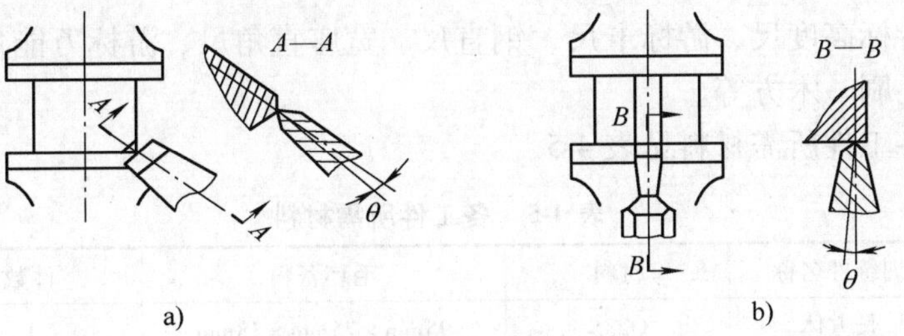

图 4-20　起錾方法

a）斜角起錾　b）正面起錾

2. 錾削动作

在錾削过程中，一般每连续錾削两三次后，可将錾子退回一些，作一次短暂的停顿，然后再将刃口顶住錾削处继续錾削。这样既可随时观察錾削表面的錾削情况，又可使手臂肌肉有节奏地得到放松。

錾削时的切削角度，一般应使后角 α_o 在 5°～8°之间，如图 4-21a 所示。后角过大，錾子易向工件深处扎入，如图 4-21b 所示；后角过小，錾子易从錾削部位滑出，如图 4-21c 所示。

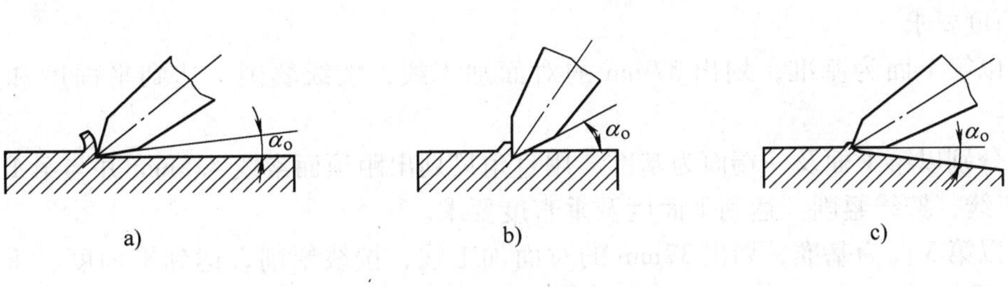

图 4-21　后角及其对錾削的影响

a）后角 α_o　b）后角过大　c）后角过小

3. 终錾

在一般情况下，当錾削接近尽头 10~15mm 时，必须调头錾去余下的部分，如图 4-22a 所示。当錾削脆性材料，如铸铁和青铜时更应如此，否则，尽头处就会崩裂，如图 4-22b 所示。

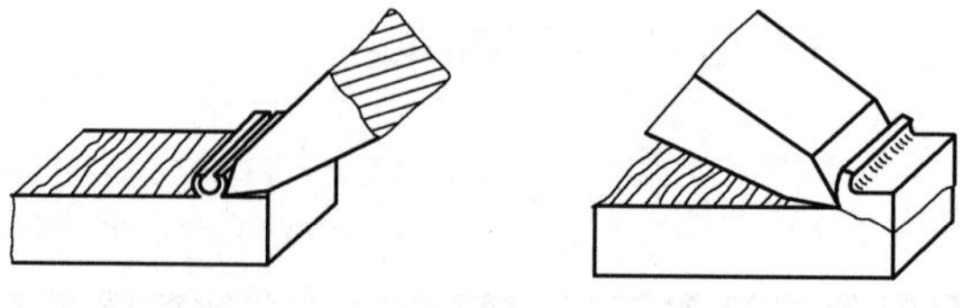

a) b)

图 4-22 终錾的方法

a）正确 b）不正确

任务准备

1）工具：锤子、扁錾、350mm 平锉。

2）量具：游标高度尺、游标卡尺、钢直尺、宽座直角尺、游标万能角度尺。

3）辅具：毛刷、木方等。

4）材料：各工件所需材料见表 4-5。

表 4-5 各工件所需材料

件号	训练件名称	材料	毛坯备料	件数	工时/h
件 1	长方体	Q235	95mm×75mm×38mm	1	8
件 2	四方体	Q235	ϕ46mm×82mm	1	6
件 3	六角体	Q235	ϕ42mm×60mm	1	8

任务实施

1. 完成件 1 的錾削加工

1）按图样尺寸划出 90mm×70mm 的平面加工线。

2）按图样各面的编号顺序依次錾削，达到图样要求，且錾痕整齐。

2. 完成件 2 的錾削加工

1）錾削第 1 面，以圆柱素线为基准划出 41.5mm 高度的平面加工线，然后按线錾削，达到平面度要求。

2）以第 1 面为基准，划出 37mm 的对面加工线，按线錾削，达到平面度和尺寸公差要求。

3）分别以第 1 面及一端面为基准，用直角尺划出距顶面素线 4.5mm 并与第 1 面垂直的平面加工线，按线錾削，达到平面度及垂直度要求。

4）以第 3 面为基准，划出 37mm 的对面加工线，按线錾削，达到平面度、垂直度及尺寸公差要求。

3. 完成件 3 的錾削加工

1）按图样尺寸在工件两端上划出六角形加工线。

2）按图样各面的编号顺序依次錾削，达到图样要求，且錾痕整齐。

4. 全面检查3个工件的錾削精度，并作必要的修整錾削工作。

检查评议

练习记录及成绩评定

班级：________ 姓名：________ 学号：________ 成绩：________

序号	项目与技术要求	实测记录	单次配分	得分
	件1			
1	尺寸要求90mm±1.2mm		10	
2	尺寸要求70mm±1.2mm		10	
3	平面度≤0.8mm（4面）		4×10	
4	垂直度≤1mm（4组）		4×10	
5	文明生产与安全生产		违者从总分扣10	
6	时间定额8h	开始时间：　结束时间：	实际工时：	

练习记录及成绩评定

班级：________ 姓名：________ 学号：________ 成绩：________

序号	项目与技术要求	实测记录	单次配分	得分
	件2			
1	尺寸要求37mm±1mm（2处）		2×10	
2	平面度≤0.8mm（4面）		4×10	
3	垂直度≤0.6mm（4组）		4×10	
4	文明生产与安全生产		违者从总分扣10	
5	时间定额6h	开始时间：　结束时间：	实际工时：	

练习记录及成绩评定

班级：________ 姓名：________ 学号：________ 成绩：________

序号	项目与技术要求	实测记录	单次配分	得分
	件3			
1	尺寸要求35mm±1mm（三组）		3×4	
2	角度要求120°±3°（6处）		6×3	
3	平面度≤0.8mm（6面）		6×4	
4	六角边长B均等，公差0.5mm（6处）		6×3	
5	倾斜度≤0.5mm（5组）		5×2	
6	边倒角0.3mm，无毛刺（18边）		18×1	
7	文明生产与安全生产		违者从总分扣10	
8	时间定额8h	开始时间：　结束时间：	实际工时：	

问题及防治

1）要正确使用台虎钳，夹紧时不应在台虎钳的手柄上加套管子扳紧或用手锤敲击台虎钳手柄，工件要夹紧在钳口中央。

2）应自然地将錾子握正、握稳，眼睛的视线要对着工件的錾削部位，不可对着錾子的头部。锤击要稳健有力，锤击时锤子落点的准确程度主要应靠掌握和控制好手的运动轨迹来保证。

3）为锻炼锤击力量，粗錾时每次的錾削量应在 1.5mm 左右。

4）要及时纠正自己的错误姿势，不能让不正确的姿势成为习惯。下面所列几种错误姿势，必须注意避免。

① 锤子握得过紧与过短及挥锤速度太快。

② 挥锤时锤子不是向后挥而是向上举，或挥动幅度太小，使锤击无力。

③ 挥锤时由于手指、手腕、肘部动作不协调，造成锤击力小，操作易疲劳。

④ 锤子锤击力的作用方向与錾子轴线方向不一致，使锤子偏离錾子锤击部位，容易敲到手上。

⑤ 锤击时不靠腕、肘的挥动，而是身体向后仰或向前弯。

⑥ 锤击时过于紧张使面部出现各种不自然的表情。

扩展知识

表 4-6　錾平面时的质量问题及其产生原因

质量问题	产生原因
表面粗糙	1. 錾子刃口爆裂或刃口卷刃不锋利 2. 锤击力不均匀
表面凹凸不平	1. 錾削中，后角在一段过程中过大，造成錾面凹下 2. 錾削中，后角在一段过程中过小，造成錾面凸起
表面有梗痕	1. 左手未将錾子放正、握稳，而使錾子刃口倾斜，錾削时刃角梗入 2. 錾子刃磨时刃口磨成中凹
崩裂或塌角	1. 錾到尽头时未调头錾，使棱角崩裂 2. 起錾量太多造成塌角
尺寸超差	1. 起錾时尺寸不准 2. 测量检查不及时

训练二　錾削油槽

任务描述

将训练一中的工件 1 修整后作为毛坯料，在工件两侧面划出加工线，如图 4-23 所示。

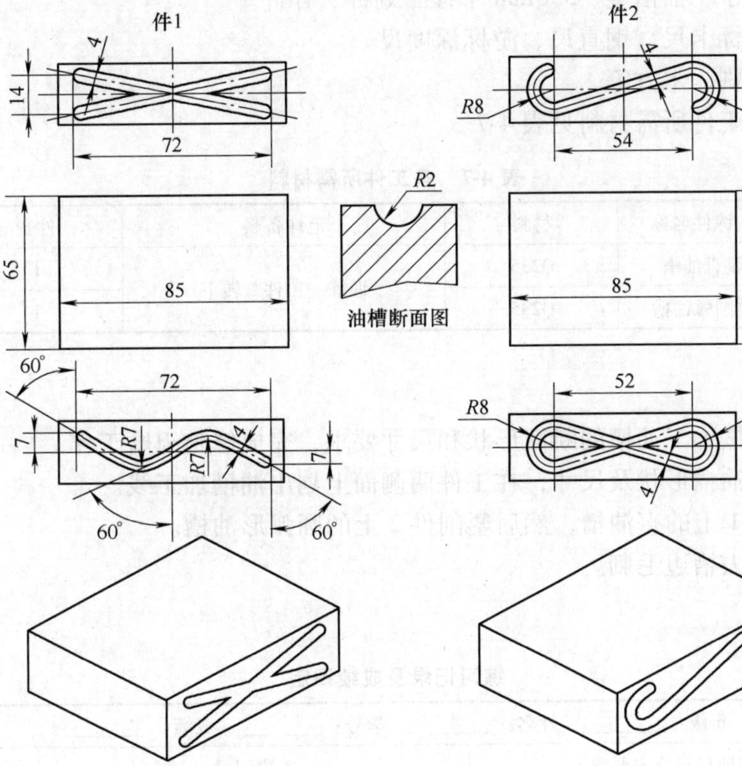

图 4-23 錾油槽

任务分析

通过直槽和圆弧油槽的錾削训练，掌握錾油槽的方法和技能。

相关知识

1. 油槽錾的几何形状和刃磨要求

油槽錾切削刃的形状应和图样上油槽断面形状一致。其楔角大小根据被錾材料的性质而定，在铸铁上錾油槽，楔角可取60°~70°。錾子的后刀面（圆弧面），其两侧应逐步向后缩小，保证錾削时切削刃各点都能成一定的后角。后刀面应用油石进行修光，以使錾出的油槽表面较为光洁。在曲面上錾油槽的錾子，为保证錾削过程中的后角基本一致，其錾体前部应锻成弧形。此时，錾子圆弧刃刃口的中心点仍应在錾身中心线的延长线上，使錾削时的锤击作用力方向能朝向刃口的錾切方向。

2. 油槽錾削方法

根据油槽的位置尺寸划线，可按油槽的宽度划出2条线，也可只划1条中心线。在平面上錾油槽，起錾时錾子要慢慢地加深至尺寸要求，錾到尽头时刃口必须慢慢翘起，保证槽底圆滑过渡。在曲面上錾油槽，錾子的倾斜情况随着曲面而变动，使錾削时的后角保持不变。油槽錾好后，再修去槽边毛刺。

任务准备

1）工具：锤子、油槽錾、350mm 平锉、划针、样冲。
2）量具：游标卡尺、钢直尺、游标深度尺。
3）辅具：毛刷、木方等。
4）材料：各工件所需材料见表 4-7。

表 4-7　各工件所需材料

件号	训练件名称	材料	毛坯备料	件数	工时/h
件 1	錾直油槽	Q235	训练一　件 1 转下	1	6
件 2	錾圆弧油槽	Q235		1	8

任务实施

1）将油槽錾按加工油槽的断面形状和尺寸要求，完成修整刃磨工作。
2）按图样的油槽形状及尺寸，在工件两侧面上划出油槽加工线。
3）先錾削件 1 上的直油槽，然后錾削件 2 上的圆弧形油槽。
4）用锉刀修去槽边毛刺。

检查评议

练习记录及成绩评定

班级：________　姓名：________　学号：________　成绩：________

序号	项目与技术要求	实测记录		单次配分	得分
	件 1				
1	尺寸要求 14mm ± 1mm（2 处）			2 × 5	
2	尺寸要求 7mm ± 1mm（2 处）			2 × 5	
3	圆弧槽过渡自然圆滑（2 面）			2 × 8	
4	油槽宽度 4mm ± 0.5mm（2 面）			2 × 10	
5	深度一致，均匀圆滑（2 面）			2 × 10	
6	槽口边倒角 0.3mm，无毛刺（2 面）			2 × 10	
7	工件无明显外伤			4	
8	文明生产与安全生产			违者从总分扣 10	
	时间定额 6h	开始时间：	结束时间：	实际工时：	

练习记录及成绩评定

班级：________　姓名：________　学号：________　成绩：________

序号	项目与技术要求	实测记录	单次配分	得分
	件 2			
1	尺寸要求 54mm ± 1mm		10	
2	尺寸要求 52mm ± 1mm		10	

（续）

序号	项目与技术要求	实测记录		单次配分	得分
3	圆弧槽过渡自然圆滑（2面）			2×8	
4	油槽宽度4mm±0.5mm（2面）			2×10	
5	深度一致，均匀圆滑（2面）			2×10	
6	槽口边倒角0.3mm，无毛刺（2面）			2×10	
7	工件无明显外伤			4	
8	文明生产与安全生产			违者从总分扣10	
时间定额8h		开始时间：	结束时间：	实际工时：	

问题及防治

1）油槽錾的圆弧面应刃磨光洁圆滑，其刃口形状应与油槽断面的要求形状相符，使錾削后能得到宽、深符合要求的光洁、圆滑的油槽。可先在废件上做试錾检查，在符合要求后再在工件上錾削。

2）在油槽錾削中要保持錾削角度一致，采用腕挥法锤击，锤击力量均匀，使錾出的油槽深浅一致，槽面光滑。

3）錾油槽一般要求一次成型，必要时可进行一定的修整。如在錾削中发现錾削方向开始偏离要求或槽深发生变化等倾向，必须及时加以纠正。

扩展知识

油槽的作用是向运动零件的摩擦部位输送和储存润滑油，因此要求油槽必须和机件的润滑油通道相连，槽形粗细均匀、深浅一致，槽面光洁圆滑。

训练三 錾切板料

任务描述

在毛坯板料上修出基准边，錾削加工图4-24所示工件。

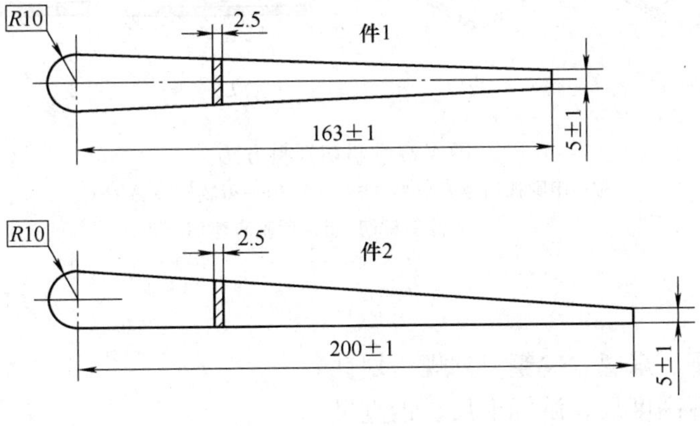

图4-24 錾切板料

任务分析

通过训练掌握分别在台虎钳上和铁砧上錾切板料的方法，并且了解板料錾切时的安全知识。

相关知识

切断薄板料（厚度在2.5mm以下），可将其夹在台虎钳上錾切，如图4-25所示。錾切时，将板料按划线夹成与钳口平齐，用扁錾沿着钳口并与板料约成45°角自右向左錾切。

对尺寸较大的板料或錾切线包含曲线的工件，可在铁砧（或旧平板）上进行，如图4-26所示。此时，錾子的切削刃应磨有适当的弧形，使前后錾痕便于连接齐整，如图4-27a、b所示。当錾切直线段时，錾子切削刃的宽度可宽些，錾切曲线段时，刃宽应根据其曲率半径大小而定，使錾痕能与曲线基本一致。錾切时，应由前向后錾，开始时錾子应放斜些，然后逐步垂直，依次錾切，如图4-27c、d所示。

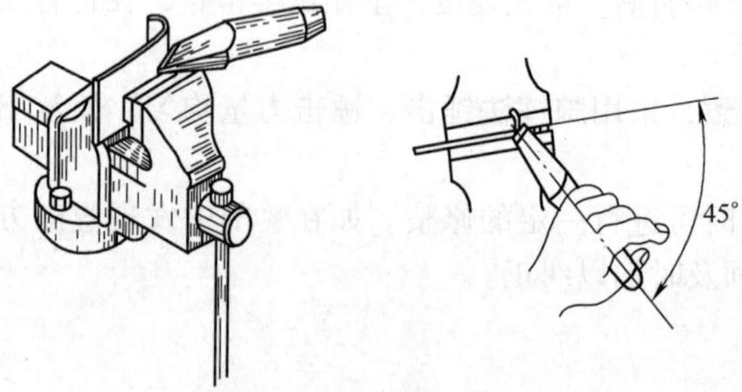

图4-25　在台虎钳錾切板料

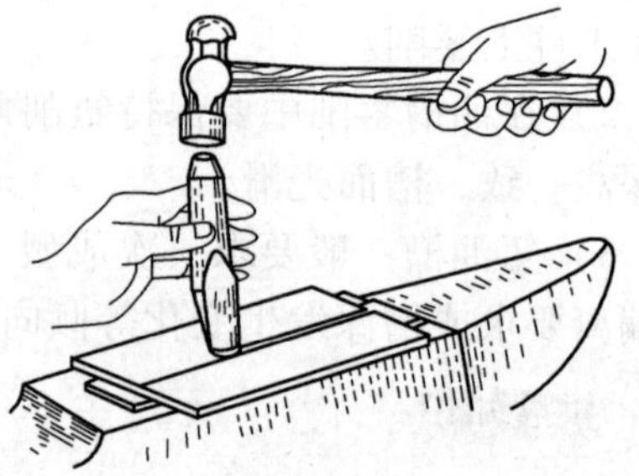

图4-26　在铁砧上錾切板料

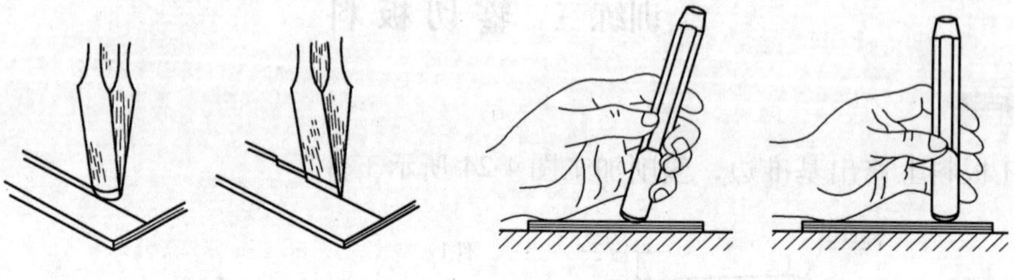

a)　b)　c)　d)

图4-27　錾切板料方法

a）用圆弧刃錾錾痕易齐整　b）用平刃錾錾痕易错位

c）先倾斜錾切　d）后垂直錾切

任务准备

1）工具：锤子、扁錾、尖錾、划规、划针。

2）量具：游标高度尺、游标卡尺、钢直尺。

3）辅具：毛刷等。

4）材料：各工件所需材料见表4-8。

表 4-8　各工件所需材料

件号	实习件名称	材料	毛坯备料	件数	工时/h
1	内卡钳脚落料	45 钢	备料 2.5mm 厚板料	2	
2	外卡钳脚落料	45 钢	备料 2.5mm 厚板料	2	

任务实施

1）先用 1mm 厚的钢板边角料在台虎钳上做直线切断练习。

2）用 1～2.5mm 厚的钢板边角料在铁砧或旧平板上做曲线切断练习。

3）完成图样内外卡钳脚落料件的划线与錾切，达到錾痕齐整、尺寸准确。

检查评议

练习记录及成绩评定

班级：＿＿＿＿　姓名：＿＿＿＿　学号：＿＿＿＿　成绩：＿＿＿＿

<table>
<tr><th>序号</th><th>项目与技术要求</th><th colspan="4">实测记录</th><th>单次配分</th><th>得分</th></tr>
<tr><td>1</td><td>錾子刃磨正确</td><td colspan="4"></td><td>5</td><td></td></tr>
<tr><td>2</td><td>錾痕处连接圆滑齐整（4 件）</td><td></td><td></td><td></td><td></td><td>4×10</td><td></td></tr>
<tr><td>3</td><td>外形尺寸不得超差（4 件）</td><td></td><td></td><td></td><td></td><td>4×10</td><td></td></tr>
<tr><td>4</td><td>步骤正确，姿势标准</td><td colspan="4"></td><td>10</td><td></td></tr>
<tr><td>5</td><td>工件无明显外伤</td><td colspan="4"></td><td>5</td><td></td></tr>
<tr><td>6</td><td>文明生产与安全生产</td><td colspan="4"></td><td colspan="2">违者从总分扣 10</td></tr>
<tr><td colspan="2">时间定额 8h</td><td colspan="2">开始时间：</td><td colspan="2">结束时间：</td><td colspan="2">实际工时：</td></tr>
</table>

问题及防治

1）在台虎钳上錾切板料，錾切线要与钳口夹平齐，且要夹持牢固。

2）在台虎钳上錾切时，錾子的后刀面部分要与钳口平面贴平，刃口略向上翘以防錾坏钳口表面。

3）在铁砧上錾切时，錾子刃口必须先对齐錾切线并成一定斜度錾切，要保证前后錾切位置衔接良好，錾切边缘平整圆滑。同时，錾子不要錾到铁砧上，如不用垫铁，应该使錾子在板料上錾出全部錾痕后再敲断或扳断板料。

扩展知识

錾板料歌谣：

左夹上伸线口齐，夹牢再錾别着急。
錾与板料成四五，自右向左慢慢移。
大料曲线砧板錾，錾刃要磨小弧形。
前后錾痕连接齐，刃宽随着长来定。
由前向后排一字，先斜后垂依次錾。

思考与练习

1. 錾子的种类有些？各应用于什么场合？
2. 如何选择錾子的楔角？錾削时后角的大小如何选择？它对錾削有什么影响？
3. 简述錾削锤击要领。
4. 錾削时应注意哪些安全常识？

单元五　锯　　削

5

知识目标：

1. 了解手锯的组成；
2. 了解锯条的规格及选用；

技能目标：

1. 掌握手锯的握法、锯削站立姿势和动作要领；
2. 了解锯缝歪斜、锯条折断的原因；
3. 了解锯削的安全注意事项。

课题一　锯弓和锯条

一、锯弓

锯弓是用来安装锯条的工具，有固定式和可调式两种，如图 5-1 所示。固定式锯弓只能安装一种长度的锯条，而可调式锯弓通过调节可以安装几种不同长度规格的锯条，并且可调式锯弓的锯柄形状便于用力，因此目前被广泛使用。

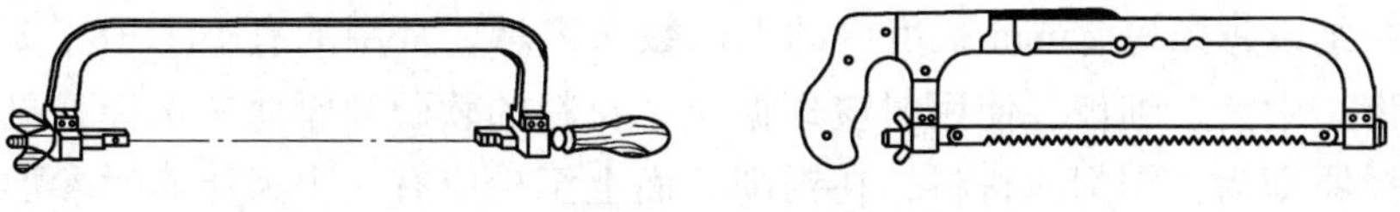

a)　　b)

图 5-1　锯弓

a）固定式　b）可调式

锯弓两端都装有夹头，与锯弓上的方孔配合，一端是固定的，另一端为活动的。活动夹头上装有拉紧螺钉，并配有翼形螺母，以便拉紧锯条。

二、锯条

锯条是锯削工件或材料的刃具。锯条一般用渗碳软钢冷轧而成，也有用碳素工具钢或合金钢制成的，并经热处理淬硬。

1. 锯条规格

锯条长度以两端安装孔的中心距来表示，其规格有200mm、250mm、300mm，常用的锯条规格为300mm。

2. 锯齿的角度

锯条的切削部分由许多锯齿组成，相当于一排相同的錾子，每个齿都起到切削的作用，如图5-2所示。为保证锯削时有较高的工作效率，必须使切削部分有足够的容屑空间，故锯齿的后角较大。为保证锯齿具有一定的强度，楔角也不宜太小。综合以上要求，一般前角$\gamma_o=0°$，后角$\alpha_o=40°$，楔角$\beta_o=50°$。

3. 锯路

锯削时，锯入工件越深，锯缝的两边对锯条的摩擦阻力越大，严重时会把锯条夹住。为了避免产生这种现象，在制造锯条时，其上的锯齿按一定的规则左右错开，使锯齿形成波浪形或者交错形的排列，称为锯路，如图5-3所示。锯条有了锯路后，可使工件上被锯出的锯缝宽度大于锯条背的厚度，锯削时锯条不会被卡住。且锯条与锯缝的摩擦阻力较小，锯条不致过热而加快磨损。

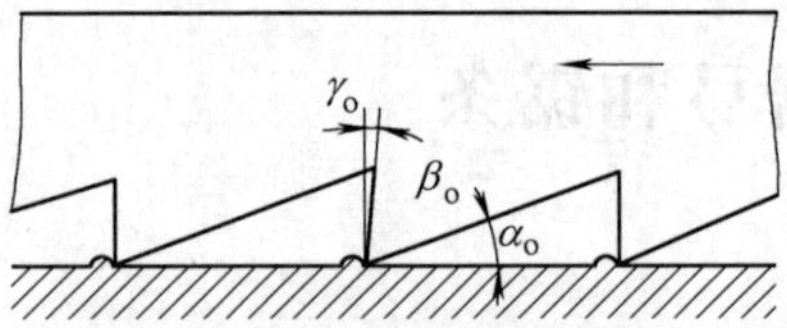

图5-2　锯齿角度

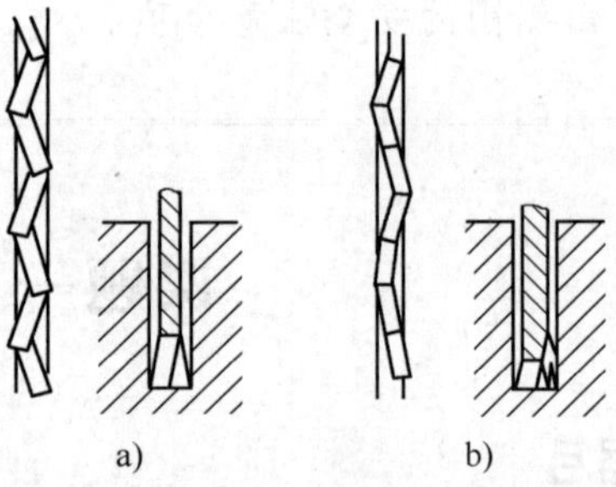

图5-3　锯路

a）交叉形　b）波浪形

4. 锯齿粗细及选用

锯齿的粗细以锯条每25mm长度内的锯齿数来表示，常用的有14、18、24、32等几种，一般分为粗齿、中齿、细齿。使用时应根据所锯材料的软硬和厚薄来选择，见表5-1。

一般选择原则为：锯削薄材料，在锯削截面上至少应有三个齿能同时参加锯削，这样才能避免锯齿被钩住或崩裂。

表5-1　锯齿的粗细规格及选择

锯条粗细	每25mm长度内的齿数	应用
粗	14～18	锯削铜、铝、铸铁、软钢等软材料或较厚的材料
中	22～24	锯削中等硬度钢，厚壁的钢管、铜管等
细	32	锯削工具钢、合金钢等硬材料或薄材料，如薄壁管子、薄板材料、角铁等
细变中	20～32	一般场合中用

课题二 锯削方法

一、锯条的安装

手锯在向前推时才起切削作用，因此，锯条安装时应使齿尖的方向朝前，如图5-4a所示。如果装反了，则锯齿前角为负值，就不能正常锯削了，如图5-4b所示。

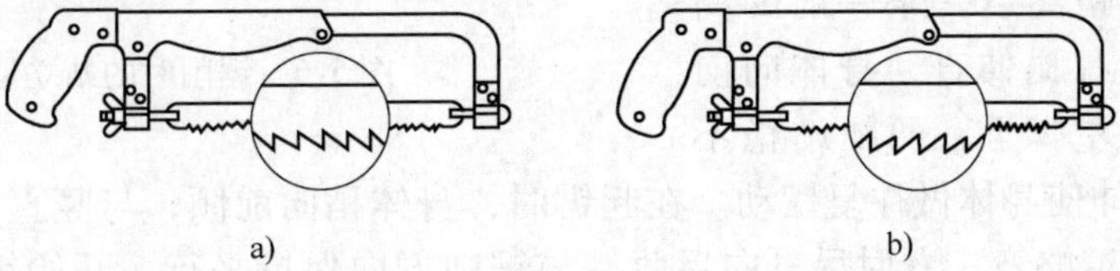

图5-4 锯条的安装
a）正确 b）错误

在调节锯条松紧时，翼形螺母不宜旋得太紧或太松：太紧时锯条受力过大，失去了应有的弹性，在锯削中用力稍有不当就会折断；太松时锯条容易扭曲，也易折断，而且锯出的锯缝容易歪斜。其松紧程度以用手扳动锯条时感觉硬实为宜。

锯条安装后，要保证锯条平面与锯弓中心平面平行，不得倾斜、扭曲，以保证锯缝平直，防止锯条折断。

二、工件的划线及夹持

进行锯削时一定要先划线，然后按划线进行锯削。为提高锯削精度，应贴着所划线条进行锯削而不应将所划线条锯掉。

对于右手操作者，工件应尽可能夹持在台虎钳的左边，以便操作。锯缝线要与钳口侧面保持平行（使锯缝线与铅垂线方向一致），以便于控制锯缝不偏离划线线条。工件伸出钳口不应过长（应使锯缝离开钳口侧面约20mm），防止工件在锯削时产生振动。夹紧既要牢固可靠，同时又要避免将工件夹变形或夹坏其已加工表面。

三、锯削方法

1. 手锯握法

右手满握锯弓手柄，拇指压在食指上，如图5-5a所示。左手常用握法有以下三种：死握法（见图5-5b），该方法两手配合协调较差，易疲劳，采用较少；活握法（见图5-5c），左手虎口压紧在锯弓前端，其余四指自然收拢，与右手配合自然协调；抱握法（见图5-5d），拇指压在锯弓背上，其余四指扶在锯弓前端，这种

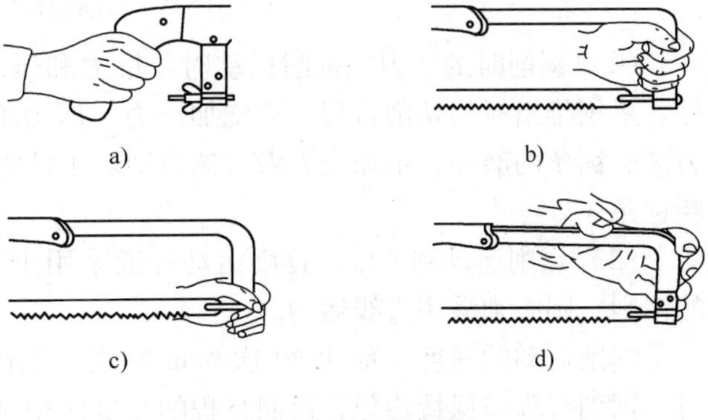

图5-5 手锯的握法
a）右手握法 b）死握法 c）活握法 d）抱握法

握法易将锯弓扶正，应用广泛。

2. 锯削操作

（1）锯削的姿势动作　锯削时站立的位置和姿势与锉削基本相似，如图 5-6 所示。夹持工件的台虎钳高度要适合锯削时的用力需要，即从操作者的下颚到钳口的距离以一拳一肘的高度为宜。锯削时右腿伸直，身体向前倾斜，重心落在左脚上，两腿站稳不动，靠左膝的屈伸使身体做往复摆动。在起锯时，身体稍向前倾，与竖直方向约成 10°，如图 5-7a 所示，左臂略弯，右肘尽量向后收，与锯削方向保持平行。开始锯削时，身体逐渐向前倾斜，与手锯一起向前运动，此时，左腿向前弯曲，右腿伸直前倾，重心落在左腿上，身体倾斜约 15°，如图 5-7b 所示；随着推锯的行程增大，身体倾斜约 18°，左、右臂均向前推出，如图 5-7c 所示；锯削最后 1/4 行程时，身体停止前进，两臂继续向前推进，身体随着锯削的反作用力退回到 15°左右，如图 5-7d 所示。锯削行程结束后，取消压力，将手和身体退回到初始位置。

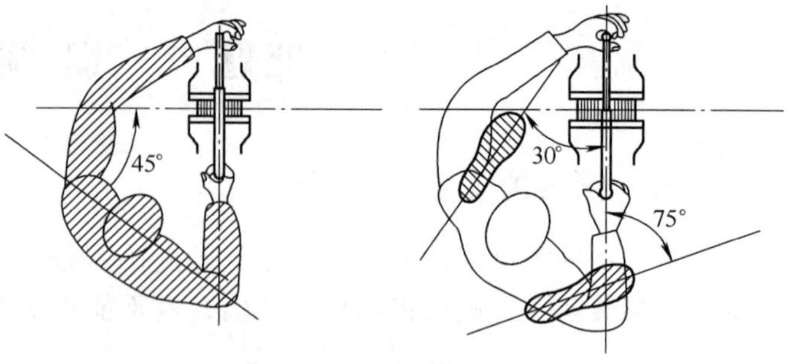

图 5-6　锯削时的站立位置

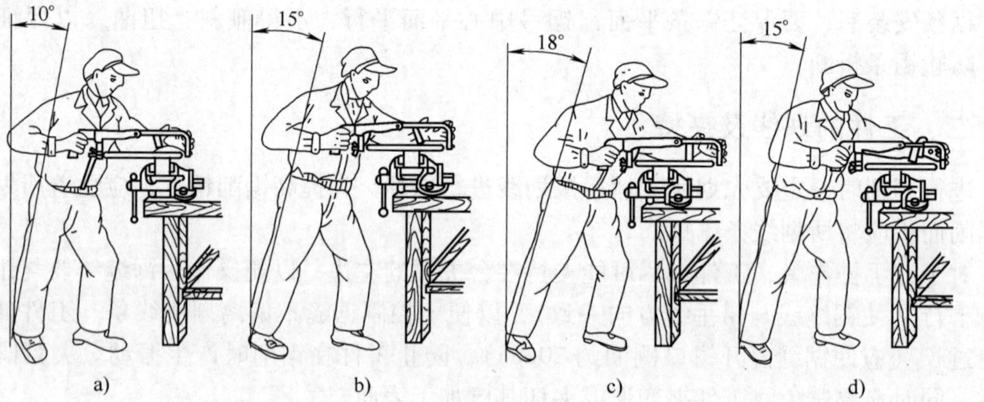

图 5-7　锯削操作姿势示意图

（2）锯削时的压力　锯削运动时，推力和压力由右手控制，左手主要配合右手扶正锯弓。手锯推出时为切削行程，应施加压力，压力不要过大，用力要均匀。返回行程不切削，为减少锯条的磨损，不加压力做自然拉回。工件将要锯断时，压力要小，以免碰伤手臂或折断锯条。

（3）锯削运动和速度　锯削运动一般采用小幅度的上下摆动式运动，对锯缝要求平直的锯削，则必须采用直线运动。

锯削运动的速度一般为 40 次/min 左右。锯削硬材料时慢些，锯削软材料时快些。同时，锯削行程应保持均匀，返回行程的速度应相对快些。

锯削时，要尽量使锯条的全部锯齿都被利用到，若只集中使用局部部位，则锯条的使用寿命将相应缩短，且在推锯 1 次中参与锯削的锯齿数少，锯削效率也不高。

3. 起锯方法

起锯是锯削工作的开始，起锯效果的好坏，直接影响锯削质量。

起锯的两种常见问题：一是出现锯条跳出锯缝将工件拉毛或引起锯齿崩裂；二是起锯后的锯缝与划线位置不一致，使锯削尺寸出现较大偏差。

起锯有远起锯和近起锯两种，如图 5-8 所示。所谓远起锯和近起锯，是指在远离或靠近操作者的棱边上开始下锯。起锯时，左手拇指靠住锯条，使锯条能正确地锯在所需要的位置上，行程要短，压力要小，速度要慢。起锯角 θ 约在 15°。起锯角度太大时，锯齿会被工件棱边卡住引起锯齿崩裂；起锯角度太小时，由于与工件同时接触的锯齿齿数较多，不易切入材料，锯条还可能打滑，使锯缝偏离。对于近起锯如果较难掌握，则可采用向后拉的倒向起锯方式，防止锯齿被工件棱边卡住引起崩裂。

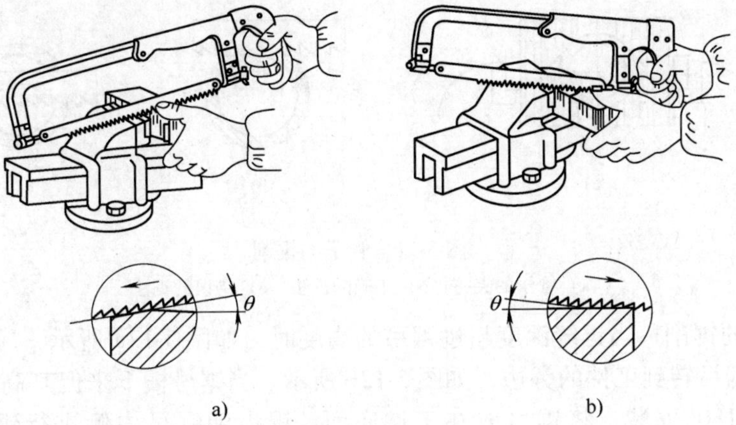

图 5-8　起锯方法

a）远起锯　b）近起锯

为了起锯平稳和准确，也可用手指挡住锯条，使锯条保持在正确的位置上起锯，如图 5-9 所示。

4. 各种材料的锯削

在锯削基本姿势练习的基础上，掌握各种不同材料的锯削方法及特点，并通过实训练习，是提高锯削技能的重要手段。

（1）棒料的锯削　棒料锯削时，首先应划出垂直于轴线的锯削线，由于锯削时对划线精度要求不高，最简单的方法就是用矩形纸条按锯削尺寸绕在工件外圆上，然后用石笔划线，如图 5-10 所示。

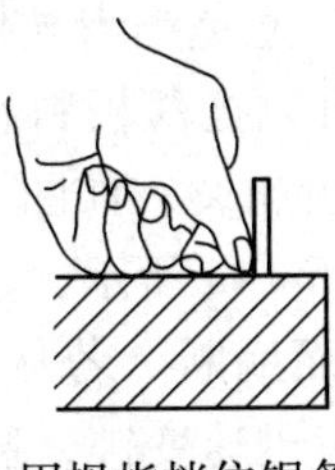

图 5-9　用拇指挡住锯条起锯

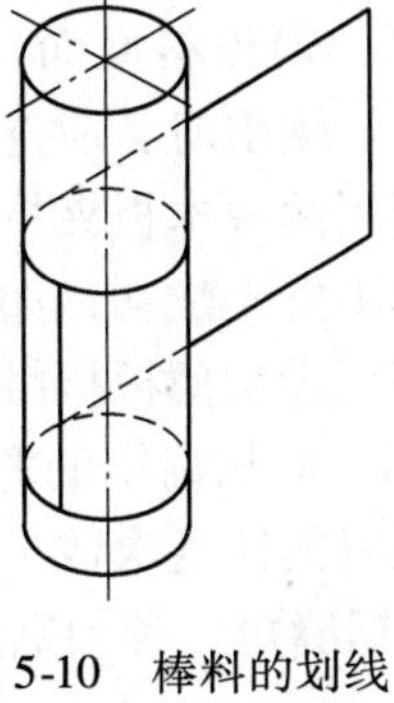

图 5-10　棒料的划线

如果锯削的断面要求平整，则应从开始连续锯到结束。若对锯削的断面要求不高，则可以分几个方向锯下，这样由于锯削面变小而容易锯入，减少了锯削阻力，可提高工作效率。锯毛坯材料时为节省时间，可分几个方向锯削，每个方向不用锯到中心，然后将其折断。

（2）管子的锯削　锯削管子时，划线方法与棒料划线相同。锯削管子时必须将管子正确夹持。对于薄壁管子和精加工过的管子，应夹在有 V 形槽的两木衬垫之间，以防将管子夹扁或夹坏表面，如图 5-11a 所示。

锯削薄壁管子时，正确的方法是先在一个方向上锯到管子内壁处，然后把管子向推锯的方向转过一定的角度，并连接原锯缝再锯到管子内壁处，如此逐渐改变方向不断转锯，一直到锯断为止，如图 5-11b 所示。不可在一个方向上开始连续锯削到结束，否则锯齿易被管壁钩住而崩裂，如图 5-11c 所示。

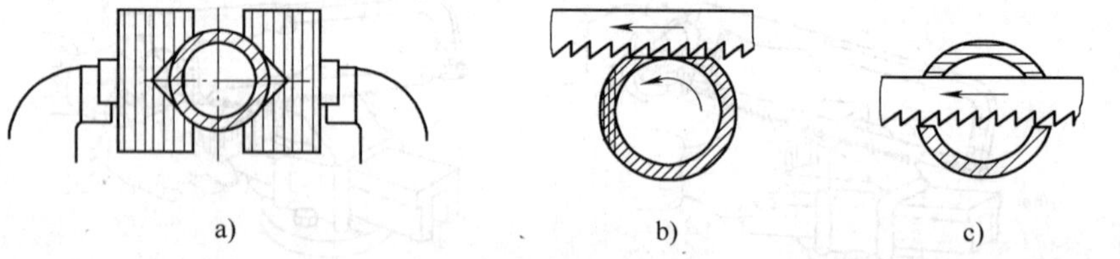

图 5-11　管子的锯削

a）管子的夹持　b）正确的锯法　c）错误的锯法

（3）深缝的锯削　当锯缝深度超过锯弓的高度时，如图 5-12a 所示，应将锯条转过 90°重新装夹，使锯弓转到工件的旁边，如图 5-12b 所示。当锯弓横下来但其高度仍不够时，也可将锯条转过 180°安装，将锯弓放在工件底面，锯齿朝锯弓内侧进行锯削，如图 5-12c 所示。

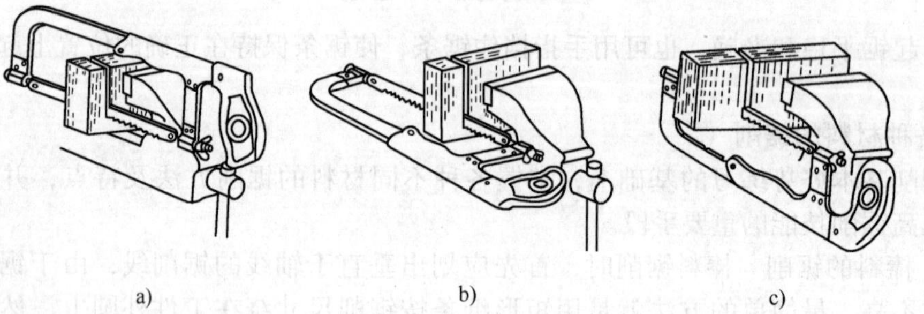

图 5-12　深缝的锯削

（4）薄板的锯削　薄板料截面比较小，工件刚性差，且锯齿容易被卡住，造成卡锯或崩齿，致使无法加工。锯削时，应选用细齿锯条，并尽可能从宽面上锯下去。当只能在板料的狭面锯下去时，可用两块木板夹持，与木板一起锯下，避免锯齿被钩住，同时也增加了板料的刚度，使锯削时不发生颤动，如图 5-13a 所示。也可以把薄板料直接夹在台虎钳上，用手锯做横向斜锯，使锯齿与薄板接触齿数增加，避免锯齿崩裂，如图 5-13b 所示。

（5）扁钢的锯削　应从扁钢的宽面进行锯削，如图 5-14a 所示，这样锯缝较长，参加锯削的锯齿也多，锯削时的往复次数少，锯齿不易被钩住而崩断。若从扁钢的窄面进行锯削，如图 5-14b 所示，则锯缝短，参加锯削的锯齿少，使锯齿迅速变钝，甚至折断。

图 5-13 薄板的锯削

a）用木板夹持 b）横向斜锯

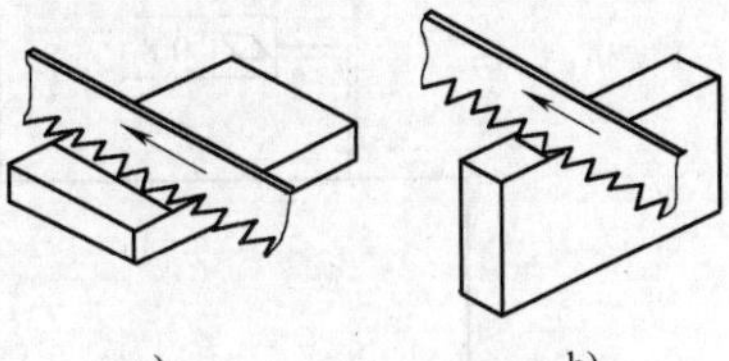

图 5-14 扁钢的锯削

a）从宽面锯削 b）从窄面锯削

（6）角钢的锯削 角钢的锯削应从宽面进行锯削，如图 5-15a 所示。锯好角钢的一面后，将其转过一个方向再锯，如图 5-15b 所示，这样才能得到较平整的断面，锯齿也不易被钩住。若将角钢从一个方向一直锯到底，这样的锯缝深而不平整，锯齿也易被折断，如图 5-15c 所示。

（7）槽钢的锯削 槽钢的锯削也应从宽面进行锯削，将槽钢从三个方向锯削，锯削方法与锯削角钢相似，如图 5-16a、b、c 所示，图 5-16d 为错误的锯削方式。

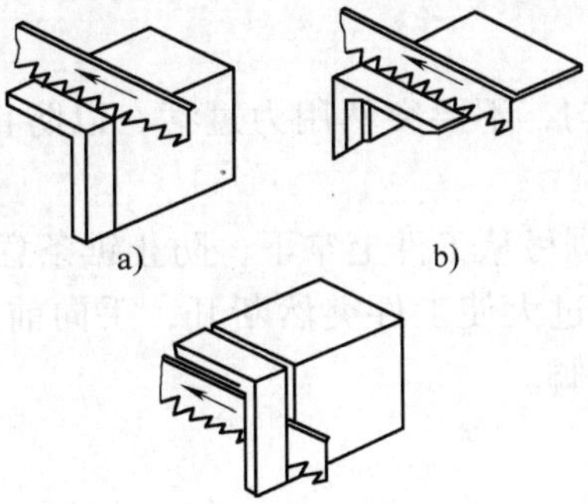

图 5-15 角钢的锯削

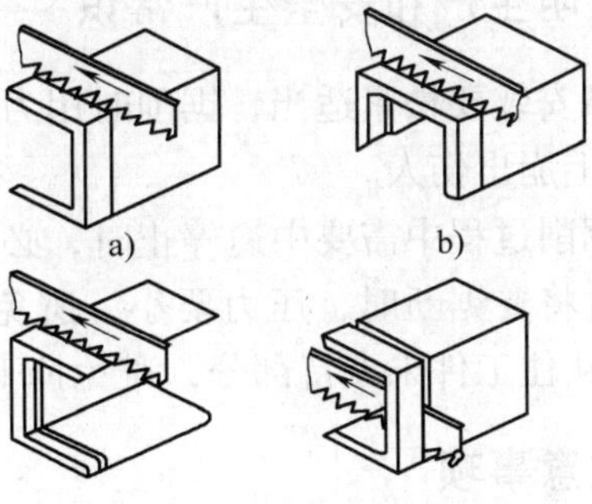

图 5-16 槽钢的锯削

（8）铝质材料的锯削 铝质材料黏性大，锯割中容易粘锯。使用手锯锯削时，采用将锯条在砂轮上等距磨掉几个齿（每隔三个齿，磨掉三个齿）的办法，使锯割轻松，效率提高。

（9）不锈钢材料的锯削 不锈钢材料的特点是塑性大，冷硬现象严重，且冷硬层较厚，导热性差，锯削温度较高，容易产生积屑瘤。因此，在锯削不锈钢材料时，应减小推锯频率，加大锯削压力，在锯削的同时使用合适的切削液（如肥皂水）来降低锯削温度、减少摩擦，以获得较好的锯削效果。

课题三 锯削训练

任务描述

锯割工件如图 5-17 所示。

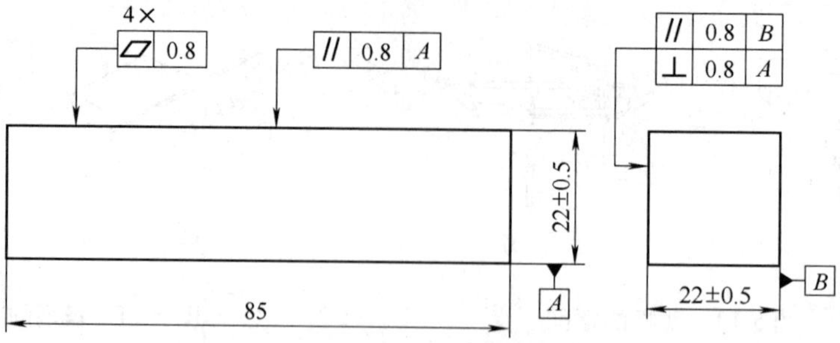

图 5-17　锯割练习图

任务分析

通过锯削实训，进行锯削姿势练习，体会站立姿势、起锯方法、锯削动作等，掌握锯削技能。

相关知识

一、文明生产和安全生产常识

1）锯条安装要松紧适当，锯削时用力要均匀，不要突然用力过猛，以防止工作中锯条折断从锯弓上崩出伤人。

2）在锯削过程中需要中途停止时，必须将锯弓从工件上拿下，防止锯条意外折断。

3）工件将要锯断时，压力要小，避免压力过大使工件突然断开，手向前冲造成事故。一般可用手扶住工件未夹持部分，避免掉下砸伤脚。

二、注意事项

1）锯削练习时，必须注意工件的装夹及锯条的安装是否正确，并要注意起锯方法和起锯角度的正确与否，以免一开始锯削就造成废品或锯条损坏。

2）推锯方向要与钳口垂直，以保证锯缝与工件大平面垂直。

3）初学锯削时，对锯削速度不易掌握，往往推出速度过快，这样将使锯条被很快磨钝，而且人也容易疲劳。同时，也常会出现摆动姿势不自然，摆动幅度过大等错误姿势，应注意及时纠正。

4）要适时注意锯缝的平直情况，及时纠正。如果歪斜过多再作纠正时，就不能保证锯削的质量。

5）锯削钢件时，可适当用些全损耗系统用油，以减小锯条与工件的摩擦并能冷却锯条，延长锯条使用寿命。

6）锯削完毕，适当拧松翼形螺母，使锯条适当放松。但不要拆下锯条，以防锯弓上的零件失散。

任务准备

1）工具：锯弓、锯条、划针。

2）量具：游标卡尺、钢直尺、直角尺等。

3）辅具：石笔、V 形槽木垫、全损耗系统用油等。

4）材料：45 钢 $\phi 36\ \mathrm{mm} \times 90\ \mathrm{mm}$ 1 件。

任务实施

锯削的加工步骤如下：

1）在毛坯适当位置划出基准面 *A* 的加工线。

2）锯削 *A* 面，使之达到平面度要求。

3）锯削 *A* 面的对面，使之达到平面度、平行度及尺寸要求。

4）锯削基准面 *B*，使之达到平面度、垂直度要求。

5）锯削 *B* 面的对面，使之达到平面度、平行度、垂直度及尺寸要求。

6）去毛刺，全部尺寸复核。

检查评议

练习记录及成绩评定

班级：________ 姓名：________ 学号：________ 成绩：________

序号	测量项目	配分	配分标准	测量结果	得分
1	锯条安装正确，松紧合适	5	总体评定		
2	握锯方法正确	5	不合要求酌情扣分		
3	起锯方法正确	5	不合要求酌情扣分		
4	锯削动作正确	10	不合要求酌情扣分		
5	锯削速度合理	5	不合要求酌情扣分		
6	断面纹路整齐	5	每超一处扣 1 分		
7	外形无损伤	5	超差无分		
8	22mm ±0.5mm（2 处）	10	超差无分		
9	平面度 0.8mm（4 面）	20	超差无分		
10	垂直度 0.8mm（2 处）	10	超差无分		
11	平行度 0.8mm（2 处）	10	超差无分		
12	锯条使用		每断一根扣 2 分		
13	安全文明生产	10	违者每次扣 2 分，严重者从总分中扣除 5 ~ 10 分		

问题及防治

在进行锯削时，常见的问题、产生原因及预防措施如下：

1. 锯条损坏

锯削时，锯条损坏有锯齿磨损、锯齿崩裂、锯条折断等几种形式。

（1）锯齿磨损快

产生原因：锯削速度过快；锯削时没有注意冷却。

预防措施：采用合理的锯削速度；使用全损耗系统用油进行冷却。

（2）锯齿崩裂

产生原因：锯条选择不当；起锯时起锯角太大；锯削运动突然摆动较大，锯齿受到猛烈撞击。

预防措施：根据工件材料的硬度和厚度选择合适齿数的锯条；采用合理的起锯角度及起锯方向；锯削时动作要均匀，防止摆动过大或用力过猛。

（3）锯条折断

产生原因：工件颤动或者松动；锯条安装过松或过紧；锯削时压力过大；强行纠正歪斜的锯缝，锯条扭曲折断；新锯条在旧锯缝中被卡住。

预防措施：工件要夹稳、夹牢，并使锯缝靠近钳口侧面；锯条安装要松紧适当；控制锯削压力，使压力适度；锯削时，尽量控制使锯缝与划线一致，发现偏斜要及早纠正；更换新锯条后，应从新的方向锯削或者沿着旧锯缝慢慢锯下。

2. 锯缝歪斜

产生锯缝歪斜的主要原因有：

1）锯条安装太紧、太松或者相对于锯弓平面扭曲。

2）工件未夹紧，锯割时工件有松动。

3）锯割压力过大或锯割方向突然偏离锯缝方向。

3. 尺寸超差

1）划线不准确。

2）锯缝歪斜，偏离划线范围。

扩展知识

当锯条局部几个齿崩裂后，应及时在砂轮上进行修整，即将相邻的 2～3 个齿磨低成凹圆弧，并把已断的齿根磨光，如图 5-18 所示。如果不及时处理，则会使崩裂齿的后面各齿相继崩裂。

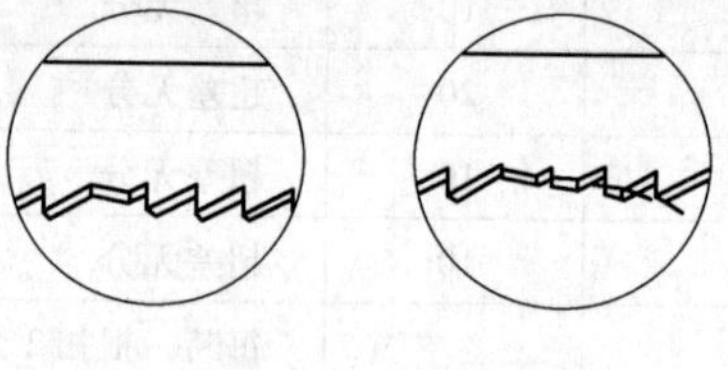

图 5-18　锯齿崩裂后的修整

思考与练习

1. 锯条的规格是如何表示的？
2. 在安装锯条时有何具体要求？
3. 在锯削时如何夹持工件？
4. 起锯方法有哪些？常见起锯问题有哪些？

单元六　孔　加　工

6

知识目标:

1. 掌握钻孔、扩孔、锪孔和铰孔的主要工具；
2. 掌握标准麻花钻的切削角度。

技能目标:

1. 掌握标准麻花钻的刃磨方法；
2. 掌握钻孔、扩孔、锪孔和铰孔的加工工艺。

孔加工是钳工重要的操作技能之一。孔加工的方法主要有两类：一类是在实体材料上加工出孔，即用麻花钻、中心钻等进行钻孔；另一类是对已有的孔进行再加工，即用扩孔钻(或麻花钻)、锪钻或铰刀等进行扩孔、锪孔和铰孔等。

课题一　钻　孔

钻孔时，麻花钻的旋转运动是主运动，沿轴向的直线移动是进给运动，如图 6-1 所示。钻削时，麻花钻是在半封闭的状态下进行切削，钻速高，切削量大，排屑困难，摩擦严重，易抖动，加工精度低，一般尺寸精度只能达到 IT11 ~ IT10，表面粗糙度的 Ra 值只能达到50 ~ 12.5μm，故只能加工要求不高的孔或作为孔的粗加工。

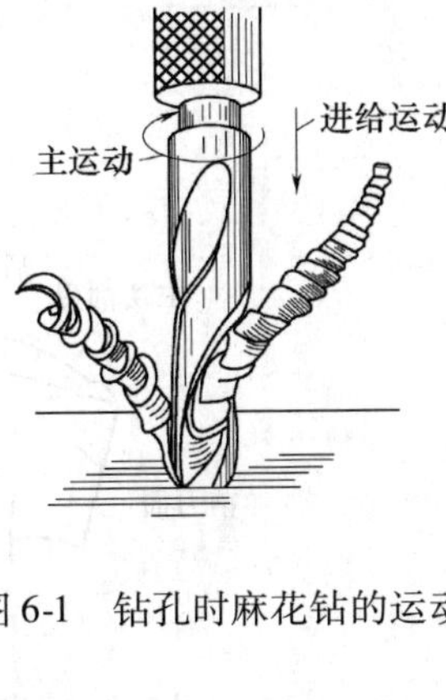

图 6-1　钻孔时麻花钻的运动

一、麻花钻

麻花钻一般用高速钢制成，热处理后硬度达到 62 ~ 68HRC，是目前孔加工中应用最广泛的刀具。麻花钻主要用来在实体材料上钻削直径在 0.1 ~ 80mm 的孔。

1. 麻花钻的组成

（1）柄部　麻花钻有直柄式和锥柄式两种，如图 6-2 所示。直柄麻花钻所能传递的转矩较小，一般直径小于 13mm；莫氏锥柄麻花钻可以传递较大的转矩，直径一般都大于 13mm。柄部是麻花钻的夹持部分，用来定心、传递钻孔时所需的转矩和轴向力。

（2）颈部　颈部在磨制麻花钻时作为退刀槽使用，通常其规格、材料和商标打印在颈部。

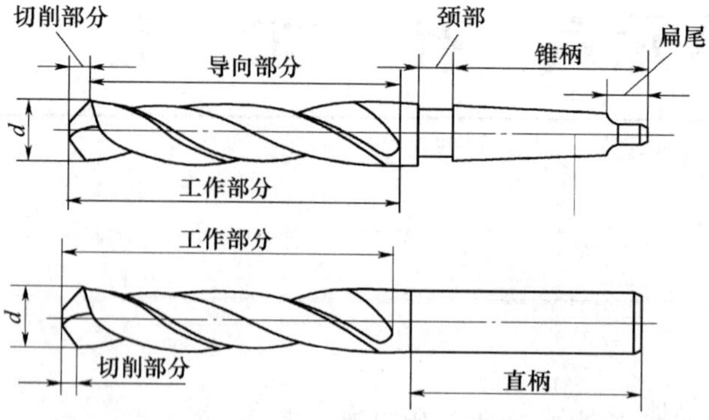

图 6-2　麻花钻结构图

（3）工作部分　麻花钻的工作部分由切削部分和导向部分组成。切削部分主要起切削工件的作用。切削部分有五刃（两条主切削刃、两条副切削刃和一条横刃）、六面（两个前刀面、两个后刀面和两个副后刀面）和三尖（一个钻尖和两个刀尖）组成，如图 6-3 所示。

导向部分有两条螺旋槽和两条窄的螺旋形棱边，棱边与螺旋槽表面相交形成两条棱刃（副切削刃）。在切削过程中，导向部分能保持麻花钻钻孔的正确方向，并起修光孔壁的作用，同时还是切削部分的后备部分。两条螺旋槽用来排屑和输送切削液。麻花钻的直径略有倒锥，直径向柄部逐渐减小，倒锥的大小为每 100mm 长度内减小 0.05～0.10mm，用于减小麻花钻与孔壁的摩擦。

2. 麻花钻的切削角度

（1）麻花钻的辅助平面　如图 6-4 所示为麻花钻主切削刃上任意一点的基面、切削平面和主截面的相互位置，三者互相垂直。

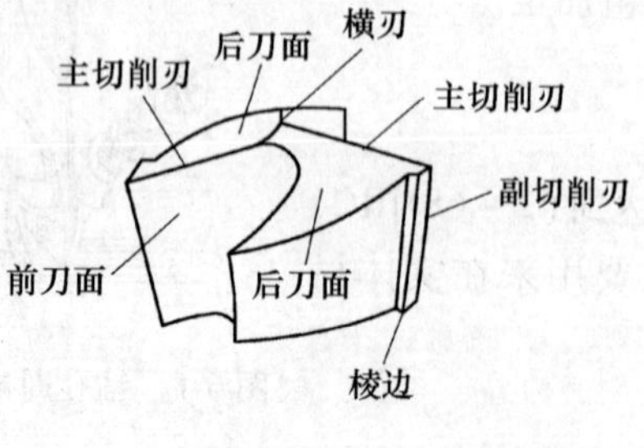

图 6-3　麻花钻切削部分的构成

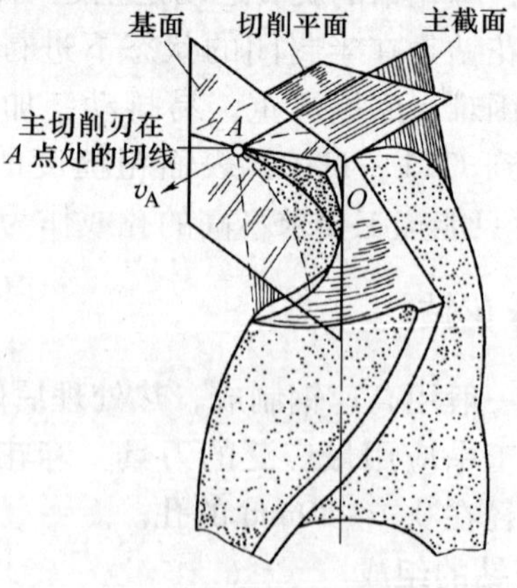

图 6-4　麻花钻的辅助平面

1）基面：麻花钻主切削刃上任一点的基面是通过该点且垂直于该点切削速度方向的平面，实际上是通过该点与钻心连线的径向平面。由于麻花钻两主切削刃不通过钻心，所以主切削刃上各点的基面各不相同。

2）切削平面：麻花钻主切削刃上任一点的切削平面，是由该点的切削速度方向与该点切削刃的切线所构成的平面。标准麻花钻主切削刃为直线，其切线就是钻刃本身。切削平面即为该点切削速度与钻刃构成的平面。

3）主截面：主截面也叫正交平面，即通过主切削刃上任一点并垂直于切削平面和基面的平面。

4）柱剖面：它是通过主切削刃上任一点作与麻花钻轴线平行的直线，该直线绕麻花钻轴线旋转所形成的圆柱面的截切面，如图 6-5 所示。

（2）麻花钻的切削角度　标准麻花钻的切削角度如图 6-6 所示。

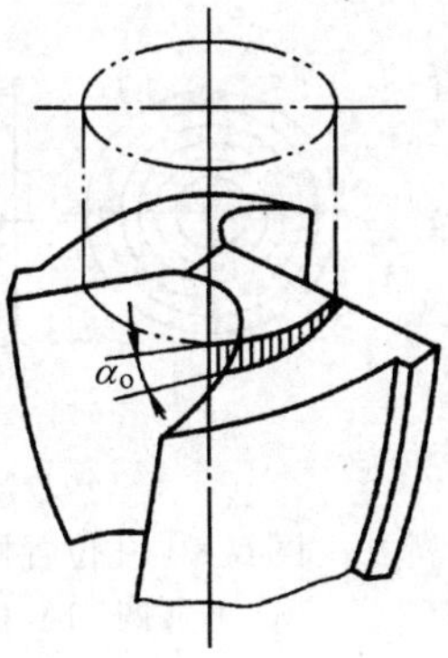

图 6-5　柱剖面

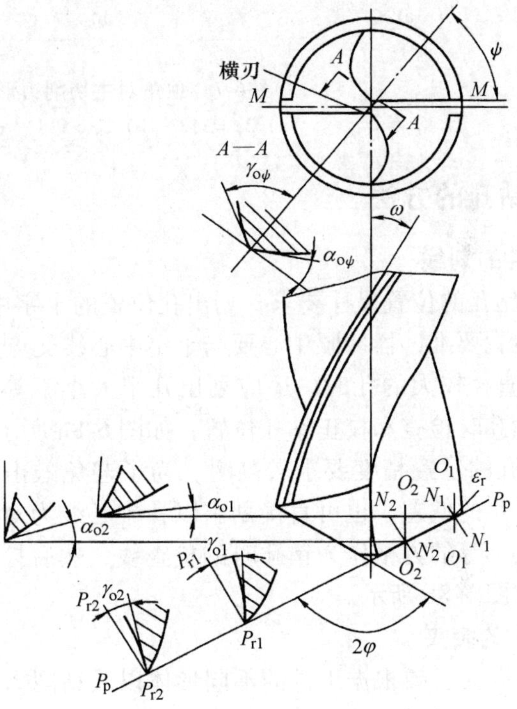

图 6-6　标准麻花钻的切削角度

1）顶角（2φ）：顶角是指麻花钻两主切削刃在其平行平面内投影的夹角。标准麻花钻的顶角为 118°±2°，此时两主切削刃呈直线；顶角大于 118°时，主切削刃呈凹形；顶角小于 118°时，主切削刃呈凸形，如图 6-7 所示。

2）前角（γ_o）：前角是麻花钻前刀面和基面的夹角。麻花钻主切削刃上的前角大小是变化的，外缘处最大，可达 30°；自外缘处向中心逐渐减小，在钻心至 $D/3$ 范围内为负值，接近横刃处前角为 -30°，横刃处为 -60° ~ -54°。

3）主后角（α_o）：主后角是主后刀面和切削平面之间的夹角。主后角是在柱剖面上测量的。麻花钻主切削刃上主后角的大小也是变化的，外缘处最小，越靠近钻心主后角越大。

4）横刃斜角（ψ）：横刃斜角是指在垂直于麻花钻轴线的端面投影中，横刃与主切削刃所夹的锐角。标准麻花钻的横刃斜角为 50° ~ 55°。其大小主要由主后角决定，主后角大，横刃斜角小，横刃变长。

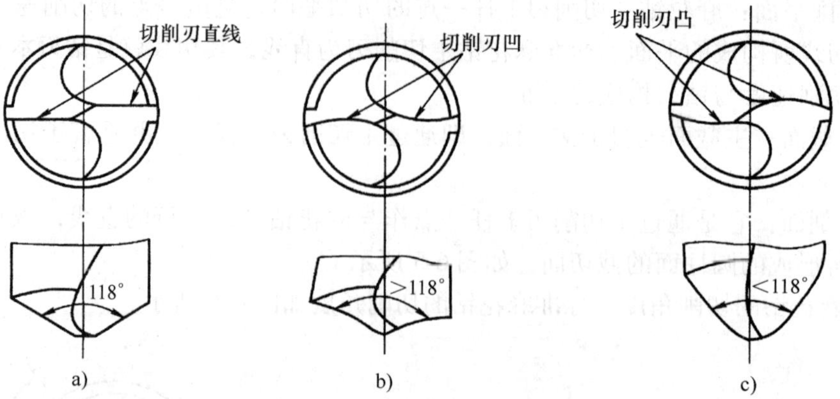

图 6-7　顶角对主切削刃形状的影响

a）$2\varphi=118°$　b）$2\varphi>118°$　c）$2\varphi<118°$

二、钻孔的方法

1. 工件的划线

1）按钻孔的位置尺寸要求，划出孔位置的十字中心线，并打上中心样冲眼，要求样冲眼要小，位置要准，样冲眼中心要与十字中心线交点重合。

2）钻直径较大的孔时，还应划出几个大小不等的检查圆，以便钻孔时检查和校正钻孔位置，如图 6-8a 所示。

3）钻孔的位置精度要求较高时，为了避免敲击中心样冲眼时所产生的偏差，也可直接划出以孔中心线为对称中心的几个大小不等的方格作为钻孔时的检查线，然后打上中心样冲眼，如图 6-8b 所示。

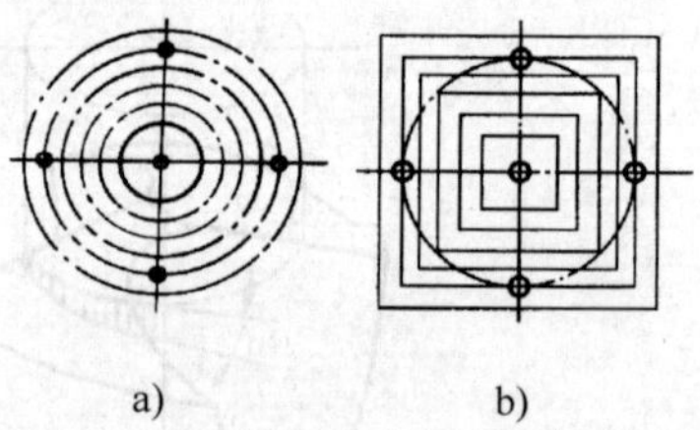

图 6-8　孔位置检查形式

a）检查圆　b）检查方格

2. 工件的装夹

工件钻孔时，要根据工件的不同形体以及钻削力的大小等情况，采用不同的装夹方法，以保证钻孔的质量和安全。常用的基本装夹方法如下：

（1）平口钳装夹　平整的工件可用平口钳装夹。装夹时，应使工件表面与麻花钻垂直。钻直径大于 ϕ8mm 的孔时，必须将平口钳用螺钉或压板固定。钻通孔时，工件底部应垫上垫块，空出落钻位置，以免钻伤钳身，如图 6-9a 所示。

（2）V 形块装夹　圆柱形的工件可用 V 形块装夹。装夹时应使麻花钻轴心线垂直通过 V 形块的对称平面，保证钻出孔的中心线通过工件的轴心线，如图 6-9b 所示。

（3）压板装夹　对较大的工件且钻孔直径在 ϕ10mm 以上时，可用阶梯垫铁配压板夹持的方法进行钻孔，如图 6-9c 所示。压板装夹时应注意：

① 压板厚度与压紧螺栓直径的比例要适当，不能使压板弯曲变形而影响压紧力。

② 压板螺栓应尽量靠近工件，垫铁应比压紧表面略高，以保证对工件有较大的压紧力和避免工件在夹紧过程中移位。

③ 当压紧表面为已加工表面且需要保护时，要用衬垫保护以防压出印痕。

（4）卡盘装夹　对方形工件钻孔时，可用四爪单动卡盘进行装夹，如图6-9d所示；对圆柱工件端面钻孔时，可将工件用三爪自定心卡盘进行装夹，见图6-9e所示。

（5）角铁装夹　底面不平或加工基准在侧面的工件可用角铁进行装夹，如图6-9f所示。由于钻孔时的轴向力作用在角铁安装平面之外，因此角铁必须用压板固定在钻床工作台上。

（6）手虎钳装夹　在小型工件或薄板件上钻小孔时，可将工件放置在定位块上，并用手虎钳进行夹持，如图6-9g所示。

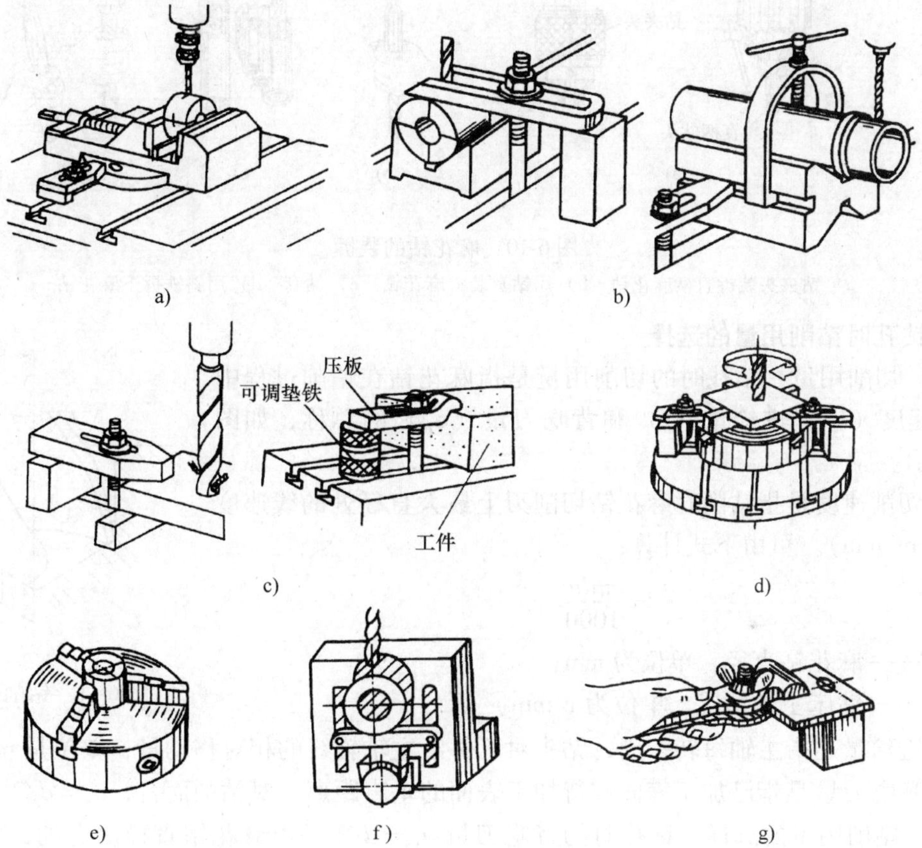

图6-9　工件的钻削装夹方法

a）用平口钳装夹工件　b）用V形块装夹工件　c）用压板装夹工件　d）用四爪单动卡盘装夹工件　e）用三爪自定心卡盘装夹工件　f）用角铁装夹工件　g）用手虎钳装夹工件

3. 麻花钻的装拆

（1）直柄麻花钻的装拆　直柄麻花钻用钻夹头夹持。先将钻柄塞入钻夹头的卡爪内，其夹持长度不能小于15mm，然后用钻夹头钥匙旋转钻夹头外套，使环形螺母带动三只卡爪移动，即可夹紧或松开麻花钻，如图6-10a所示。

（2）锥柄麻花钻的装拆　锥柄麻花钻的柄部锥体与钻床主轴锥孔直接连接，连接时必须将麻花钻锥柄及主轴锥孔擦干净，且使麻花钻矩形舌部的长向与主轴上的腰形孔中心线方向一致，利用加速冲力一次装接，如图6-10b所示。当麻花钻锥柄的锥度号数小于主轴锥孔的锥度号数时，则需加过渡钻套连接，如图6-10c所示。对钻套内麻花钻和钻床主轴上麻花钻进行拆卸时，是将斜铁敲入钻套或钻床主轴上的腰形孔内，斜铁带圆弧的一边要放在上面，利用斜铁斜面的张紧分力，使麻花钻与钻套或主轴分离，如图 6-10d 所示。

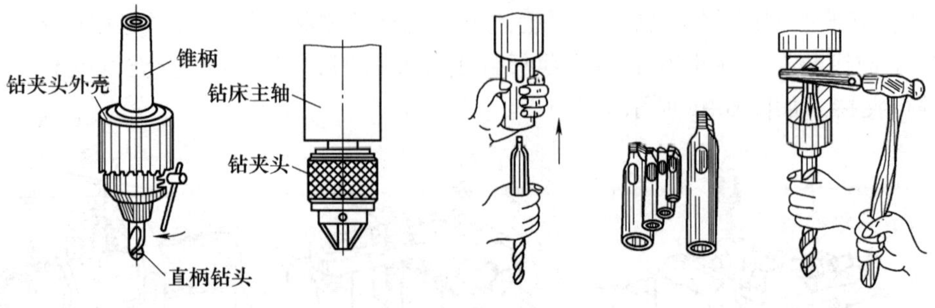

图 6-10 麻花钻的装拆

a）钻夹头装拆直柄麻花钻 b）用钻套装夹麻花钻 c）钻套 d）用斜铁拆下麻花钻

4. 钻孔时钻削用量的选择

（1）切削用量 钻孔时的切削用量是指麻花钻在钻削过程中的切削速度（v）、进给量（f）和背吃刀量（a_p）的总称，如图 6-11 所示。

① 切削速度是指钻削时麻花钻切削刃上最大直径处的线速度（单位：m/min）。可由下式计算：

$$v = \frac{\pi d n}{1000}$$

式中 d——麻花钻直径，单位为 mm；

n——钻床主轴钻速，单位为 r/min。

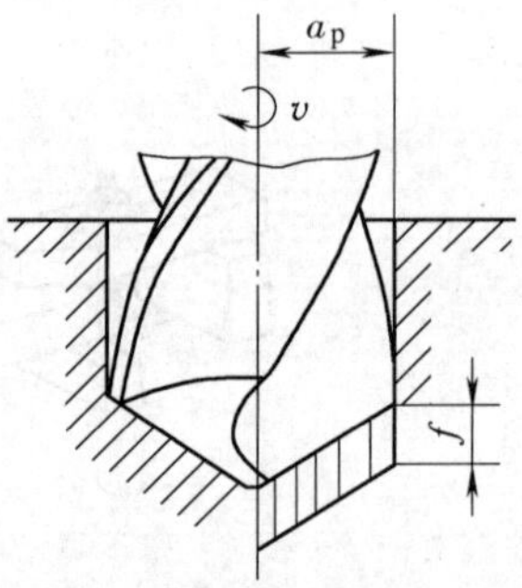

图 6-11 钻削用量

② 进给量是指主轴每转一周，钻头对工件沿主轴轴线的相对移动量，单位是 mm/r。

③ 背吃刀量是指已加工表面与待加工表面的垂直距离。对钻削而言，$a_p = d/2$。

（2）钻削用量的选择 钻孔时的背吃刀量 $a_p = d/2$ 是由麻花钻直径决定的，所以只需要选择切削速度 v 和进给量 f。对钻孔的生产率来说，切削速度 v 和进给量 f 的影响是相同的；对麻花钻的寿命来说，切削速度 v 比进给量 f 的影响大；对钻孔的表面粗糙度来说，一般情况下，进给量 f 比切削速度 v 的影响要大，因为进给量直接影响已加工表面的残留面积（尚未切除的材料面积），而残留面积越大，表面粗糙度数值也越大，表面越粗糙。

钻削时，选择切削用量的基本原则是：在允许范围内，尽量先选较大的进给量 f。当进给量 f 受到表面粗糙度和麻花钻刚度限制时，再考虑选择较大的切削速度 v。具体选择时，则应综合麻花钻直径、麻花钻材料、工件材料、表面粗糙度等几个方面决定。

5. 起钻

钻孔时，先使麻花钻对准钻孔中心钻出一浅坑，观察钻孔位置是否正确，并要不断校正，使浅坑与划线圆同轴。校正时，若偏位较少，可在起钻的同时用力将工件向偏位的反方向推移，达到逐步校正；若偏位较多，可在校正方向上打几个样冲眼或用油槽錾錾出几条槽，如图 6-12 所示，以减少此处钻削的阻力，达到校正目的。但无论何种方法，都必须在锥坑外圆小于麻花钻直径之前完成。

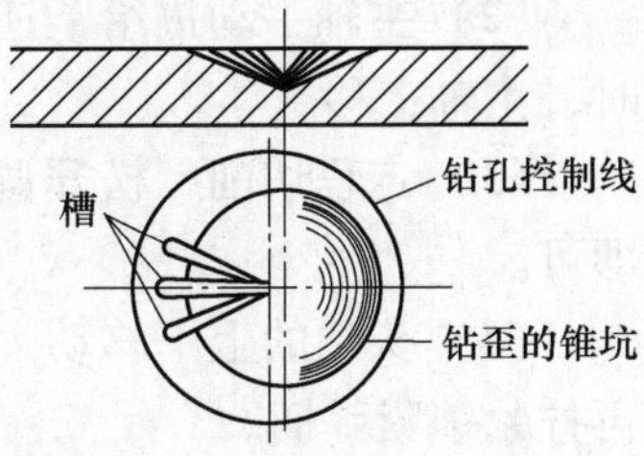

图 6-12　偏位孔的修正

6. 钻孔

1）钻削不通孔时，应按钻孔深度调整好钻床上的挡块、深度标尺或采用其他控制措施，以免钻得过深或过浅，并注意退屑。

2）钻削通孔时，当孔快要被钻穿时，应减小进给力，以免发生“啃刀”，影响加工质量、折断麻花钻或使工件随着麻花钻转动造成事故。

3）钻削深孔时，当钻削深度达到麻花钻直径 3 倍时，就应退出排屑，并注意冷却润滑。

4）钻 ϕ1mm 以下小孔时，切削速度可选在 2000 ~ 3000r/min，进给力小且平稳，不宜过大过快，防止麻花钻弯曲和滑移，且应经常退出麻花钻排屑，并加注切削液。

5）钻 ϕ30mm 以上的大孔时，一般分成两次进行。第一次用 0.6 ~ 0.8 孔径的麻花钻，第二次用所需直径的麻花钻钻削。

6）在斜面上钻孔时，可采用中心钻先钻底孔，或用铣刀在钻孔处铣削出小平面，也可用钻套导向等方法进行。

7. 钻孔时的冷却润滑

钻削过程中，由于切屑的变形和麻花钻与工件的摩擦所产生的切削热，严重地降低了麻花钻的切削能力，甚至引起麻花钻退火，对工件的钻孔质量也有一定的影响。为了使麻花钻散热冷却，减少钻削时麻花钻与工件、切屑之间的摩擦以及消除粘附在麻花钻和工件表面上的积屑瘤，降低切削抗力，提高麻花钻寿命和改善加工孔的表面质量，因此在钻孔时要加注足够的切削液。钻孔用切削液见表 6-1。

表 6-1　钻孔用切削液

工件材料	切削液
各类结构钢	3% ~5% 乳化液或 7% 硫化乳化液
不锈钢、耐热钢	3% 肥皂加 2% 亚麻油水溶液或硫化切削油
纯铜、黄铜、青铜	5% ~8% 乳化液（也可不用）
铸铁	5% ~8% 乳化液或煤油（也可不用）
铝合金	5% ~8% 乳化液或煤油，煤油和菜油的混合油（也可不用）
有机玻璃	5% ~8% 乳化液或煤油

注：表中百分数均为体积分数。

三、钻床的使用

钻床是钳工常用的孔加工机床，在钻床上可进行钻孔、扩孔、锪孔、铰孔、攻螺纹、研磨等多项操作。钳工最常用的钻床有台钻、立钻和摇臂钻等。

1. 台钻的使用

台钻是一种小型钻床，是钳工常用的钻孔设备，具有结构简单、操作方便等特点。Z4012 型台钻的结构如图 6-13 所示。

（1）起动　操纵电源开关使主轴正、反转起动或停止。

（2）主轴手动进给　逆时针转动进给手柄 6 时，主轴 5 下移；顺时针转动进给手柄 6 时，主轴上移。

（3）定程切削　松开调整螺母 4，调整定位杆 2 的位置至所需行程，再拧紧调整螺母即可。

（4）头架的上下移动　松开锁紧手柄 7，转动主轴升降手柄 1 使头架升降至所需位置，再拧紧锁紧手柄。

（5）主轴变速　关闭电源开关，取下防护罩，将 V 带在塔轮上进行调节，就可获得不同的钻速，调整完成后再装上防护罩。

（6）V 带松紧调节　关闭电源开关，取下防护罩，松开电动机调节螺钉 10，推动电动机 11 前后移动可调节 V 带的松紧，调整至松紧合适时拧紧螺钉，装上防护罩。

（7）底座底座 8 的中间有 T 形槽，用来装夹工件或夹具，四角有安装固定台钻用的螺栓孔。

2. 立式钻床的使用

Z525 型立式钻床的外形如图 6-14 所示。

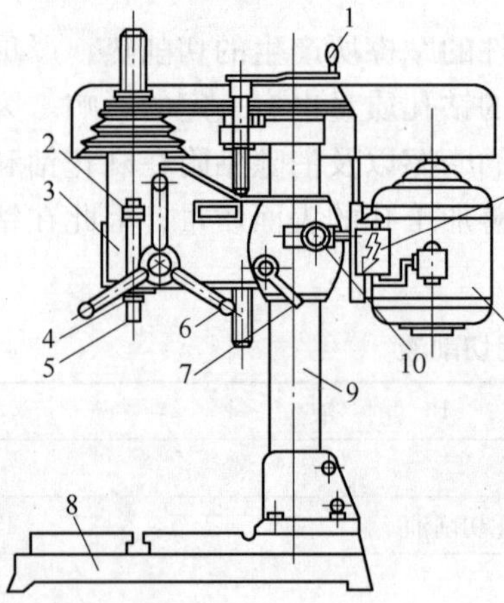

图 6-13　台钻

1—主轴升降手柄　2—定位杆　3—头架　4—调整螺母　5—主轴　6—进给手柄　7—锁紧手柄　8—底座　9—立柱　10—电动机调节螺钉　11—电动机　12—转换开关

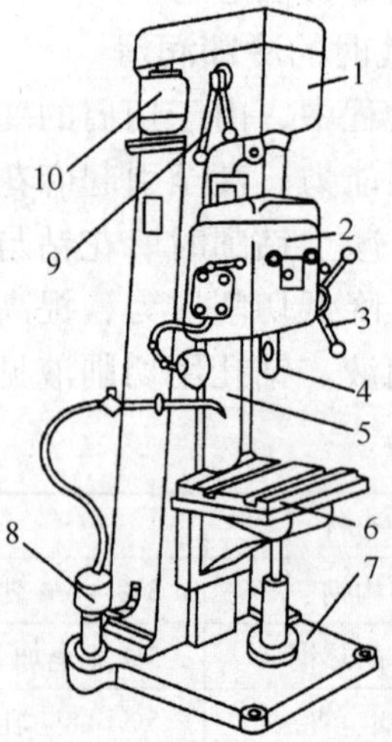

图 6-14　Z525 型立式钻床

1—主轴变速箱　2—进给箱　3—进给手柄　4—主轴　5—立柱　6—工作台　7—底座　8—切削液泵　9—变速手柄　10—电动机

（1）起动　检查钻床各部件是否处于正常位置。检查完毕后打开电源开关，按下起动按钮，主轴转动。

（2）主轴进给

1）手动进给：转动进给手柄 3 实现手动进给。

2）机动进给：将进给手柄 3 位置的后盖向外拉出，进给手柄 3 逆时针转 20°即可实现机动进给。停止机动进给时，将进给手柄 3 顺时针转 20°即可。

（3）工作台的升降　转动工作台 6 下面的摇把式手柄即可实现工作台的升降运动。

（4）机动进给行程的调整　如图 6-15 所示，松开挡铁紧固螺钉 2，将挡铁 3 调整至所需行程后，再将紧固螺钉 2 锁紧，完成调整。

（5）主轴转速和进给速度的变换　如图 6-16 所示，按下主轴停止按钮，参照变速标牌调整主轴变速手柄 1 可得到所需主轴转速。拨动进给速度变换手柄 3，即可得到相应的进给速度。

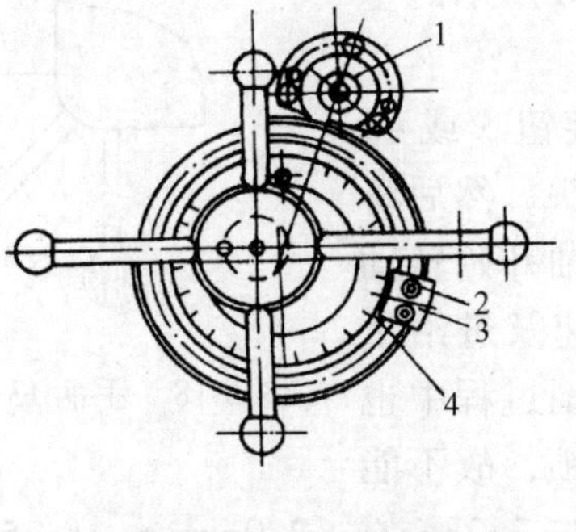

图 6-15　机动进给行程的调整方法

1—挡铁开关　2—紧固螺钉

3—挡铁　4—刻度盘

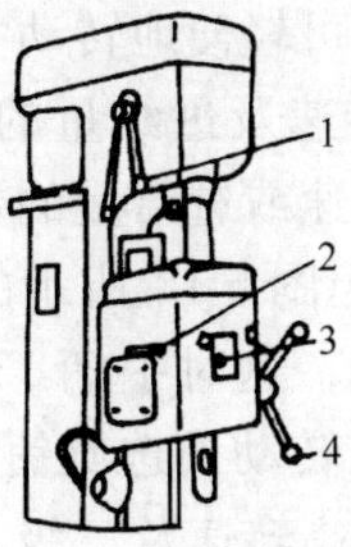

图 6-16　主轴转速和进给速度的变换方法

1—主轴变速手柄　2—进给自动手柄

3—进给速度变换手柄　4—进给操纵手柄

3. 摇臂钻床的使用

Z3040 型摇臂钻床适用于较大型、中型及多孔工件的单件、小批或中等批量的孔加工，如图 6-17 所示。它是靠移动主轴来进行找正的，所以使用方便灵活。

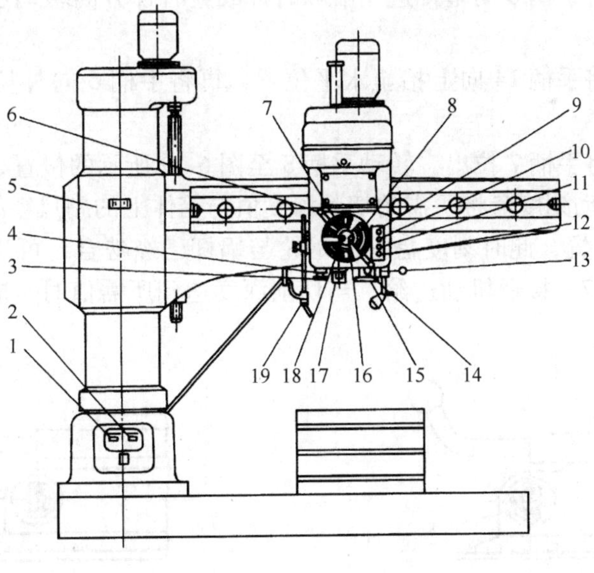

图 6-17　Z3040 型摇臂钻床

1、2—电源开关　3、4—预选按钮　5—摇臂　6、7、8、13、14—手柄

9、10、11、12、16、18—按钮　15—手轮　17—主轴　19—冷却液管

摇臂钻床的主轴箱不仅能在摇臂上有较大范围的移动，而且摇臂可绕立柱做 360° 回转，并可沿立柱上下运动，所以摇臂钻床能在很大范围内工作。钻削时，工件可固定在工作台上，也可直接放在底座（或地面）上加工。

在开动机床之前，首先将总电源开关2接通，然后操纵机床。

（1）主轴的启动　按下按钮9（按钮中的指示灯亮），这时将手柄13转至正转或反转位置，主轴即按顺时针或逆时针方向转动，如图6-18所示。

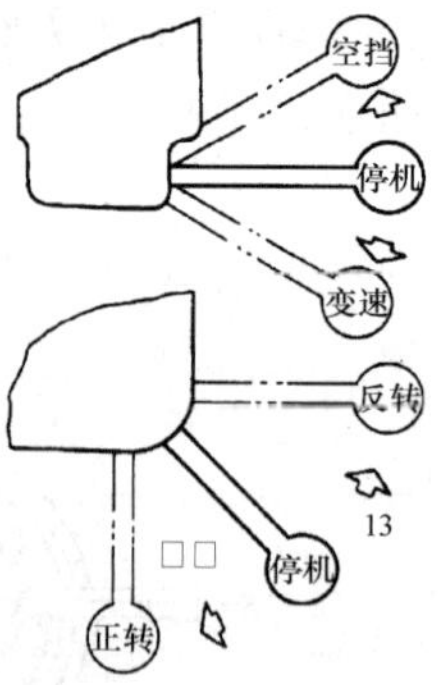

图6-18　手柄13的操纵位置

（2）主轴的空挡　将手柄13向上抬至图6-18所示的空挡位置，此时便可轻便地转动主轴。

（3）主轴转速及进给量的变换　转动预选旋钮3或4，使其上所需的转速或进给量的数值对准上部的箭头，然后将手柄13向下压至图6-18所示的变速位置，待主轴开始转动时即可松开手柄，这时手柄13可自动复位，转速及进给量均已变换完毕。转动预选旋钮3或4，在机床切削过程中也可进行。有三级高转速及三级大进给量，因有互锁，故不能同时选用。即2000r/min、1250r/min、800r/min与3.2mm/r、2.0mm/r、1.25mm/r相互间不能同时选用，以免进给速度过大发生危险。

（4）主轴的进给　主轴进给的形式有机动进给、手动进给、微动进给和定程切削等。

1）机动进给：将手柄14向下压至极限位置，再将手柄6向外拉出，这时接通机动进给。若主轴正转，则主轴向下机动进给；若主轴反转，则主轴向上退刀。若需切断机动进给，则将手柄14抬起即可。

2）手动进给：将手柄6向里推进，沿顺时针或逆时针方向转动手柄6即可带动主轴向上或向下进给。

3）微动进给：将手柄14向上抬至水平位置，再将手柄6向外拉出，转动手轮15，即可微动进给。

4）定程切削：将手柄7拉出，转动手柄8至图6-19所示的位置，此时刻度盘上的蜗轮蜗杆脱开啮合，可转动刻度盘将所需的切削深度值与箱体上的副尺零线大致对齐。再转动手柄8至图6-20所示位置，此时刻度盘上的蜗轮与蜗杆已经啮合，可进行微调，直至与零线准确对齐，推动手柄7，接通机动进给。当切削深度达到所需值时，断开机动进给，即实现了定程切削。

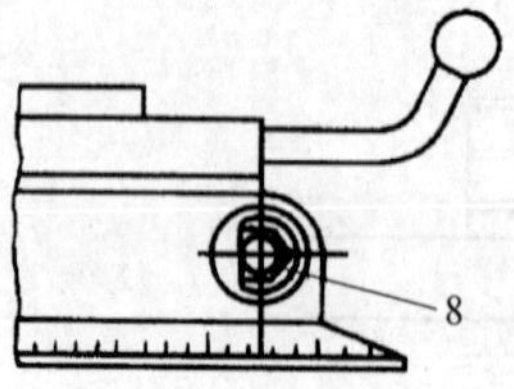

图6-19　定程进给操纵位置（一）

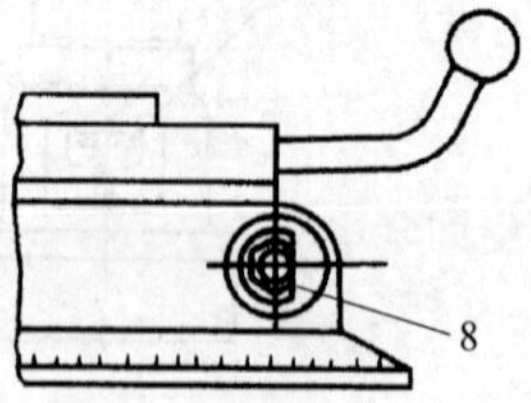

图6-20　定程进给操纵位置（二）

（5）主轴箱和立柱的夹紧或松开　若要主轴箱和立柱夹紧，可按下按钮18。若按钮中的指示灯亮，表示夹紧动作已经完成，即可松开按钮18；若指示灯不亮，可断续地按按钮，直至指示灯亮为止。

若要主轴箱和立柱松开，则可按下按钮16，此时按钮18中的指示灯熄灭，按钮16中指示灯亮，表示主轴箱和立柱已经松开。

（6）摇臂升降　按下按钮 11，摇臂上升；按下按钮 12，摇臂下降。当摇臂上升或下降至所需位置时，松开按钮，升降运动即停止，摇臂自动夹紧在立柱上。

（7）摇臂回转时应注意的问题　因机床没有汇流环装置，故在用手推动摇臂回转时，必须注意不能总是沿一个方向连续回转。

课题二　其他孔加工

一、扩孔

扩孔是用扩孔刀具将工件上已有的孔进行扩大的加工方法，如图 6-21 所示。扩孔可用麻花钻或图 6-22 所示的扩孔钻。

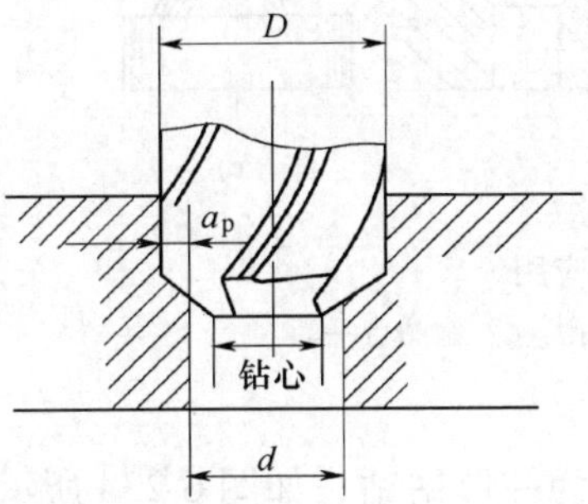

图 6-21　扩孔

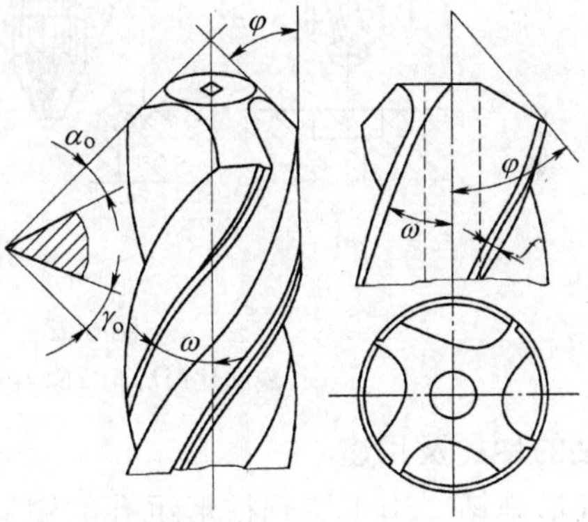

图 6-22　扩孔钻

扩孔时的背吃刀量　$$a_p = \frac{D-d}{2}$$

式中　D——扩孔后的直径，单位为 mm；

d——扩孔前的直径，单位为 mm。

1. 扩孔的特点

1）扩孔钻无横刃，避免了由横刃引起的一些不良影响。

2）由于背吃刀量 a_p 小，排屑容易，因而不易擦伤已加工表面。

3）扩孔钻的钻心较粗，刚度较好，因此可以增大进给量，而且加工质量也得到改善。一般公差等级可达到 IT10 ~ IT9，表面粗糙度可达 Ra25 ~ 6.3μm。常作为孔的半精加工及铰孔前的预加工。

4）扩孔钻齿数多、强度高、导向性好、切削稳定，扩孔时的进给量一般为钻孔的 1.5 ~ 2 倍，切削速度为钻孔的 1/2，不但提高了孔的加工质量，而且还提高了生产率。

2. 扩孔注意事项

1）扩孔钻常用于成批大量生产。小批量生产一般用麻花钻代替扩孔钻使用，此时应适当减小麻花钻前角，防止扩孔时扎刀。

2）用扩孔钻扩孔，扩孔前钻孔直径为要求孔径的 0.9；用麻花钻扩孔，扩孔前钻孔直径为要求孔径的 0.5 ~ 0.7。

3）钻孔后，在不改变麻花钻与机床主轴相互位置的情况下，应立即换上扩孔钻进行扩孔，使扩孔钻与麻花钻的中心重合，保证加工质量。

二、锪孔

用锪钻在孔口表面加工出一定形状的孔或表面的方法，称为锪孔。锪孔可分为锪圆柱形沉孔、锪锥形沉孔和锪凸台平面等几种形式，如图 6-23 所示。

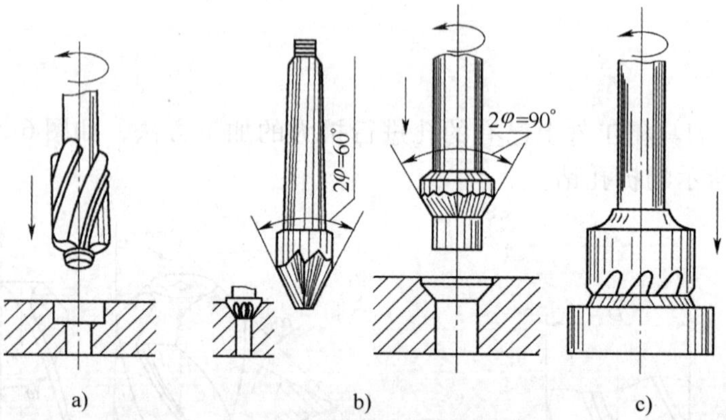

图 6-23　锪钻的应用

a）锪圆柱形沉孔　b）锪锥形沉孔　c）锪凸台平面

1. 锪钻的种类及用途

（1）柱形锪钻　用于锪圆柱形沉孔的锪钻被称为柱形锪钻，如图 6-23a 所示。

（2）锥形锪钻　锥形锪钻有 60°、75°、90°、120°等几种，主要用于锪铆钉孔和螺钉孔的沉孔，如图 6-23b 所示。

（3）端面锪钻　端面锪钻主要用来锪平孔口端面，也可用来锪平凸台平面，如图 6-23c 所示。

2. 锪孔时的注意事项

锪孔时存在的主要问题是所锪的端面或锥面上出现振痕，特别是麻花钻改制的锪钻，振痕尤为严重。为了避免这种现象，在锪孔时应注意以下几个方面：

1）尽量选用较短的麻花钻改磨锪钻，以减少振动，并适当减小锪钻的后角和外缘处的前角，以防产生扎刀和振动。

2）锪孔时，进给量为钻孔的 2～3 倍，切削速度为钻孔的 1/3～1/2。精锪时，可利用钻床停机后主轴的惯性来锪孔，以减少振动而获得光滑的表面。

3）锪钢件时，要在导柱和切削表面上加些全损耗系统用油或牛油润滑。

三、铰孔

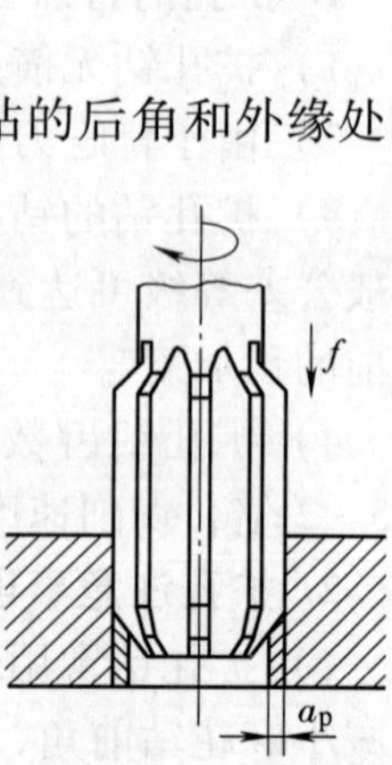

图 6-24　铰孔

用铰刀从工件孔壁上切除微量金属层，以提高孔的尺寸精度和降低表面粗糙度值的方法，称为铰孔，如图 6-24 所示。铰刀是精度较高的多刃刀具，因切削余量小，故具有切削阻力小、加工精度高、导向性好等特点。铰孔后可使孔的标准公差等级达到 IT9 ~ IT7 级，表面粗糙度 Ra 值可达到 3.2 ~ 0.8μm。

1. 铰刀的组成和种类

(1) 铰刀的组成　铰刀由柄部、颈部和工作部分三个部分组成，如图 6-25 所示。

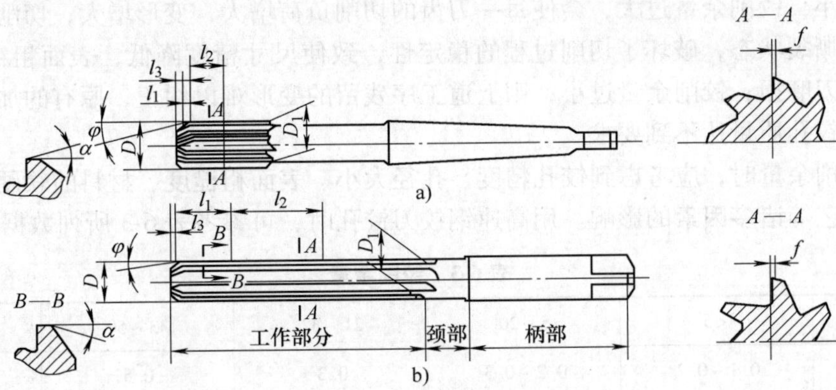

图 6-25　铰刀
a) 机用铰刀　b) 手用铰刀

1）柄部：铰刀的柄部用来装夹和传递转矩，分为直柄、锥柄和直柄带方榫三种。前两种用于机铰；后一种用于手铰，方榫与铰杠的方孔相配合以传递扭矩。

2）颈部：铰刀的颈部为加工切削刃时退刀之用，也用来刻印商标和规格。

3）工作部分：铰刀的工作部分最前端有 45°倒角，使铰刀开始铰削时容易进入孔中，并起保护切削刃的作用。紧接倒角的是顶角，它是工作部分中的切削部分，主要担负铰孔的任务。校准部分有棱边，主要起定向、修光孔壁、保证铰孔直径和便于测量等作用。

(2) 铰刀的种类　铰刀通常由高速钢或高碳钢制成，适用范围广，其分类、结构特点及应用见表 6-2。

表 6-2　铰刀的种类

分类			结构特点与应用
按使用方法	手用铰刀		工作部分较长，切削锥度较小
	机用铰刀		工作部分较短，切削锥度较大
按结构	整体式圆柱铰刀		用于铰削标准直径系列的孔
	可调式圆柱铰刀		用于单件生产和修配工作中需要铰削的非标准孔
按外部形状	直槽铰刀		用于铰削普通孔
	锥铰刀	1:10 锥铰刀	用于铰联轴器上与锥销配合的锥孔
		莫氏铰刀	用于铰削 0 ~ 6 号莫氏锥孔
		1:30 锥铰刀	用于铰削套式刀具上的锥孔
		1:50 锥铰刀	用于铰削圆锥定位销孔
	螺旋槽铰刀		用于铰削有键槽的内孔
按切削部分材料	高速钢铰刀		用于铰削各种碳钢或合金钢
	硬质合金铰刀		用于高速铰削或铰削硬材料

2. 铰孔方法

铰削用量包括铰削余量、机铰的切削速度和进给量，其大小对于铰削过程中的摩擦、切削力、切削热以及积屑瘤的产生有很大的影响，并直接影响孔加工的精度和表面粗糙度。

1）铰削余量：铰削余量是指上道工序完成后在直径方向留下的加工余量。铰削余量不宜过大或过小，铰削余量过大，会使每一刀齿的切削负荷增大，变形增大，切削热增加，被加工表面呈撕裂状态，破坏了切削过程的稳定性，致使尺寸精度降低，表面粗糙度值增大，同时加剧铰刀磨损；铰削余量过小，则上道工序残留的变形难以纠正，原有的加工刀痕也不能去除，使铰孔质量达不到要求。

选择铰削余量时，应考虑到铰孔精度、孔径大小、表面粗糙度、材料的软硬、铰刀类型以及加工工艺等诸多因素的影响。用高速钢铰刀铰孔时，可参考表6-3所列数据进行选择。

表6-3 铰削余量 （单位：mm）

铰孔直径	<5	5～20	21～32	33～50	51～70
铰削余量	0.1～0.2	0.2～0.3	0.3	0.5	0.8

2）机铰时的切削速度和进给量：铰削时的切削速度和进给量要选择适当，否则铰刀容易磨损，且影响加工质量。具体选择可参考表6-4所列数据。

表6-4 机铰时的切削速度和进给量

工件材料	切削速度 v/(m/min)	进给量 f/(mm/r)
钢	4～8	0.4～0.8
铸铁	6～10	0.5～1
铜或铝	8～12	1～1.2

3. 切削液

在铰削过程中必须选择适当的切削液，以减小摩擦、冲掉切屑和消散热量，防止产生积屑瘤或孔径扩大的现象。具体选择可参考表6-5所列数据。

表6-5 铰孔时的切削液

被加工材料	切削液（体积分数）
钢	1. 10%～20%乳化液 2. 铰孔要求高时，采用30%菜油加70%肥皂水 3. 铰孔的要求更高时，可用菜油、柴油、猪油等
铸铁	1. 不用 2. 煤油 3. 低浓度的乳化液
铝	煤油
铜	乳化液

4. 铰孔的操作要点

1）工件要夹正，对薄壁零件的夹紧力不要过大。手铰过程中，两手用力要均衡，旋转速度要均匀，铰刀不得摇晃，以免在孔口处出现喇叭口或将孔径扩大。

2）手铰工件时，要轻压铰杠，使铰刀缓慢引进孔内并均匀进给，以保证达到表面粗糙度的要求。

3）一般手用铰刀的齿距在圆周上是不均匀分布的，手铰时要注意变化每一次的停歇位置，以消除铰刀常在同一处停歇而造成的振痕。

4）铰削过程中，如果铰刀被卡住，不能用力扳转铰杠，应取出铰刀，清除切屑，加注切削液后再缓慢进给。

5）铰削钢料时，要注意清除粘在刀齿上的切屑，并可用油石修光切削刃，避免孔壁被拉毛。

6）铰孔时，不论进、退刀都不能反转，防止刃口磨钝及切屑轧在孔壁与刀齿后刀面形成的楔形腔内，将孔壁划伤，甚至挤崩切削刃。

7）机铰时要注意检查机床主轴、铰刀和被加工孔之间的同轴度是否符合要求，机铰完成后，要在铰刀退出后再停机，以免在孔壁上留下刀痕。

8）铰尺寸较小的圆锥孔时，可先以小端直径按圆柱孔精铰余量钻出底孔，然后用锥铰刀铰削。对尺寸和深度较大的圆锥孔，为减小切削余量，铰孔前可先钻出阶梯孔，然后再用锥铰刀铰削。铰削过程中要经常用相配的锥销检查铰孔尺寸，如图6-26所示。

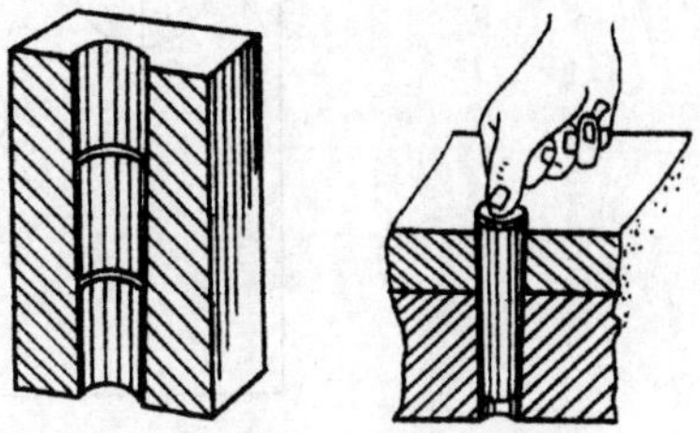

a) b)

图6-26 铰削圆锥孔
a）钻出阶梯孔 b）用锥销检查铰孔尺寸

课题三 孔加工训练

任务描述

对图6-27所示工件进行钻孔、锪孔和铰孔训练。

任务分析

通过钻孔、锪孔和铰孔练习，巩固钻孔、锪孔和铰孔的基本技能和提高麻花钻的刃磨技能，按划线钻孔，并能达到一定的位置精度要求。

相关知识

1. 标准麻花钻的刃磨

刃磨两主后刀面：

1）刃磨麻花钻时，右手握住钻头的头部作为定位支点，使钻头的主切削刃成水平。钻刃轻轻地接触砂轮水平中心面的外圆，如图6-28a所示。

2）麻花钻轴线在水平面内与砂轮轴线的夹角等于顶角（$2\varphi=118°\pm2°$）的一半，如图6-28b所示。

3）钻身向下倾斜8°～15°，如图6-28c所示。

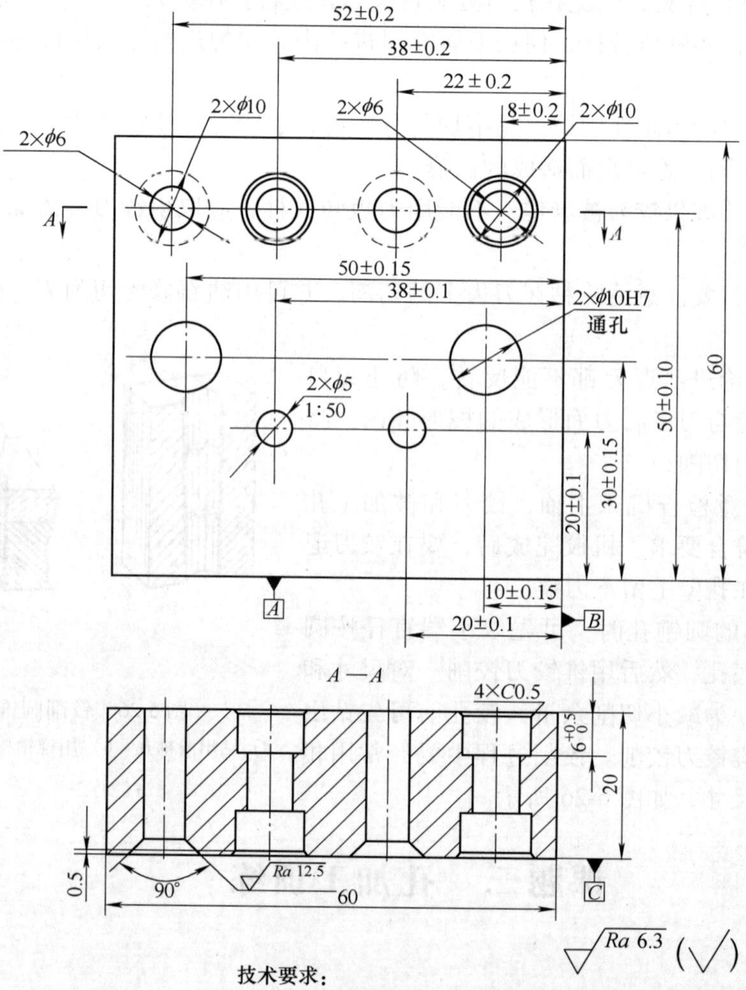

图 6-27　钻孔、锪孔和铰孔

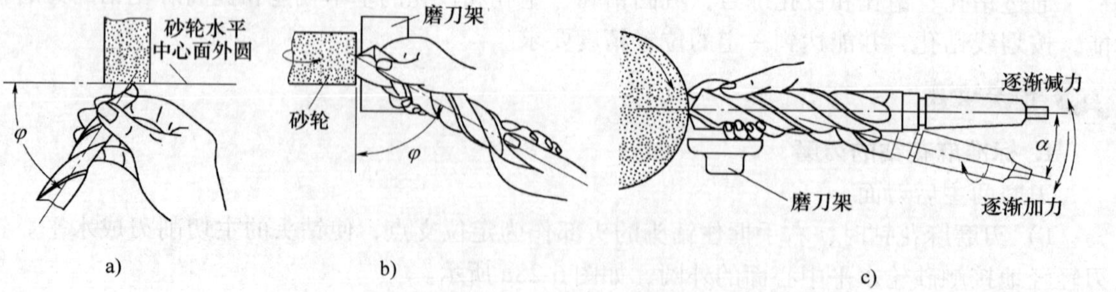

图 6-28　麻花钻刃磨时与砂轮的相对位置

4）刃磨麻花钻时，右手缓慢地使麻花钻绕自身的轴线由下向上转动，刃磨压力逐渐加大，便于磨出后角，其下压速度及幅度随后角的大小而变化。刃磨时两手的动作配合要协调，且两后刀面轮换进行，按此反复，直至磨出两主切削刃和两主后刀面。

5）用样板检验麻花钻的几何角度及两主切削刃的对称性，如图 6-29 所示。通过观察横刃斜角是否约为 55°来判断麻花钻后角。横刃斜角大，则后角小；横刃斜角小，则后角大。

6）麻花钻刃磨时压力不宜过大，并要经常蘸水冷却，以防退火。

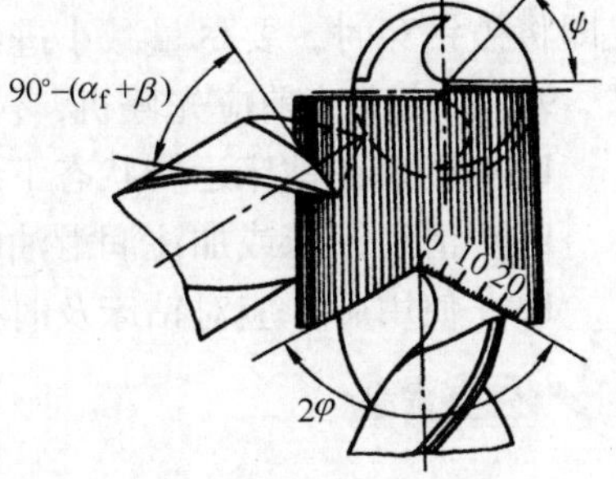

图 6-29　用样板检验钻头刃磨角度

2. 钻孔的注意事项

1）钻孔时，选取的麻花钻尺寸、几何形状和角度应正确。

2）用钻夹头装夹麻花钻时要用钻夹头钥匙，不可用斜铁和锤子敲击，以免损坏钻夹头和影响钻床主轴精度。

3）工件装夹时，必须保持装夹面的清洁干净。

4）钻孔时，手动进给压力不宜过大，应根据麻花钻的工作情况，以目测和感觉进行控制。

5）麻花钻用钝后必须及时进行刃磨。

6）钻孔时，平口钳的手柄端（活动钳身）应放置在钻床工作台的左向，防止因转矩过大而造成平口钳落地伤人。

3. 锪孔的注意事项

1）锪孔时的切削速度一般为钻底孔速度的 1/3～1/2，手动进给压力不宜过大。

2）锪孔时，先调整好需加工孔与锪钻的同轴度，再将工件夹紧。

3）锪孔深度可用钻床上的标尺进行控制。

4）出现多角形振纹等加工缺陷时，应立即停止加工。造成缺陷的原因可能是工件装夹不牢、麻花钻改制时刃磨不当、锪孔速度太高、切削液选择不当等，应及时找出问题并进行修正。

4. 铰孔的注意事项

1）铰刀是精加工刀具，要保护好刃口，避免碰撞。

2）铰刀切削刃上如有毛刺或切屑粘附，可用油石磨去。

3）铰刀排屑功能差，必须经常取出清屑，以免铰刀被卡住。

4）铰削定位圆锥销孔时，因锥度小有自锁性，其进给量不能太大，避免铰刀被卡死或折断。

5. 文明生产和安全生产常识

1）工作前，对所用的钻床和工具、夹具、量具进行全面检查。

2）工具、量具和刃具不得混放，避免碰撞，以免造成量具精度的降低和刃具的切削刃损坏。

3）操作钻床时严禁戴手套，袖口必须扎紧，女性必须戴工作帽。

4）工件必须夹紧，特别在小工件上钻较大直径孔时装夹必须牢固。

5）开动钻床前，应检查是否有钻夹头钥匙或斜铁插在主轴上。

6）钻孔时不可用手、棉纱头或用嘴吹来清除切屑，必须用毛刷清除。钻出长条切屑时，可用钩子钩断后清除。麻花钻上绕有长切屑时应停机清除，严禁用手拉或用铁棒敲击。

7）操作钻床时，操作者的头部不准与旋转的主轴靠得太近。

8）钻通孔时，工件下面必须垫上垫铁或使麻花钻对准工作台的槽，以免损坏工作台。孔即将被钻穿时，要尽量减小进给力。

9）钻床变速前应先停机，停机时应让主轴自然停止，不可用手刹住或反转制动。

10）严禁在钻床运转状态下装拆工件。检验工件必须在钻床停止状况下进行。

11）清洁钻床或加注润滑油时，必须切断电源。

12）使用后，应对钻床及时擦洗上油，并定期保养。

任务准备

1）工具：钻头、直铰刀、1:50 锥铰刀、锤子、划规和样冲。

2）量具：游标卡尺、直角尺和刀口直角尺。

3）材料：45 钢　60mm × 60mm × 20mm　1 件。

任务实施

1）检查毛坯，做必要修整。

2）以 A、B 为基准面，划 $2\times\phi5$mm 通孔中心线、$2\times\phi10$mm 通孔中心线、$4\times\phi6$mm 通孔中心线，用游标卡尺检查，使孔距准确。

3）用样冲打中心样冲眼。

4）用划规分别划 $2\times\phi5$mm、$6\times\phi10$mm、$4\times\phi6$mm 的检查圆后按要求的小径选用麻花钻钻孔。

5）用柱形锪钻锪 $2\times\phi10$mm 的孔，用 90°锥形锪钻锪 90°孔。

6）将零件翻转 180°，按上述方法锪另一面。

7）用手用铰刀铰 $2\times\phi10$H7 通孔和 1:50 锥孔。

8）去毛刺、复检。

检查评议

练习记录及成绩评定

班级：________　姓名：________　学号：________　成绩：________

序号	检测内容	配分	评分标准	测量结果	得分
1	钻 $4\times\phi6$mm	8	超差不得分		
2	铰 $2\times\phi10$H7	10	超差不得分		
3	铰 1:50 锥孔	12	超差一处扣 1 分		
4	锪 $2\times\phi10$mm 的孔两面（四处）	8	超差不得分		
5	锪 90°锥形孔 Ra12.5μm	12	超差一处扣 3 分		
6	$4\times C0.5$	8	超差一处扣 2 分		
7	孔距 20mm ±0.1mm、30mm ±0.15mm	9	超差一处扣 3 分		
8	孔距 50mm ±0.1mm、50mm ±0.15mm、10mm ±0.15mm	9	超差一处扣 3 分		
9	孔距 8mm ±0.2mm、22mm ±0.2mm、38mm ±0.1mm	9	超差一处扣 3 分		
10	孔距 38mm ±0.2mm、52mm ±0.2mm	5	超差一处扣 2 分		
11	安全文明生产	10	违者每次扣 2 分，严重者从总分中扣除 5～10 分		

问题及防治

1）钻孔时可能出现的问题和产生的原因见表6-6。

表6-6 钻孔时可能出现的问题和产生的原因

出现问题	产生原因
孔歪斜	1. 工件有砂眼 2. 钻床主轴与台面不垂直 3. 进给量太大使钻头产生弯曲变形 4. 工件装夹不牢固，钻孔时产生歪斜 5. 工件上与孔垂直的平面与钻床主轴不垂直 6. 工件装夹时，装夹接触面上的切屑未被处理干净
孔壁粗糙	1. 钻头不锋利 2. 进给量太大 3. 麻花钻过短，排屑槽堵塞 4. 切削液选用不当或供应不足
孔位偏移	1. 工件划线不准确 2. 钻头横刃太长，定心不准 3. 起钻过偏而没有及时校正
孔呈多角形	1. 钻头后角太大 2. 钻头两主切削刃长短不一，角度不对称
孔大于规定尺寸	1. 钻床主轴径向偏摆 2. 钻床工作台未锁紧，有松动 3. 钻头两主切削刃长度不等，高低不一致 4. 钻头本身歪曲或装夹不好，使钻头有过大的径向跳动现象
钻头工作部分折断	1. 进给量过大 2. 钻头用钝后仍继续钻孔 3. 孔即将被钻穿时没有减小进给量 4. 工件未夹紧，钻孔时产生松动 5. 钻孔时未经常退钻排屑，使切屑在钻头螺旋槽内堵塞 6. 在钻黄铜等软金属时，钻头后角太大，前角没有修磨小，造成扎刀
切削刃迅速磨损或崩裂	1. 进给量过大 2. 切削速度太高 3. 切削液供应不足 4. 工件表面或内部硬度高，或有砂眼 5. 没有根据工件材料来刃磨钻头角度

2）铰孔时可能出现的问题和产生的原因见表6-7。

表6-7 铰孔时可能出现的问题和产生的原因

出现的问题	产生的原因
孔径偏大	1. 进给量和铰削余量太大 2. 铰刀与孔的中心不重合，铰刀偏摆过大 3. 未仔细检查铰刀直径和所铰孔直径的大小 4. 铰削速度太高，使铰刀温度升高，铰孔的直径增大

（续）

出现的问题	产生的原因
孔径偏小	1. 铰削铸铁孔时加了煤油 2. 铰刀超过磨损标准，尺寸变小但仍继续使用 3. 铰削钢件时加工余量太大，铰好后内孔弹性复原而使孔径缩小
孔中心不直	1. 手铰时，两手用力不均匀 2. 铰刀的切削锥角过大，导向不良，致使铰削时方向发生偏斜 3. 铰孔前的预加工孔不直，铰削小直径孔时由于铰刀刚性差，未能使原有的弯曲程度得到纠正
孔呈多棱形	1. 钻床主轴振摆太大 2. 钻孔不圆，使铰孔时铰刀发生弹跳现象 3. 铰刀切削刃不锋利或铰削余量太大，使铰削时发生“啃切”现象，发生振动而出现多棱形
表面粗糙度达不到要求	1. 铰刀偏摆过大 2. 铰削余量太大或太小 3. 切削液不足或选择不当 4. 铰削完成后，反转退刀 5. 手铰时，铰刀旋转不稳 6. 切削速度太高，以致产生积屑瘤 7. 切削刃上粘有积屑瘤，容屑槽内切屑粘附过多 8. 铰刀刃口不锋利或有崩刃，铰刀切削部分和修整部分不完整

扩展知识

孔加工常用的切削液供液方法有浇注法和高压内冷却法两种。浇注法最为简单，但供液效果差，且切削液消耗量大。高压内冷却法多用于油孔钻、深孔钻、喷吸钻、套料刀和单刃镗铰刀等孔加工刀具上，需在刀具上加工出高压内冷却的供液（油）通道孔，油气混合物通过此通道被输送到切削区，此法消耗的切削液用量少，但刀具结构较复杂。目前，随着刀具制造技术的进步，国内外各刀具公司已推出了各种带高压内冷却供液（油）通道孔的新品刀具，为采用内冷却法创造了条件。例如，ISCAR公司推出的包括DR、DZ和DS系列的机夹硬质合金可转位刀片浅孔钻，德国MAPAL公司的涂层硬质合金单刃铰刀（切削速度高达150～400m/min），日本三菱公司的硬质合金小钻头等，它们都有提供通向射流应用区域的高压切削液通道孔，并且规格越来越小。目前生产的硬质合金小钻头，其直径可小到3～4.5mm，油孔直径为0.4～0.6mm。

思考与练习

1. 麻花钻由哪几部分组成？各部分的主要作用是什么？
2. 标准麻花钻有哪些缺点？
3. 钻孔时应如何选用切削液？
4. 扩孔有哪些特点？
5. 简述锪孔钻的种类和用途。
6. 铰刀由哪几部分组成？各部分的主要作用是什么？

7

单元七　综合练习一

知识目标：

1. 掌握具有对称度要求工件的划线方法；
2. 掌握不同形体的锉配方法；
3. 了解影响锉配精度的因素。

技能目标：

1. 熟练掌握千分尺的使用；
2. 掌握锉配工、量、辅具的正确使用和修整方法；
3. 能自制和使用角度样板对工件进行测量；
4. 掌握锉配误差的检验和修正方法。

任务一　锉配凹凸体

任务描述

锉配凹凸体工件，如图 7-1 所示。

任务分析

1）掌握具有对称度要求工件的划线。

2）正确使用和保养千分尺。

3）初步掌握具有对称度要求工件的加工和测量方法。

4）熟练掌握锯、锉、钻的技能，并达到一定的加工精度要求。

相关知识

1. 对称度概念

（1）对称度误差　对称度误差是指被测表面的对称平面与基准表面的对称平面间的最大偏移距离 Δ，如图 7-2 所示。

（2）对称度公差带　对称度公差带是指相对基准中心平面对称配置的两个平行平面之间的区域，两平行面距离即为公差值，如图 7-3 所示。

2. 对称度的测量

（1）对称度测量方法　测量被测表面与基准表面的尺寸 A 和 B，其差值之半即为对称度误差值，如图 7-4 所示。

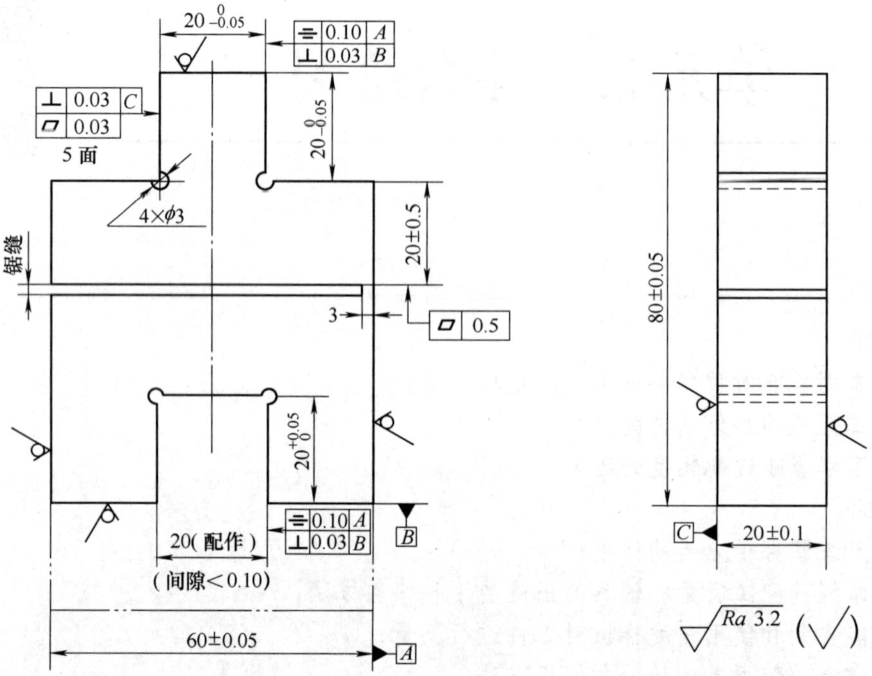

图 7-1　锉配凹凸体工件

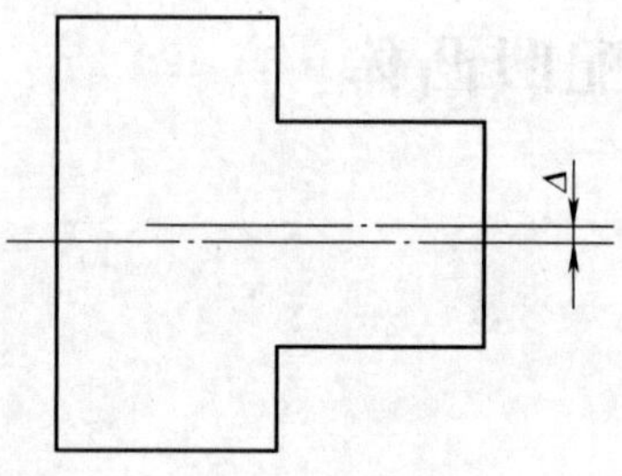

图 7-2　对称度误差

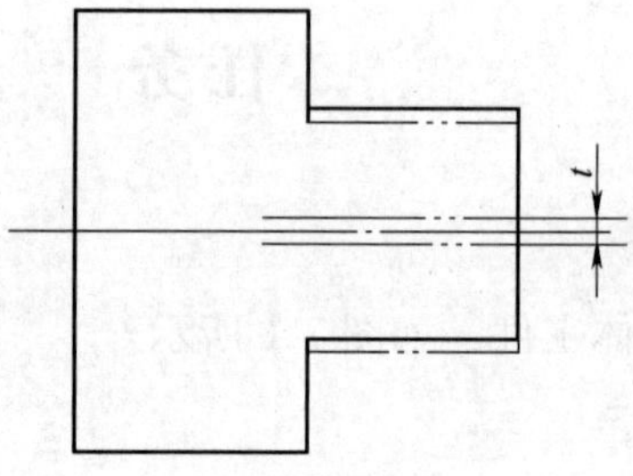

图 7-3　对称度公差带

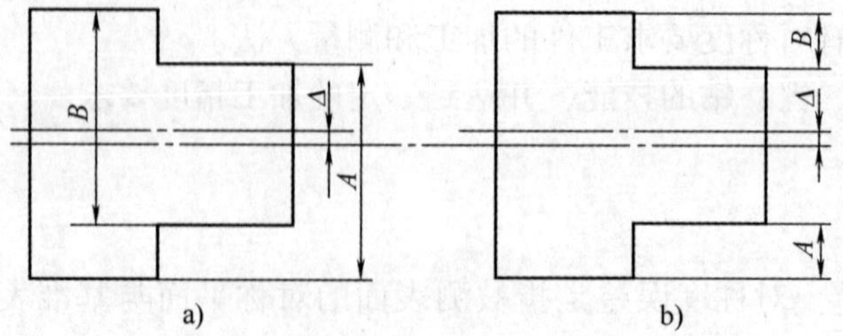

a)　　　b)

图 7-4　对称度测量

（2）对称形体工件的划线　对于平面对称工件的划线，应在形成对称中心平面的两个基准面精加工后进行。划线基准与两基准面重合，划线尺寸则按两个对称基准平面间的实际尺寸及对称要素的要求尺寸计算得出。

（3）对称度误差对转位互换精度的影响　如图 7-5 所示，当凹、凸件都有对称度误差 0.05mm，且在一个同方向位置配合达到间隙要求后，得到两侧面平齐，而转位 180°配合，就会产生两基准面偏位误差，其总值为 0.10mm。

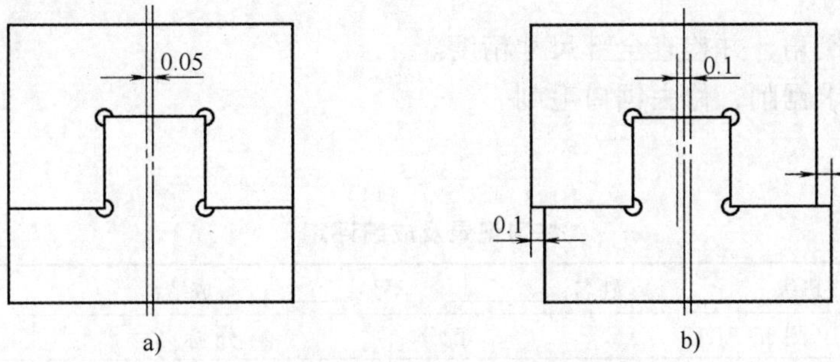

图 7-5　对称度误差对转位互换精度的影响
a）同方向位置配合　b）转位后的配合

任务准备

1）工具：350mm 粗齿平锉、300mm 中齿平锉、250mm 细齿平锉、200mm 细齿平锉、200mm 中齿圆锉、200mm 细齿圆锉、整形锉、划针、锤子、样冲、ϕ3mm 麻花钻锯弓。

2）量具：钢直尺、0～25mm 外径千分尺、游标卡尺、游标高度尺、直角尺、刀口形直尺、塞尺。

3）辅具：毛刷、紫色水、钢丝刷、粉笔。

4）材料：45 钢　82mm×62mm×22mm　1 件。

任务实施

1）按图样要求锉削好外轮廓基准面，达到尺寸 60mm±0.05mm、80mm±0.05mm 及垂直度和平行度要求。

2）按要求划出凹凸体加工线，检查无误后钻 4×ϕ3mm 工艺孔。

3）加工凸形面。

① 按划线锯去垂直一角，粗、细锉两垂直面。根据 80mm 的实际尺寸，通过控制 60mm 的尺寸误差值来保证高度方向的尺寸达到$20_{-0.05}^{0}$mm 的要求，方法是将该处的尺寸控制在 80mm 的实际尺寸减去$20_{-0.05}^{0}$mm 的范围内。

凸件宽度方向的尺寸控制方法是将该处的尺寸控制在 1/2×60mm 的实际尺寸加$10_{-0.05}^{+0.025}$mm的范围内，从而保证在取得宽度尺寸$20_{-0.05}^{0}$mm 同时，又能保证其对称度误差在 0.1mm 内。

② 按划线锯去另一垂直角，用上述方法来保证凸件高度方向的$20_{-0.05}^{0}$mm 尺寸，凸形面的尺寸$20_{-0.05}^{0}$mm 可直接测量。

4）加工凹形面。

① 用钻头钻出排孔，用锯削和錾削的方法去除凹形面的多余部分，然后粗锉至所划加工线。

② 细锉凹形顶端面，按步骤 3）的方法来保证达到与凸形件在高度方向的配合精度

要求。

③ 细锉两侧垂直面，两面同样根据外形 60mm 和凸形面 20mm 的实际尺寸，通过控制 20mm 的尺寸误差值来保证达到与凸形面在宽度方向的配合精度要求，同时也能保证其对称度精度在 0.1mm 内。

5）全部锐边倒角，并检查全部尺寸精度。

6）按图样要求锯削，修去锯口毛刺。

检查评议

练习记录及成绩评定

班级：________ 姓名：________ 学号：________ 成绩：________

序号	测量项目	配分	配分标准	测量结果	得分
1	尺寸要求（$20_{-0.05}^{0}$）mm（2 处）	20	每一处 10 分，超差不得分		
2	锯削尺寸要求（20±0.5）mm	10	超差不得分		
3	锯削面平面度 0.5mm	10	超差不得分		
4	配合间隙 <0.10mm（5 处）	30	每一处 6 分，超差不得分		
5	配合后对称度 0.10mm	10	超差不得分		
6	配合面表面粗糙度 $Ra \leqslant 3.2\mu m$（10 面）	20	每一面 2 分，超差不得分		
7	文明生产与安全生产		违规每次扣 5 分		
8	时间定额 10h		每超额 30min 扣 5 分		

问题及防治

1）为了能对凸、凹形的对称度进行控制，宽度方向 60mm 的实际尺寸必须测量准确，并应取其各点实测值的平均数值。

2）由于受测量工具的限制，只能采用间接测量法得到所需要的尺寸公差。因此在凸形面加工时，只能先锯掉一垂直角料，待加工至所要求的尺寸公差后，才能锯掉另一垂直角料。

3）当锉配件不允许直接锉配时，就必须认真控制凸、凹件的尺寸误差，用间接控制尺寸的方法来达到互配件的间隙要求。

4）为达到配合后转位互换精度，在凸、凹形面加工时，必须控制垂直度误差（包括与大平面 *B* 的垂直）在最小的范围内。如图 7-6 所示，由于凸、凹形面没有控制好垂直度，互换配合后就出现了很大的间隙。

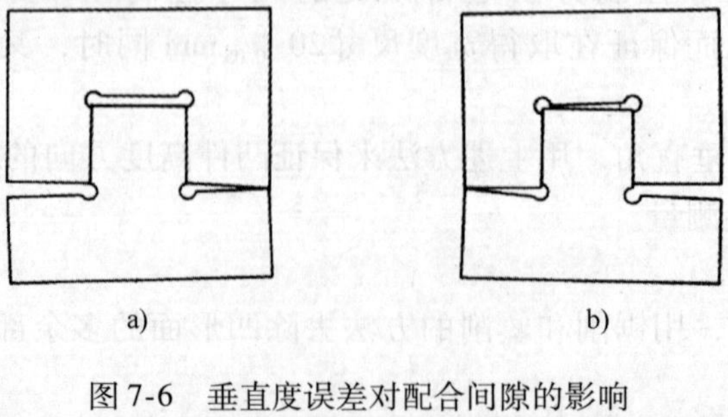

a) b)

图 7-6 垂直度误差对配合间隙的影响

a）凸形面垂直度误差产生的间隙 b）凹形面垂直度误差产生的间隙

扩展知识

1）采用间接测量方法来保证20mm凸形面的对称度要求，必须控制有关工艺尺寸。图7-7a所示为凸形件的最大与最小尺寸；图7-7b所示为在最大控制尺寸下，取得的最小尺寸19.95mm，此时对称度误差最大左偏值为0.05mm；图7-7c所示为在最小控制尺寸下，取得的最大尺寸20mm，此时对称度误差最大右偏值为0.05mm。

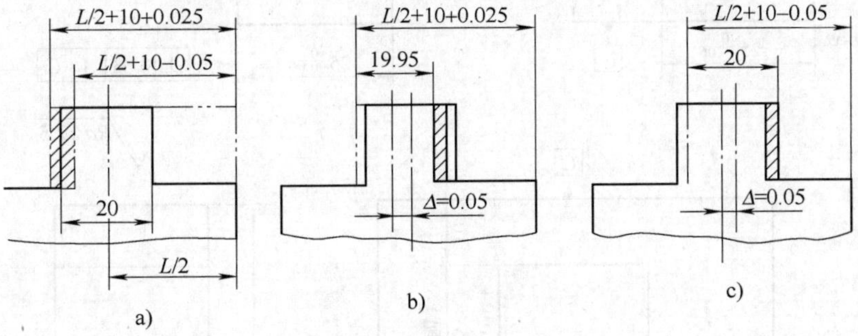

图7-7　间接控制时的尺寸

2）在加工垂直面时，要防止锉刀侧面碰坏另一垂直侧面，因此必须将锉刀一侧在砂轮上进行修磨，并使其与锉刀面夹角略小于90°，刃磨后最好用油石磨光。

任务二　锉配四方体

任务描述

锉配四方体工件，如图7-8所示。

任务分析

1）掌握四方体锉配的方法。

2）了解影响锉配精度的因素并掌握锉配误差的检验和修正方法。

3）掌握锉配工、刃具的正确使用和修整方法。

任务准备

1）工具：350mm粗齿平锉、300mm中齿平锉、250mm细齿平锉、200mm细齿平锉、整形锉、划针、样冲、锤子、各尺寸麻花钻、扁冲錾、锯弓。

2）量具：钢直尺、0～25mm外径千分尺、游标卡尺、游标高度尺、直角尺、刀口形直尺、塞尺。

3）辅具：毛刷、紫色水、红丹油、钢丝刷、粉笔。

4）材料：45钢　67mm×87mm×25mm、27mm×27mm×27mm　各1件。

相关知识

1. 四方体锉配方法

1）先锉外四方体至尺寸要求，然后锉配内四方体。锉配内四方体时，为便于控制尺

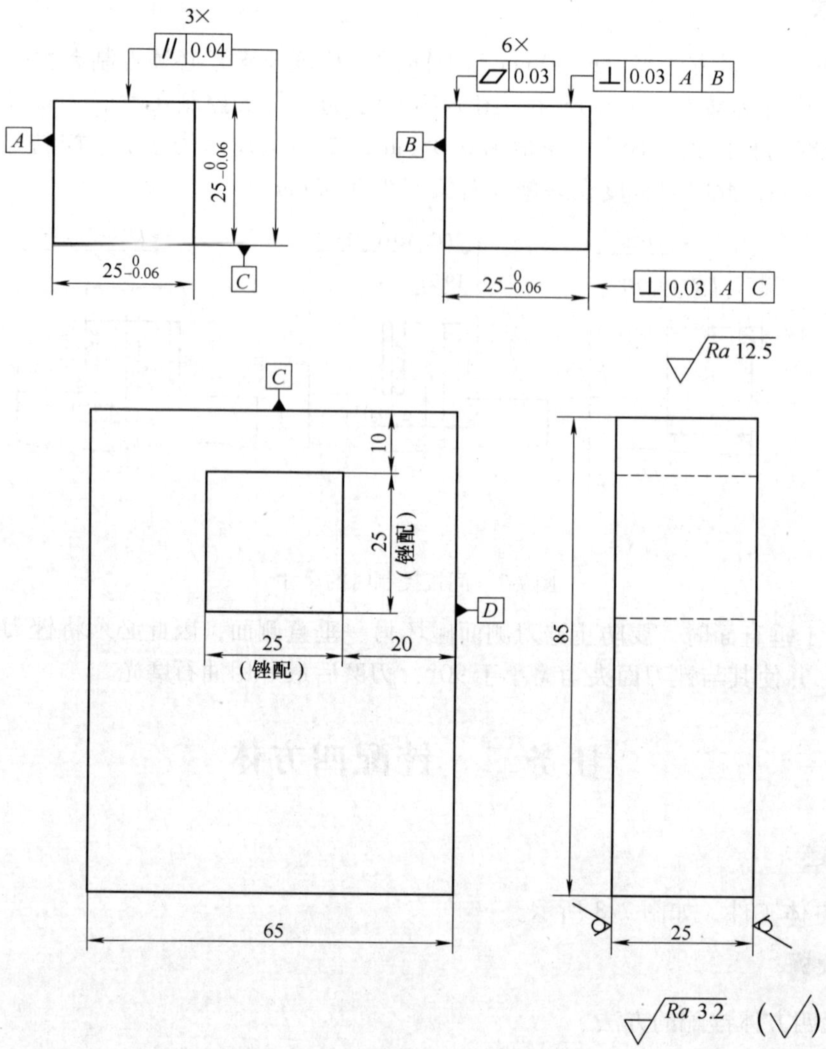

图 7-8　四方体锉配

寸，应按图样要求选择有关的垂直外形面作为测量基准，锉配前首先必须保证所选定基准面的精度。

2）加工过程中内四方体各表面之间的垂直度，可采用图 7-9 所示的自制量角样板检验，此样板还可用于检查内表面直线度。

3）在内四方体锉削中，为获得内棱清角，必须修磨好锉刀边，锉削时应使锉刀略小于 90° 的一边紧靠内棱角进行直锉。

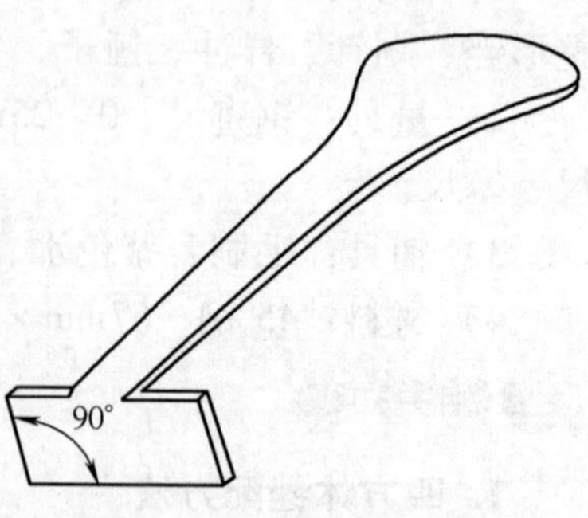

图 7-9　内直角量角样板

任务实施

1）按图样要求，加工四方体六个面，达到尺寸、平面度、平行度、垂直度要求，加工步骤可参照单元三中的正方体的锉削方法。

2）锉配内四方体

① 修整外形基准面 C、D，使其互相垂直并与大平面垂直。

② 以 C、D 两面为基准，按图样尺寸划线，并用加工好的四方体校核所划线条的正确性。

③ 钻排孔，用扁冲錾沿四周錾去余料，如图 7-10 所示，然后用方锉粗锉余量，每边留 0.1～0.2mm 作为细锉余量。

④ 细锉第一面（可取靠近平行于外形基准 C 面的面），锉至接触划线线条，达到平面纵横平直，并与 C 面平行及与大平面垂直。

⑤ 细锉第二面（第一面的对面），达到与第一面平行，尺寸 25mm 则可用四方体按图 7-11所示方法进行试配，应使其较紧地塞入，以留有修整余量。

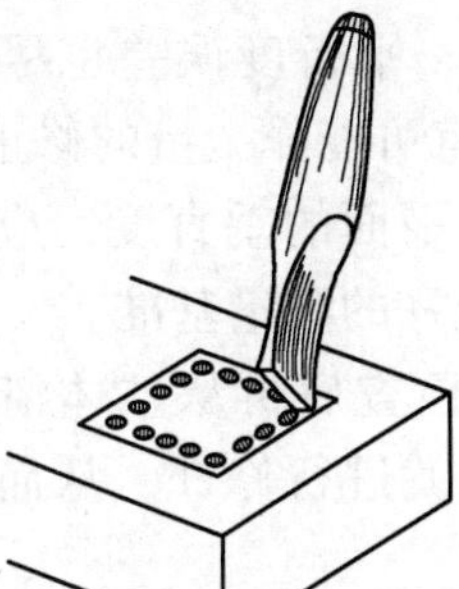

图 7-10　用扁冲錾錾去余料

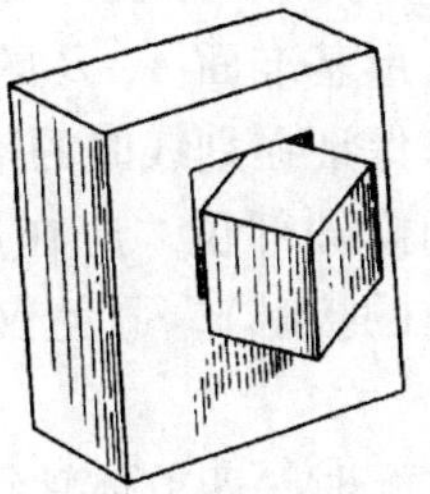

图 7-11　试配的方法

⑥ 细锉第三面（靠近平行于外形基准 D 面的面），锉至接触划线线条，达到平面纵横平直，并与 D 面平行及与大平面垂直，最后用自制角度样板检查修整，达到与第一、二面的垂直度和清角的要求。

⑦ 细锉第四面，达到与第三面平行，用四方体试配，使其较紧地塞入。

⑧ 精锉修整各面，即用四方体认向锉配，用透光法检查接触部位，进行修整。当四方体塞入后，采用透光法和涂色法相结合的方法检查接触部位，然后逐步修锉以达到配合要求。最后做转位互换的修整，达到转位互换的要求，用手将四方体推出和推进应无阻滞。

⑨ 各锐边去毛刺、倒棱，检查配合精度，最大间隙处用 0.1mm 塞尺塞入配合面检查，其塞入深度不得超过 12mm。

检查评议

练习记录及成绩评定

班级：________　姓名：________　学号：________　成绩：________

序号	测量项目		配分	配分标准	测量结果	得分
1	凸件	尺寸：$25_{-0.06}^{\ 0}$mm（3 处）	20	符合要求得分		
2		平面度 0.03mm（4 处）	10	符合要求得分		
3		平行度 0.04mm（2 处）	8	符合要求得分		
4		垂直度 0.03mm（2 处）	8	符合要求得分		

（续）

序号	测量项目		配分	配分标准	测量结果	得分
5	凸件	表面粗糙度 $Ra \leq 3.2\mu m$（4 处）	10	符合要求得分		
		清角（4 处）	4	符合要求得分		
	配合	换向配合间隙≤0.10mm（2 处）	30	符合要求得分		
	工、量、辅具摆放合理		10	符合要求得分		
	安全操作			违反一次扣 5 分		

问题及防治

1）锉配件的划线要准确，线条要细而清晰，两端线条必须一次性划出。

2）为得到转位互换的配合精度，基准四方体的 3 个尺寸误差值尽可能控制在最小范围内（必须控制在配合间隙的 1/2 范围内），其垂直度、平行度误差也尽量控制在最小范围内，并且要求将尺寸加工为最大极限尺寸，使锉配时有可能作微量的修正。

3）锉配件外形基准面 *A*、*B* 的相互垂直度及与大平面的垂直度，应控制在较小差值内（<0.02mm），以保证在划线时的准确性和锉配时有较好的测量基准。

4）锉配时的修锉部位，应在用透光法与涂色法检查后再从整体情况考虑，合理确定（特别要注意四角的接触），避免仅根据局部试配情况就进行修锉，从而造成配合面局部出现过大间隙。

5）当整体试配时，四方体轴线必须垂直于锉配件的大平面，否则不能反映正确的修整部位。

6）注意内四方的清角，防止锉成圆角或锉坏相邻面。

7）在试配过程中，不能用榔头敲击，退出时也不能直接用榔头或硬金属敲击，防止将配锉面咬毛或将锉配工件敲毛。

扩展知识

四方体的形体误差对锉配的影响如下：

1）当四方体各边尺寸出现误差，如配合面的一处加工为 25mm，另一处加工为 24.95mm，且在一个位置锉配后取得零间隙，则转位 90°作配入修整后，配合面之间将引起间隙扩大，其值为 0.05mm，如图 7-12a 所示。

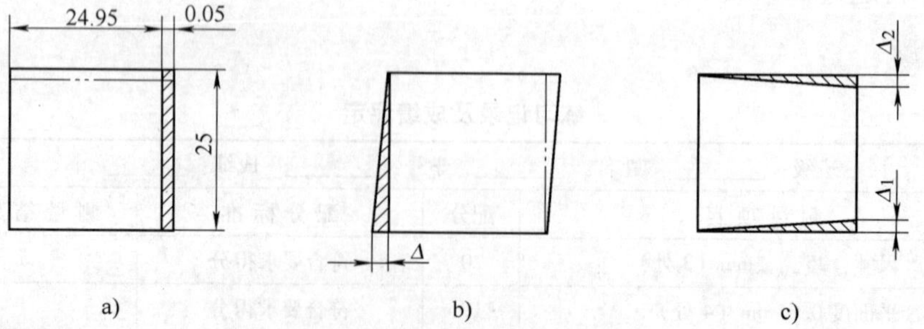

图 7-12　基准件误差对锉配精度的影响

a）等边尺寸误差转位后的扩大间隙　b）垂直度误差转位后的扩大间隙　c）平行度误差转位后的扩大间隙

2）当四方体的一面有垂直度误差，且在一个位置锉配后取得零间隙，则在转位 180°作配入修整后，则会产生附加间隙 Δ，将使四方形成为平行四边形，如图 7-12b 所示。

3）当四方体有平行度误差，且在一个位置锉配后取得零间隙，则在转位 180°作配入修整后，使四方体小尺寸一处产生配合间隙 Δ_1 和 Δ_2，如图 7-12c 所示。

4）当四方体有平面误差，配合后则会产生喇叭口。

任务三 锉配六方体

任务描述

锉配六方体工件，如图 7-13 所示。

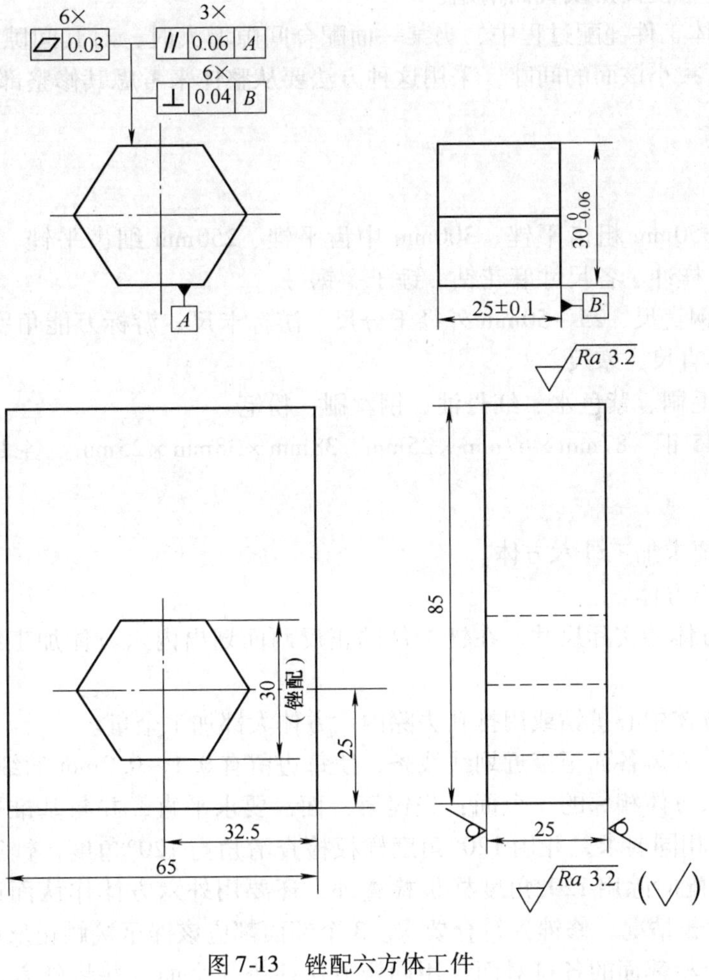

图 7-13 锉配六方体工件

任务分析

1）掌握六方体工件的锉配方法，达到配合精度要求。

2）能自制和使用专用角度样板（120°内、外角度样板）对工件进行正确的测量。

相关知识

六方体锉配时须注意以下几个方面的内容：

1）要使锉配的内、外六方体能转位互换，达到配合精度，其关键在于外六方体要加工得准确，不但边长相等，而且各个尺寸和角度的误差也要控制在最小范围内。

2）锉削外六方体时可使用游标万能角度尺进行测量，而锉削内六方体时则只能使用图 7-14 所示的内外 120°角度样板及外六方体进行检测，锉配时可先用外六方体的对面进行试配，最后再作整体修锉配入。

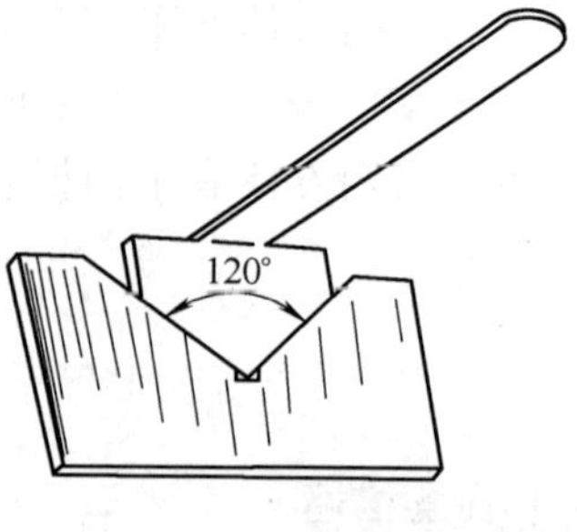

图 7-14　内、外 120°量角样板

3）内六方体棱线的直线度控制方法与四方体相同，必须用板锉仔细锉直，使棱角线直而清晰。

4）在六方体工件锉配过程中，当某一面配合间隙增大时，对其间隙面的两个邻面可作适当修整，即可减小该面的间隙，采用这种方法要从整体来考虑其修整部位和余量，不可贸然动手。

任务准备

1）工具：350mm 粗齿平锉、300mm 中齿平锉、250mm 细齿平锉、200mm 细齿平锉、整形锉、划针、样冲、各尺寸麻花钻、锤子、锯弓。

2）量具：钢直尺、25～50mm 外径千分尺、游标卡尺、游标万能角度尺、游标高度尺、直角尺、刀口形直尺、塞尺。

3）辅具：毛刷、紫色水、红丹油、钢丝刷、粉笔。

4）材料：45 钢　87mm×67mm×25mm、38mm×38mm×25mm　各 1 件。

任务实施

1）按图样要求加工外六方体。

2）锉配内六方体。

① 按外六方体的实际尺寸，在锉配件的正反两面划出内六方体加工线，并用外六方体校核。

② 在内六方体中心扩钻或用排孔去除内六方体大部加工余量。

③ 粗锉内六方体各面至接近划线线条，使每边留有 0.1～0.2mm 的细锉余量。

④ 细锉内六方体相邻的 3 个面：先锉第一面，要求平直，并与基准平面垂直；锉第二面达到与第一面相同要求，并用 120°角度样板检查清角与 120°角度；锉第三面也要达到上述相同要求。锉配时除用 120°角度样板检查外，还要用外六方体作认面试配，检查 3 个面的 120°角度和边长情况，修锉到符合要求。3 个邻面都应该锉至接触正反两面的划线线条。

⑤ 细锉 3 个相邻面的各自对面，用同样方法检查 3 个面，并将外六方体的 3 组面用内六方体的正反两面试配，使其达到均能较紧地塞入。

⑥ 用外六方体作认面整体试配，利用透光法和涂色法来检查和精修各面，使外六角体配入后达到透光均匀，推进推出平滑自如，最后作转位试配，用涂色法修整，使其达到互换配合要求。

⑦ 各棱边均匀倒钝，全部复查。

检查评议

练习记录及成绩评定

班级：________ 姓名：________ 学号：________ 成绩：________

序号	测量项目		单次配分	配分标准	测量结果	得分
1	外六角	尺寸：$30_{-0.06}^{0}$mm（3处）	3	符合要求得分		
2		30mm尺寸差不大于0.06mm（3处）	5	符合要求得分		
3		平面度0.03mm（6面）	2	符合要求得分		
4		表面粗糙度 $Ra \leqslant 3.2\mu m$（6面）	1	符合要求得分		
5	锉配	间隙 <0.08mm（6面）	4	符合要求得分		
6		喇叭口 <0.14mm（6面）	2	符合要求得分		
7		角清晰（6角）	1	符合要求得分		
8		表面粗糙度 $Ra \leqslant 3.2\mu m$（6面）	1	符合要求得分		
9		转位互换精度	10	符合要求得分		
10	其他	文明生产与安全生产		违者每次扣5分		
11	时间定额			超额每30min扣5分		

问题及防治

1）为使配合体推进推出平滑自如，必须做到六方体六面与端面垂直度在公差范围内。

2）为达到转位互换配合精度，外六方体各项目的加工误差要尽量控制在最小公差范围内。

3）在对内六方体进行清角时，锉刀推出要慢而稳，紧靠邻边直锉，以防锉坏邻面或锉成圆角。

4）锉配时应认面定向进行，故必须做好标记。为取得转位互换配合精度，不能轻易修整外六方体。当外六方体必须修整时，应对其进行准确测量，找出误差后，加以适当修整。

扩展知识

（1）在圆料工件上划六方体　在圆料工件上划六方体的方法是将其放置在V形铁上，调整游标高度尺至圆柱形工件中心位置，划出图7-15a所示中心线，并记下游标高度尺的数值，按六方体的对边距离，调整游标高度尺划出图7-15b所示与中心线平行的六方体两对边线，然后按图7-15c所示顺次连接圆上各交点即可。

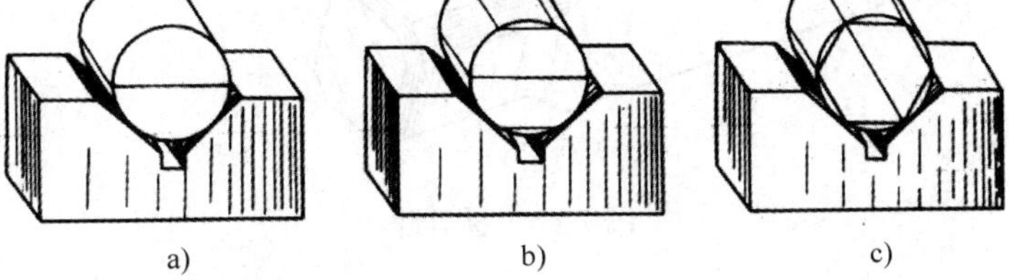

a)　　b)　　c)

图7-15　在ϕ34.64mm的圆柱体上划对边30mm的内接正六角形

（2）在直角形工件上划六方体　分别以互相垂直的基准面 *A*、*B* 作为划线基准，按给定尺寸用游标高度尺划出 6 个顶点，然后连接各交点即可，如图 7-16 所示。

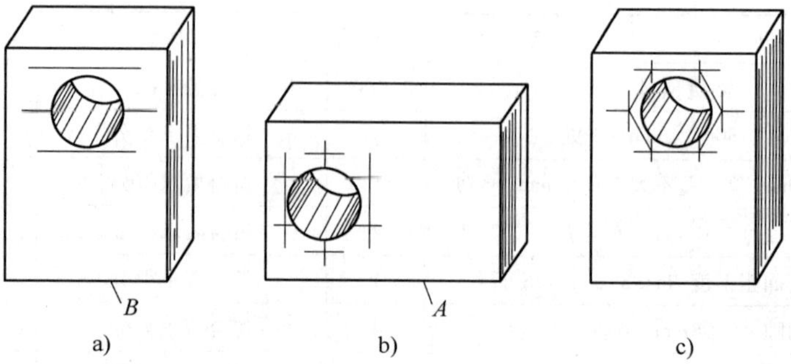

图 7-16　在直角工件上划六方体

任务四　制作錾口锤子

任务描述

錾口锤子工件如图 7-17 所示。

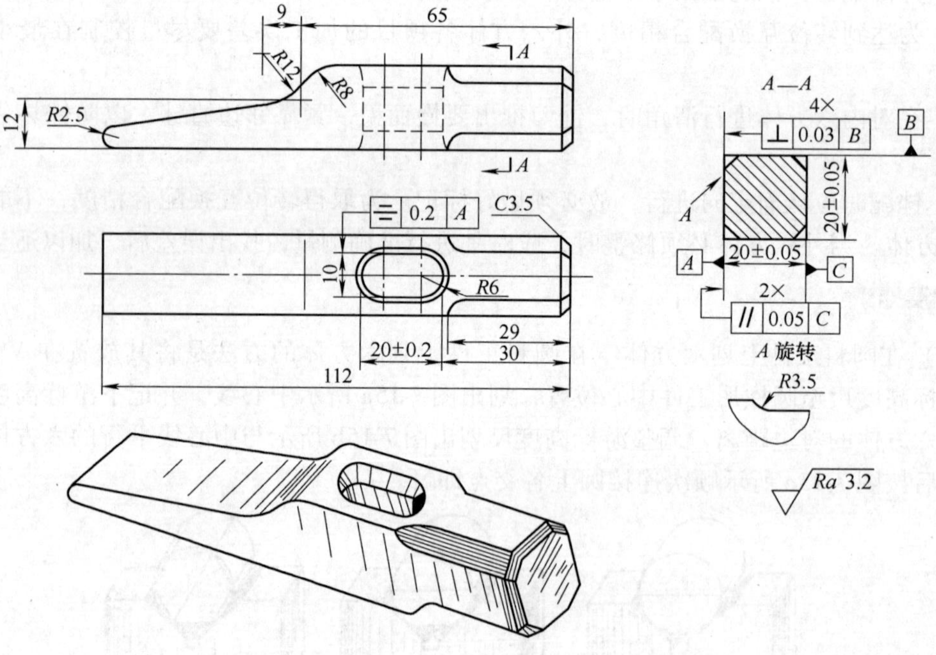

图 7-17　錾口锤子

任务分析

1）掌握锉腰形孔及内外圆弧面连接的方法，要求连接圆滑，位置及尺寸正确。

2）提高推锉技能，达到纹理齐整、表面光洁。

3）通过本任务的训练，对各种基本技能进行进一步强化，熟练掌握工件各型面的加工步骤、工具的使用方法及有关测量方法。

相关知识

平面与曲面连接时，一般情况下，应先加工平面，后加工曲面，这样能使曲面与平面的连接比较圆滑。平面与内圆弧面连接时，如果先加工曲面后加工平面，则在加工平面时，由于锉刀侧面无依靠而容易产生左右移动，损伤已加工的曲面，此外连接处也不易锉得圆滑；平面与外圆弧面连接时，如果先加工曲面后加工平面，则圆弧不能与平面很好地相切。

任务准备

1）工具：300mm 粗齿平锉、250mm 中齿平锉、200mm 细齿平锉、150mm 细齿平锉、200mm 中齿圆锉、100mm 细齿圆锉、200mm 中齿半圆锉、100mm 细齿半圆锉、整形锉、划针、样冲、锤子、锯弓，ϕ9mm、ϕ7mm 及 ϕ5mm 麻花钻。

2）量具：钢直尺、游标卡尺、游标高度尺、划规、刀口形直尺、塞尺、$R1 \sim R6.5$mm 半径样板、自制 $R45$mm 半径样板。

3）辅具：毛刷、紫色水、钢丝刷、粉笔、砂布。

4）材料：45 钢　22mm × 22mm × 115mm　1 件。

任务实施

1）检查毛坯尺寸。

2）将毛坯锉成边长为 20mm × 20mm 长方体。

3）以一长面为基准锉其中一端面，达到基本垂直，表面粗糙度 $Ra \leqslant 3.2\mu m$。

4）以一长面及端面为基准，按图样要求划出形体加工线（两面同时划出），并按图样尺寸划出 4 × $C3.5$mm 倒角加工线。

5）锉 4 × $C3.5$mm 倒角达到要求。方法是先用圆锉粗锉出 $R3.5$mm 圆弧，然后分别用粗、细平锉粗、细锉倒角，再用圆锉细加工 $R3.5$mm 圆弧，最后用推锉法修整，并用砂布打光。

6）按图划出腰形孔加工线及钻孔检查线，并用 ϕ9.7mm 钻头钻孔。

7）用圆锉锉通两孔后再用圆锉、150mm 平锉按图样要求锉好腰形孔。

8）按划线在 $R12$mm 处钻 ϕ5mm 孔，然后用手锯按加工线锯去多余部分，为保证加工质量，此处要留有足够的锉削余量。

9）用半圆锉按线粗锉 $R12$mm 内圆弧面，用平锉粗锉斜面与 $R8$mm 圆弧面至划线线条，然后用细平锉细锉斜面，用半圆锉细锉 $R12$mm 内圆弧面，再用细平锉细锉 $R8$mm 外圆弧面，最后用细平锉及半圆锉使用推锉方法进行修整，达到各型面连接圆滑、光洁、纹理齐整。

10）锉 $R2.5$mm 圆头，并保证工件总长 112mm。

11）八角端部棱边倒角 $C3.5$mm。

12）用砂布将各加工面全部打光，交件待验。

13）待工件检验后，再将腰形孔各面倒出 1mm 弧形喇叭口，20mm 端面锉成略凸弧面，然后将工件两端热处理淬硬。

检查评议

练习记录及成绩评定

班级：________ 姓名：________ 学号：________ 成绩：________

项次	项目与技术要求	实测记录	单次配分	得分
1	尺寸要求（20±0.05）mm（2处）		4	
2	平行度0.05mm（2处）		3	
3	垂直度0.03mm（4处）		3	
4	*C*3.5mm倒角尺寸正确（4处）		3	
5	*R*3.5mm内圆弧连接圆滑，尖端无塌角（4处）		3	
6	*R*1200mm与*R*8mm圆弧面连接圆滑		14	
7	舌部斜面平直度0.03mm		10	
8	腰孔长度要求（20±0.2）mm		10	
9	腰形孔对称度0.2mm		8	
10	*R*2.5mm圆弧面圆滑		8	
11	倒角均匀、各棱线清晰		每一棱线不合要求扣1分	
12	表面粗糙度$Ra \leqslant 3.2\mu m$，纹理齐整		每一面不合要求扣1分	
13	文明生产与安全生产		违者每次扣2分	
14	时间定额16h	开始时间 结束时间 实际工时	每超额1h扣5分	

问题及防治

1）用$\phi 9.7$mm钻头钻孔时，要求钻孔位置正确，钻孔孔径没有明显扩大，以免造成加工余量不足，影响腰形孔的正确加工。

2）锉削腰形孔时，应先锉两侧平面，后锉两端圆弧面。在锉平面时要注意控制好锉刀的横向移动，防止锉坏两端孔面。

3）加工四角*R*3.5mm凹圆弧时，横向锉要锉准锉光，这样推光就容易了，且圆弧尖角处也不易塌角。

4）在加工*R*12mm与*R*8mm内外圆弧面时，横向必须平直，并与侧平面垂直，才能使弧面连接正确、外形美观。

扩展知识

錾口锤子的划线是一种比较典型的立体划线，其划线步骤如下：

1）熟悉图样，详细分析工件上需要划线的部位；明确工件及其有关划线部分的作用和要求；了解有关的加工工艺。

2）选定划线基准。

3）根据图样，检查毛坯工件是否符合要求。
4）清理工件后，涂色。
5）恰当地选用工具和正确安放工件。
6）划线。
7）对图形、尺寸复检核对，详细检查划线的准确性以及是否有线条漏划。
8）在线条上及孔中心打上必要的冲眼。

单元八　螺纹加工

8

知识目标：

1. 了解螺纹的种类；
2. 了解螺纹加工使用的工具。

技能目标：

1. 掌握攻螺纹底孔直径和套螺纹圆杆直径的计算方法；
2. 掌握攻螺纹和套螺纹的加工方法；
3. 掌握攻螺纹和套螺纹加工过程中常见问题产生的原因及防止方法。

课题一　螺纹基本知识

一、螺纹种类

（1）按标准分类　螺纹按标准可分为标准螺纹、特殊螺纹和非标准螺纹。

（2）按用途分类　螺纹按用途可分为连接螺纹和传动螺纹。

（3）按螺距分类　螺纹按螺距可分为粗牙螺纹和细牙螺纹。

（4）按螺纹位置分类　按螺纹在工件的内外位置可分为外螺纹和内螺纹。

（5）按牙型分类　螺纹按牙型可分为三角形螺纹、矩形螺纹、梯形螺纹、圆形螺纹和锯齿形螺纹等。

（6）按旋向分类　螺纹按螺旋线的旋向可分为右旋螺纹和左旋螺纹。

（7）按线数分类　按螺旋线的线数可分为单线螺纹和多线螺纹。

二、螺纹的加工

螺纹加工的方法多种多样，一般比较精密的螺纹都需要在车床或专用机床上加工，而钳工主要是使用手工方法进行直径不大的管螺纹的加工。加工内螺纹的操作称为攻螺纹，加工外螺纹的操作称为套螺纹。

常用的米制螺纹也叫普通螺纹，螺纹牙型角为60°，分粗牙普通螺纹和细牙普通螺纹两种。粗牙螺纹主要用于连接；细牙螺纹由于螺距小，螺旋升角小，自锁性好，除用于承受冲击、振动或变载的连接外，还用于调整机构。表8-1所列为部分普通螺纹公称直径与螺距。

表8-1　普通螺纹直径与螺距（GB/T 193—2003）　（单位：mm）

公称直径 D、d			螺距 P	
第一系列	第二系列	第三系列	粗牙	细牙
4			0.7	0.5
5			0.8	
6		7	1	0.75、0.5
8			1.25	1、0.75、(0.5)
10			1.5	1.25、1、0.75、(0.5)
12			1.75	1.5、1.25、1、(0.75)、(0.5)
	14		2	1.5、(1.25)、1、(0.75)、(0.5)
		15		1.5、(1)
16			2	1.5、1、(0.75)、(0.5)
20	18		2.5	2、1.5、1、(0.75)、(0.5)
24			3	2、1.5、1、(0.75)
		25		2、1.5、(1)
	27		3	2、1.5、1、(0.75)
30			3.5	(3)、2、1.5、1、(0.75)
36			4	3、2、1.5、(1)
		40		(3)、(2)、1.5
42	45		4.5	(4)、3.2、1.5、(1)
48			5	(4)、3、2、1.5、(1)
		50		(3)、(2)、1.5

注：1. 优先选用第一系列，其次是第二系列，第三系列尽可能不用。
2. 括号内尺寸尽可能不用。
3. M14×1.25仅用于火花塞。

课题二　攻　螺　纹

用丝锥在工件孔中切削出内螺纹的加工方法，称为攻螺纹。

一、攻螺纹的工具

1. 丝锥

（1）丝锥的结构　丝锥分手用丝锥和机用丝锥，钳工常用的手用丝锥如图8-1所示。

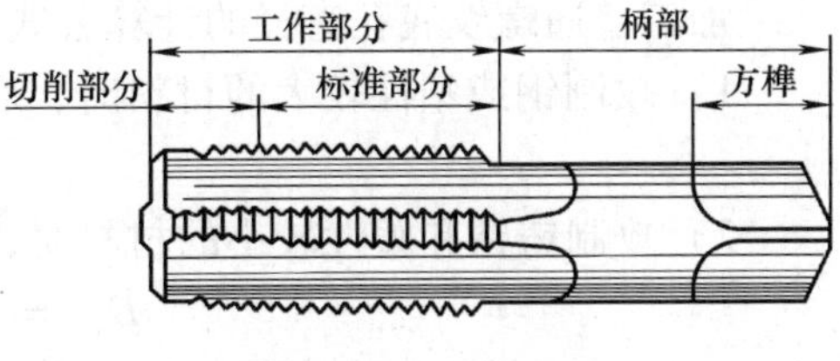

图8-1　手用丝锥

手用丝锥由柄部和工作部分组成，工作部分包括切削部分和校准部分。手用丝锥柄部上的方榫是攻螺纹时被夹持的部分，起传递扭矩的作用。丝锥沿轴向开有几条容屑槽，以形成切削部分锋利的切削刃，起主切削作用。前端磨出切削锥角，切削负荷分布在几个刀齿上，使切削省力，便于切入。丝锥校准部分有完整的牙型，用于修光和校准已切出的螺纹，并引导丝锥沿轴向进给。丝锥校准部分的大径、中径和小径均有（0.05～0.12）/100 的倒锥，以减小与螺孔的摩擦，减小所攻螺孔的扩张量。

为了制造和刃磨方便，丝锥上的容屑槽一般做成直槽，有些专用丝锥为了控制排屑方向，做成螺旋槽，例如加工不通孔螺纹，为使切屑向上排出，容屑槽做成右旋槽；加工通孔螺纹，为使切屑向下排出，容屑槽做成左旋槽。一般丝锥的容屑槽为 3～4 个。

（2）成组丝锥切削用量分配　为减少丝锥切削力和延长使用寿命，一般将整个切削工作量分配给几支丝锥来担任。通常 M6～M24 的丝锥每组有两支，M6 以下及 M24 以上的丝锥每组有三支。细牙螺纹丝锥两支为一组。

2. 铰杠

铰杠是手工攻螺纹时用来夹持丝锥的工具，分普通铰杠和丁字形铰杠两类，如图 8-2、图 8-3 所示。每类铰杠又有固定式和可调式两种。一般攻制 M5 以下的螺纹，宜采用固定式铰杠。可调式铰杠可以调节方孔尺寸，故应用范围较广。

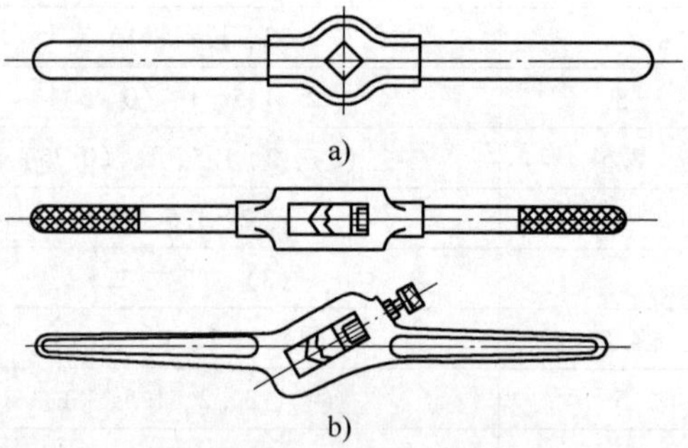

图 8-2　普通铰杠
a）固定式　b）可调式

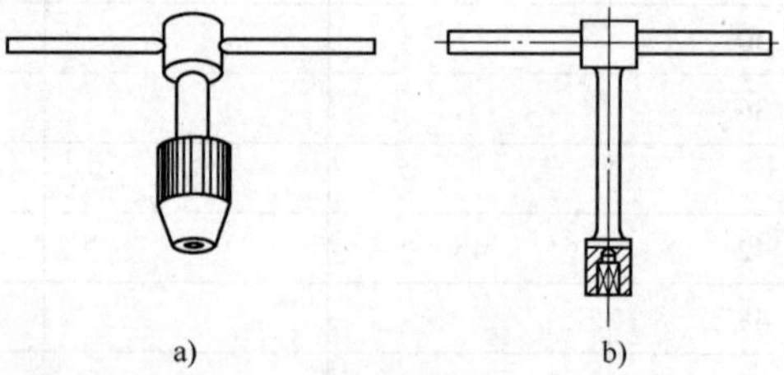

图 8-3　丁字铰杠
a）固定式　b）可调式

二、螺纹底孔直径的确定

攻螺纹时，丝锥在切削金属的同时，还对材料产生较强的挤压作用。如果螺纹牙型顶端与丝锥牙底之间没有足够的容屑空间，挤压出来的材料会将丝锥箍住，甚至折断丝锥，因此攻螺纹前的底孔直径（即钻孔直径）应稍大于螺纹标准中规定的螺纹小径。底孔直径的大小，要根据工件材料的塑性大小和钻孔的扩张量来考虑，使攻螺纹时既有足够的空隙来容纳被挤出的金属，又能保证加工出的螺纹具有完整的牙型。

加工普通螺纹底孔直径的计算公式如下：

1）攻制钢或塑性较大的材料时，底孔直径的计算公式为

$$D_{钻} = D - P$$

2）攻制铸铁和塑性较小的材料时，底孔直径的计算公式为

$$D_{钻} = D - (1.05 \sim 1.1)P$$

式中　$D_{钻}$——螺纹底孔直径，单位为 mm；

D——螺纹大径，单位为 mm；

P——螺距，单位为 mm。

3）攻不通孔螺纹时，由于丝锥切削部分有锥角，端部不能切出完整的螺纹牙型，所以钻孔深度要大于螺纹的有效长度。钻孔深度的计算公式为

$$H_{钻} = h_{有效} + 0.7D$$

式中　D——螺纹大径，单位为 mm；

$H_{钻}$——底孔深度，单位为 mm；

$h_{有效}$——螺纹有效深度，单位为 mm。

三、攻螺纹的方法

1）攻螺纹前先划线、钻底孔，并在螺纹底孔的孔口倒角，倒角直径可大于螺纹大径，通孔螺纹两端都要倒角，这样可使丝锥开始切削时容易切入，并可防止孔口被挤压出凸边，如图 8-4a 所示。

2）工件的装夹位置要正确，在开始攻螺纹时应尽量使螺孔中心线置于垂直或水平位置，以便于在攻螺纹时判断丝锥轴线是否与螺孔中心线同轴。

3）起攻时，要把丝锥放正在孔口上，用手掌按住铰杠中部，沿丝锥轴向施加压力，另一手配合并按顺时针方向旋进，如图 8-4b 所示；或两手握住铰杠两端均匀施加压力，并将丝锥缓慢旋进。起攻时要保证丝锥中心线与孔中心线同轴。

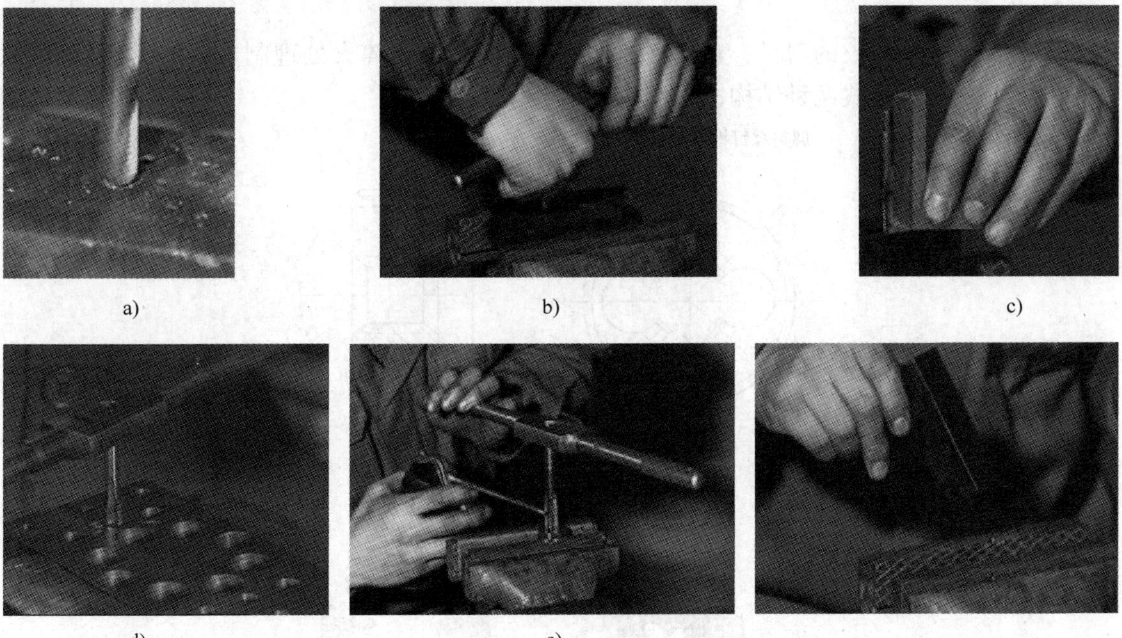

a)　b)　c)　d)　e)　f)

图 8-4　攻螺纹

a）孔口倒角　b）起攻螺纹　c）垂直度检验　d）倒转断屑

e）攻塑性材料加注切削液　f）攻不通孔退出丝锥排屑

4）当丝锥攻入1~2圈时，应及时从前后、左右两个方向用直角尺分别检查丝锥的垂直度，并不断校正，如图8-4c所示。

5）当丝锥的切削部分全部进入工件时，则不需再施加压力，而靠丝锥自然旋进切削。每顺向扳转铰杠1/2~1圈，就应倒转1/4~1/2圈，使切屑碎断后容易排除，并可减少切削刃因粘屑而将丝锥卡住的现象，如图8-4d所示。

6）用成组丝锥攻螺纹时，必须以头攻、二攻、三攻的顺序切削至标准尺寸。在较硬的材料上攻螺纹时，可用各丝锥轮换交替进行，以减小切削刃上的负荷，防止丝锥折断。

7）攻塑性材料的螺孔时，要加注切削液，以减少切削阻力和螺孔的表面粗糙度值，并延长丝锥的使用寿命，如图8-4e所示。

8）攻不通孔螺纹时，可在丝锥上做好深度标记，并经常退出丝锥，排出孔内的切屑，避免切屑阻塞使丝锥折断或达不到螺纹深度要求，如图8-4f所示。当工件不便倒向时，可用弯曲塑料吸管吹出或用磁铁吸出切屑。

课题三 套 螺 纹

套螺纹是用板牙在外圆柱面（或外圆锥面）上切削出外螺纹的加工方法。

一、套螺纹的工具

1. 板牙

板牙是加工外螺纹的刀具，它由高速钢或合金工具钢经淬火处理制成，如图8-5a所示。板牙有封闭式和开槽式两种结构，如图8-5b、c所示。

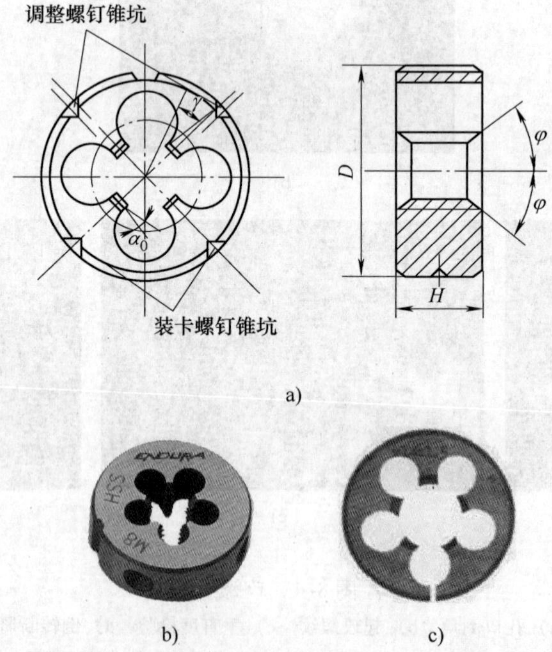

图8-5 板牙

a）板牙结构 b）封闭式板牙 c）开槽式板牙

板牙由切削部分、校准部分和排屑孔组成。它本身就像一个圆螺母，其上有由几个排屑孔形成的切削刃。板牙两端面都有切削部分，待一端磨损后，可换另一端使用。

2. 板牙架

板牙架是装夹板牙的工具，如图 8-6 所示。板牙放入后，用锁紧螺钉紧固。

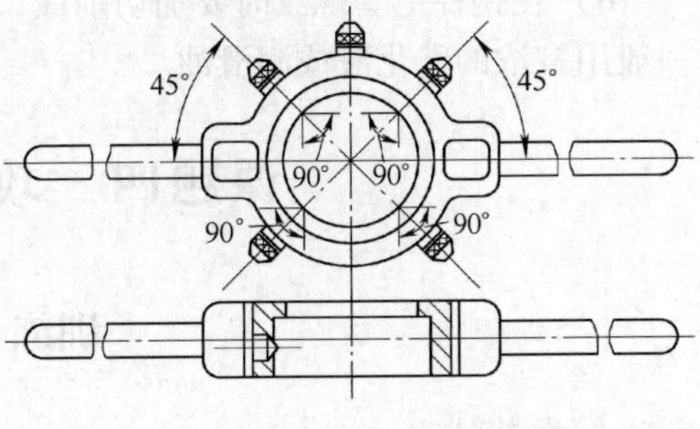

图 8-6　板牙架

二、套螺纹时圆杆直径的确定

用板牙在钢料上套外螺纹与攻螺纹一样，金属材料会因受板牙挤压而产生变形，螺纹牙顶被挤高。因此圆杆的直径应稍小于螺纹的大径。圆杆直径的公式计算为

$$d_{杆} = d - 0.13P$$

式中　P——螺距，单位为 mm；

d——螺纹大径，单位为 mm；

$d_{杆}$——套螺纹前圆杆直径，单位为 mm。

三、套螺纹的方法

1）套螺纹前，先确定工件的直径。

2）在不影响螺纹要求长度的前提下，工件伸出钳口的长度应尽量短一些。

3）为了使板牙容易对准和切入工件材料，工件端部要倒成 15°～20°的斜角，如图 8-7 所示。倒角的最小直径要比螺纹小径小，避免螺纹端部出现锋口或卷边而影响螺母的拧入。对于重要螺纹，端部通常倒成 45°斜角。

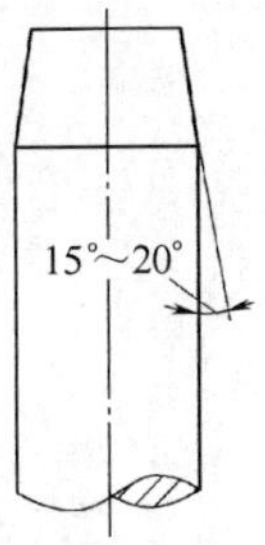

图 8-7　套螺纹时工件的倒角

4）工件装夹时，可用厚铜皮或 V 形块作为衬垫，保证牢固装夹，如图 8-8 所示。

5）起套时，应保持板牙的端面与圆杆轴线垂直。开始时为了使板牙切入工件，右手手掌按住铰杠中部，沿圆杆的轴向施加压力，左手配合做顺时针方向旋进，转动要慢，压力要大。待板牙切入工件后即不再施加压力，以免损坏螺纹与板牙。

6）待切入 1～2 圈时，要用直角尺检查板牙的端面与圆杆轴线的垂直度。

7）正常套螺纹时不要加压，让板牙自然旋进，并经常倒转断屑，如图 8-9 所示。

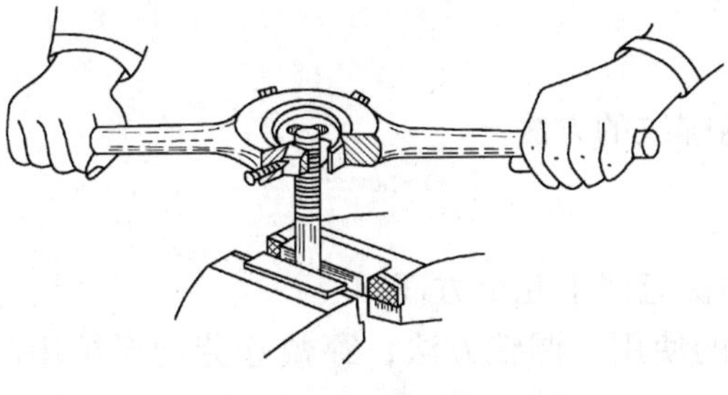

图 8-8　夹紧圆杆的方法

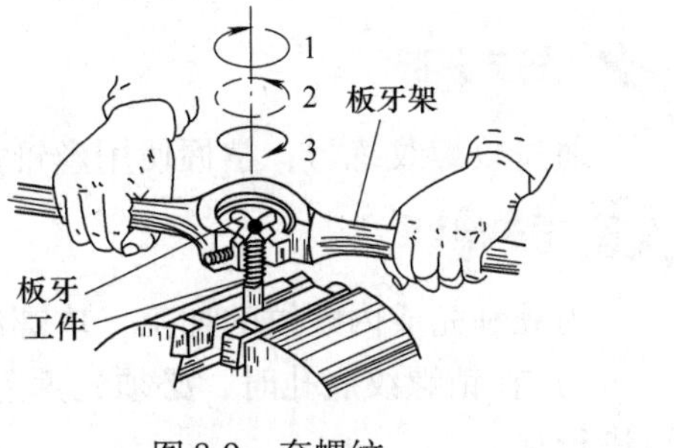

图 8-9　套螺纹

1、3—正转套螺纹　2—倒转断屑

8）在钢件上套螺纹时要加切削液，以提高螺纹表面质量和延长板牙使用寿命。切削液一般用较浓的乳化液或润滑油。

课题四　攻螺纹和套螺纹训练

训练一　攻　螺　纹

任务描述

攻螺纹技能训练工件如图 8-10 所示。

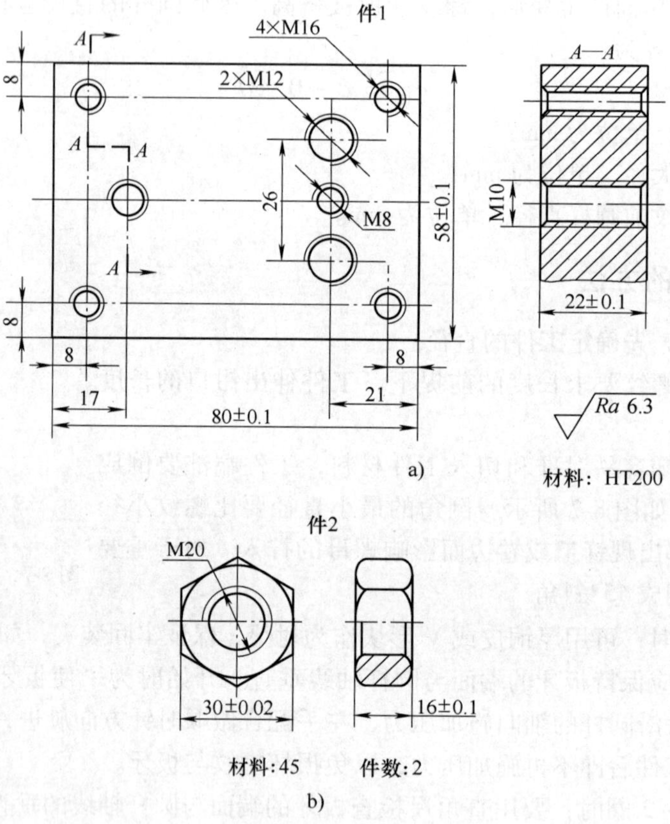

图 8-10　攻螺纹

任务分析

通过攻螺纹练习，掌握使用丝锥加工内螺纹的方法。

相关知识

为顺利完成内螺纹的加工，攻螺纹时须注意以下几个方面：

1）在钻螺纹底孔时，必须先熟悉钻床的使用、调整方法，穿戴好劳动保护用品，然后再进行加工。

2）起攻螺纹时，要从两个互相垂直的方向对垂直度及时进行校正，保证螺纹加工的质量。

3）攻螺纹时要经常倒转断屑和清屑，防止丝锥折断。

4）攻螺纹后，螺纹孔口要倒角去毛刺，以免影响测量精度。

任务准备

1）工具：划针、划规、样冲、扁锉、手锯、锯条、麻花钻、丝锥和铰杠。

2）量具：游标卡尺、游标高度尺、直角尺和游标万能角度尺。

3）材料：

① 件1：HT200　82mm×60mm×24mm　1件。

② 件2：45钢　ϕ45mm×40mm　1件。

任务实施

1）先在废料上进行钻孔和攻螺纹练习。

2）将件1锉削达到图8-10a所示尺寸要求。

3）将件2锯削、锉削为图8-10b所示的六角螺母，加工数量为2件。

4）按图8-10所示尺寸要求划出各螺纹孔的加工位置线，钻底孔，并对孔口进行倒角。

5）在件1上攻制4×M6、M8、M10、2×M12螺纹，在件2上攻制M20螺纹，并用相应的螺栓进行配验。

检查评议

练习记录及成绩评定

班级：________　姓名：________　学号：________　成绩：________

序号	检测内容	配分	评分标准	测量结果	得分
1	80mm±0.1mm	9	超差不得分		
2	58mm±0.1mm	9	超差不得分		
3	22mm±0.1mm	9	超差不得分		
4	4×M6	12	一处不符合要求扣3分		
5	2×M12	6	一处不符合要求扣3分		
6	M8	3	不符合要求不得分		
7	M10	3	不符合要求不得分		
8	M20	8	不符合要求不得分		
9	16mm±0.1mm	9	超差不得分		
10	30mm±0.02mm	12	超差不得分		
11	表面粗糙度值 Ra6.3μm	10	升高一级不得分		
12	安全文明生产	10	违者每次扣2分，严重者从总分中扣除5~10分		
13	现场记录			总分	

问题及防治

攻螺纹时可能出现的问题和产生的原因见表8-2。

表8-2 攻螺纹时可能出现的问题和产生的原因

出现的问题	产生的原因
螺纹乱牙	1. 螺纹底孔直径太小，起攻困难，铰杠左右摆动，丝锥不易切入，孔口烂牙 2. 头锥攻螺纹不正，用二锥、三锥时强行校正 3. 换用二锥、三锥时，与已切出的螺纹没有旋合好就强行攻削 4. 对塑性材料未加切削液或丝锥不经常倒转，将已切出的螺纹啃伤 5. 丝锥磨钝或切削刃有粘屑 6. 铰杠掌握不稳，攻铝合金等强度较低的材料时，容易乱牙
螺纹滑牙	1. 攻不通孔螺纹时，丝锥已到底但仍继续扳转 2. 攻强度较低的材料或小孔径螺纹时，丝锥已切出螺纹但仍继续加压，或攻完退出时连同铰杠作自由的快速转出
螺孔歪斜	1. 攻螺纹时位置不正，起攻时未作垂直度检验 2. 孔口倒角不好，两手用力不均，切入时丝锥歪斜 3. 机攻螺纹时，丝锥与螺孔不同心
螺纹形状不完整	攻螺纹前底孔直径太大
丝锥折断	1. 底孔太小 2. 铰杠使用不当 3. 没有经常反转断屑和清屑 4. 工件材料过硬或夹有硬点 5. 攻螺纹时，两手用力不均或用力过猛 6. 丝锥刀齿爆裂或磨损过多而强行攻下 7. 攻螺纹时丝锥歪斜或歪斜后强行校正 8. 攻不通孔螺纹时已攻到底，但仍继续攻制

扩展知识

在攻制螺纹时，常因操作不当造成丝锥断在孔内，此时盲目敲打，强行取出丝锥，不但会损坏螺孔，而且有可能使工件报废。为取出折断的丝锥，应先清除螺孔内切屑及丝锥碎屑，加入适当润滑油，根据折断情况采取不同的方法：

1）当丝锥折断部分露在孔外时，可直接用钳子拧出。

2）用冲头或尖錾子抵在丝锥容屑槽内，轻轻地正反方向反复敲打，丝锥松动后用工具旋取。

3）在带方榫的一段断丝锥上旋上两只螺母，用钢丝插入断丝锥和螺母间空槽中，用铰杠顺着退转方向扳动方榫，旋出断丝锥。

4）堆焊弯杆或螺母取出断丝锥。

5）用喷灯或乙炔火焰将丝锥退火后用钻头钻掉。

6）断丝锥在不锈钢中可以用硝酸腐蚀。

7）在对形状复杂工件攻螺纹时，若丝锥折断，可用电火花加工将断在孔中的丝锥熔蚀掉。

训练二 套 螺 纹

任务描述

套螺纹技能训练工件如图 8-11 所示。

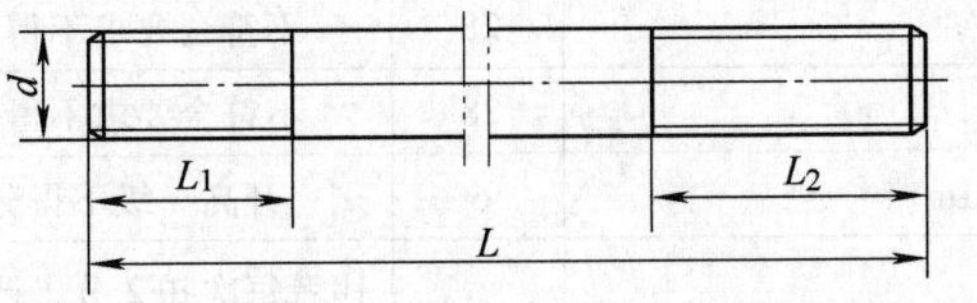

编号	d	L	L_1	L_2
1	M8	100	20	30
2	M10	125	20	40
3	M12	150	20	50

图 8-11 套螺纹

任务分析

通过套螺纹练习，掌握使用板牙进行内螺纹的加工方法。

相关知识

为顺利完成外螺纹的加工，套螺纹时，须注意以下几个方面：

1）起套螺纹时，要从两个互相垂直的方向对垂直度及时进行校正，保证螺纹加工的质量。由于板牙切削部分的锥角较大，起套时的导向性较差，容易产生板牙端面与圆杆轴心线不垂直的情况，切出的螺纹牙型一面深一面浅，随着螺纹长度的增加，其歪斜现象将越发明显，甚至不能继续切削。

2）套螺纹时要控制两手用力均匀和掌握用力限度，防止孔口乱牙。

3）套螺纹时要经常倒转断屑和清屑，防止板牙损坏。

任务准备

1）工具：锉刀、板牙和板牙架。

2）量具：游标卡尺。

3）材料：45 钢 ϕ8mm × 100mm、ϕ10mm × 125mm、ϕ12mm × 150mm 各 1 件。

任务实施

1）先在废料上进行套螺纹练习。

2）分别加工 ϕ8mm、ϕ10mm、ϕ12mm 的圆杆直径达到 ϕ7.75mm、ϕ9.75mm、ϕ11.75mm，并分别在每个圆杆直径端部倒角。

3）按图样尺寸要求分别套制 M8、M10、M12 三件双头螺栓的螺纹，并用相应的螺母进行配验。

检查评议

练习记录及成绩评定

班级：________ 姓名：________ 学号：________ 成绩：________

序号	检测内容	配分	评分标准	测量结果	得分
1	M8	28	不符合要求不得分		
2	M10	28	不符合要求不得分		
3	M12	28	不符合要求不得分		
4	表面粗糙度值 $Ra6.3\mu m$	6	升高一级不得分		
5	安全文明生产	10	违者每次扣2分，严重者从总分中扣除5～10分		
6	现场记录			总分	

问题及防治

套螺纹时可能出现的问题和产生的原因见表8-3。

表8-3　套螺纹时可能出现的问题和产生的原因

出现问题	产生的原因
螺纹乱牙	1. 圆杆直径过大 2. 起套时板牙架左右摆动，杆端乱牙
螺纹滑牙	1. 未加适当的切削液 2. 套螺纹时不倒转，切屑堵塞将螺纹啃坏
螺纹歪斜	1. 圆杆端部倒角不好 2. 两手用力不均，板牙切入时歪斜 3. 板牙端面与圆杆不垂直，起套时未作垂直度检验
螺纹形状不完整	1. 圆杆不直 2. 圆杆直径太小 3. 板牙经常摆动
板牙损坏	1. 圆杆直径太大 2. 板牙位置不正 3. 刀齿磨钝，或粘附有积屑瘤 4. 工件材料硬度太高，或硬度不均匀 5. 板牙没有经常倒转，致使切屑将容屑槽堵塞 6. 套台阶旁的螺纹时，板牙碰到台阶仍继续扳转

扩展知识

M3.5以上的圆板牙，其外圆上有四个紧定螺钉坑和一条V形槽，如图8-5a所示。下面两个其轴线通过板牙直径线的螺钉坑，是将圆板牙固定在板牙架中以传递扭矩的。当板牙的校准部分因磨损而使螺纹尺寸变大以致超出公差范围时，可将板牙沿 V 形槽用锯片砂轮切割出一条通槽，用板牙另两个紧定螺钉顶入圆板牙上面两个偏心的锥坑内，使板牙尺寸缩小，其调节范围为 0.1 ~ 0.5mm。锥坑之所以要偏心，是为了使紧定螺钉与锥坑单边接触，以便在拧紧紧定螺钉时板牙容易缩小。若在 V 形槽开口处旋入螺钉还能使板牙尺寸增大。

思考与练习

1. 试述丝锥的组成部分及各部分的作用。

2. 试述铰杠的作用及分类。

3. 分别在钢件和铸铁件上攻制 M20 的内螺纹，若螺纹的有效长度为 50mm，试求攻螺纹前钻底孔钻头的直径及钻孔深度。

单元九　综合练习二

9

知识目标：

1. 掌握各种形体的锉配工艺；
2. 了解影响锉配精度的因素。

技能目标：

1. 熟练掌握划线、锯削、锉削基本技能；
2. 掌握角度锉配误差的检验和修正方法；
3. 掌握配作加工方法。

任务一　制作对开夹板

任务描述

对开夹板工件如图9-1所示。

任务分析

1）巩固划线、锯削、锉削、钻孔、攻螺纹及测量等基本技能，加工指定工件时，能达到图样各项技术要求。

2）能熟练地修整、刃磨各种工具，如划针、样冲、划规、钻头及丝锥等。

3）做到安全文明生产。

相关知识

配作是利用一个已加工好的工件上的要素（如孔、外形）来加工与之有关系的其他工件。其优点是容易获得较高的精度，缺点是没有互换性。配作由于不能实现互换，在批量生产中一般不采用，主要用于单件小批量生产，如工装、模具制作等。

任务准备

1）工具：350mm粗齿平锉、300mm中齿平锉、250mm细齿平锉、250mm双细齿平锉、整形锉、划针、样冲、锤子、锯弓、ϕ8.5mm麻花钻、ϕ11mm麻花钻、ϕ12mm麻花钻。

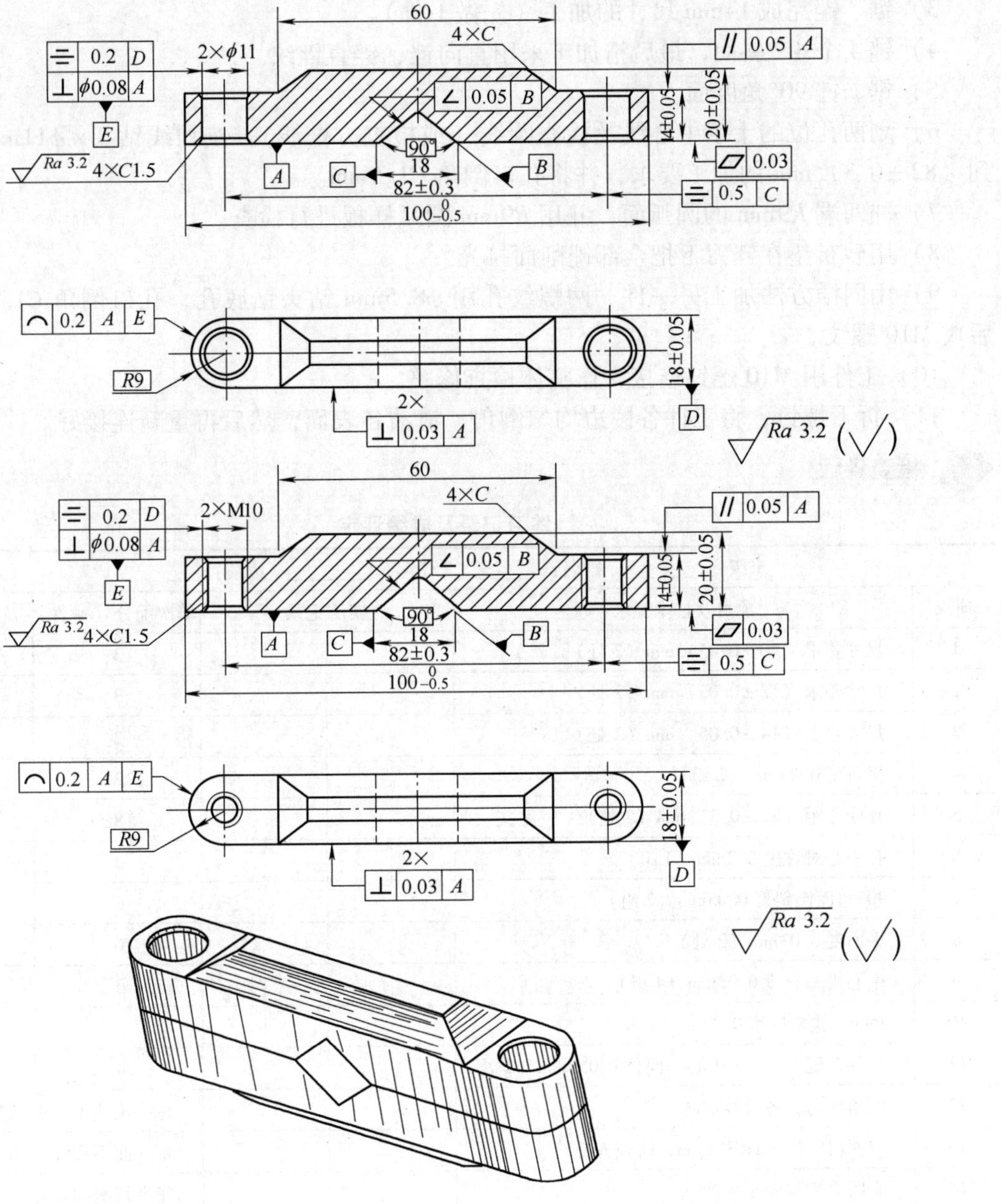

图 9-1　对开夹板

2）量具：钢直尺、游标卡尺、0～25mm 外径千分尺、游标高度尺、直角尺、刀口形直尺、塞尺、半径样板。

3）辅具：毛刷、紫色水、红丹油、钢丝刷、粉笔。

4）材料：45 钢 22mm×20mm×102mm　2 件。

任务实施

1）锉削 20mm×18mm 的加工面（加工 2 件）。

2）按图划出全部锯削、锉削加工线。

3）锯、锉完成 14mm 尺寸的加工（先做 1 件）。

4）锉 4 个 45°斜面，最后精加工采用直向锉，锉直锉纹。

5）锯、锉 90°角度面。

6）划两孔位的十字中心线及检查圆线（或检查方框线），按划线钻 $2\times\phi11$mm 孔，达到（82 ±0.3）mm 的加工要求，并将孔口倒角 $C1.5$mm。

7）锉两端 $R9$mm 的圆弧面，并用 $R9$mm 圆弧样板进行检查。

8）用砂布垫在锉刀下把全部锉削面打光。

9）用同样方法加工另一件。两螺纹孔用 $\phi8.5$mm 钻头钻底孔，孔口倒角 $C1.5$mm，然后攻 M10 螺纹。

10）工件用 M10 螺钉连接，作整体检查修整。

11）拆下螺钉，将工件各棱边均匀倒角，清洁各表面，然后再重新连接好。

检查评议

练习记录及成绩评定

班级：________ 姓名：________ 学号：________ 成绩：________

项次	项目及技术要求	实测记录	单次配分（一件）	得分
1	尺寸要求（20 ±0.05）mm（2 处）		3	
2	尺寸要求（18 ±0.05）mm（2 处）		3	
3	尺寸要求（14 ±0.05）mm（2 处）		3	
4	平行度 0.05mm（2 组）		2	
5	孔中心距（82 ±0.3）mm（2 处）		8	
6	孔中心对称度 0.2mm（4 组）		3	
7	90°角面倾斜度 0.05mm（2 组）		3	
8	平面度 0.03mm（2 处）		6	
9	中心线垂直度 0.08mm（4 组）		3	
10	$R9$mm 线轮廓度 0.2mm（4 组）		3	
11	二件合配 90°直角中心平面公差 0.5mm（2 处）		4	
12	倒角均匀，各棱线清晰		每一棱线不合要求扣 1 分	
13	表面粗糙度 $Ra\leqslant3.2\mu m$，纹理齐整		每一面不合要求扣 1 分	
14	文明生产与安全生产		违者每次扣 2 分	
15	时间定额 21h	开始时间	每超额 1h 扣 5 分	
		结束时间		
		实际工时		

问题及防治

1）钻孔与攻螺纹时，中心线必须与基准面保证垂直，且两孔中心距尺寸正确，以保证可装配性。

2）在钻孔划线时，两孔的位置必须与中间两直角面的中心线对称，以保证装配连接后，其上的直角面不产生错位现象。

3）锉削两端圆弧面，两件可以单独进行，也可留出精修余量，将两件用螺钉连接后作一次整体修整，使圆弧一致，总长相等。

4）做到各平面所交外棱倒角均匀、内棱清晰无重棱、表面光洁、纹理整齐。

扩展知识

为保证钻孔的中心距准确，两孔位置除按正确划线进行钻孔外，也可在起钻第二孔时，用游标卡尺作检查校正。在已钻孔中及钻夹头上各装一圆柱销，如图9-2所示，用游标卡尺调整好已钻孔中心线与钻床主轴轴线的尺寸 L 与中心距尺寸要求一致，然后再钻第二个孔。图中 L_1 为测量尺寸，d_1、d_2 为圆柱销直径，则实际中心距 L 为

$$L = L_1 - \frac{d_1 + d_2}{2}$$

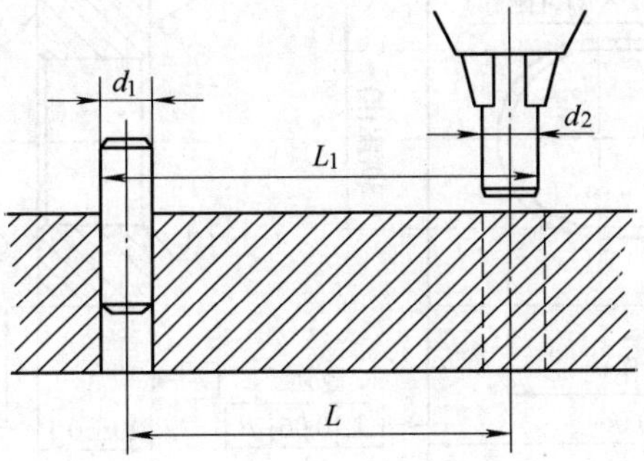

图9-2　用测量法来控制钻孔中心距

任务二　锉配键形体

任务描述

键形体锉配工件如图9-3所示。

任务分析

1）提高曲面锉削技能。

2）掌握封闭曲面形体的锉配方法。

相关知识

锉削内圆弧面的锉刀可选用圆锉、半圆锉、方锉（圆弧半径较大时）。锉削时，锉刀要同时完成三个运动：前进运动，随圆弧面向左或向右运动，绕锉刀中心线运动，这样才能保证锉出的弧面光滑、准确。

任务准备

1）工具：350mm 粗齿平锉、300mm 中齿平锉、300mm 中齿圆锉、250mm 细齿平锉、250mm 细齿半圆锉、200mm 双细齿平锉、200mm 双细齿半圆锉、整形锉、划针、样冲、锤

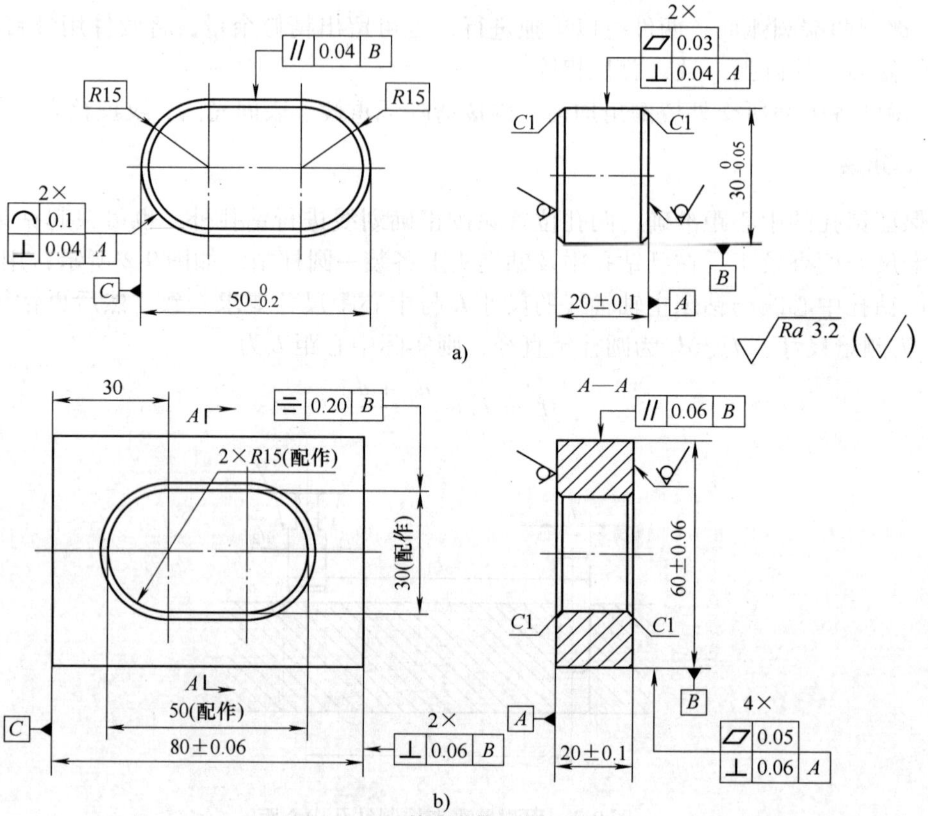

技术要求

1. 以键形体为基准件、键形孔体为配作件；
2. 换向配合间隙≤0.1mm；
3. 键形孔体周面倒角C0.40；
4. 试配时不允许敲击；
5. 未注尺寸公差按GB/T 1804—m。

图 9-3　键形体锉配

a）轴件　b）孔件

子、锯弓。

2）量具：钢直尺、游标卡尺、25 ~ 50mm 外径千分尺、游标高度尺、直角尺、刀口形直尺、塞尺、半径样板。

3）辅具：毛刷、紫色水、红丹油、钢丝刷、粉笔。

4）材料：45 钢　52mm × 32mm × 20mm 及 82mm × 62mm × 20mm　各 1 件。

任务实施

1. 凸件加工

1）凸件外形轮廓加工

① 粗、精锉基准面 B，达到平面度和与基准面 A 的垂直度要求。

② 粗、精锉基准面 B 的对面，达到尺寸、平面度、平行度及与基准面 A 的垂直度要求。

③ 粗、精锉未加工成圆弧前的基准面 C，达到平面度及与基准面 A、B 的垂直度要求。

④ 粗、精锉基准面 C 的对面，达到尺寸、平面度、平行度和与基准面 A、B 的垂直度要求。

⑤ 光整锉削，理顺锉纹并达到表面粗糙度要求。

⑥ 四周倒角 $C0.40$mm。

2）划线。根据图样和实际尺寸，以 B 面为基准划出 30mm 高度尺寸的对称中心线；以 C 面为基准划出两处 $R15$ 圆弧圆心的尺寸线（15mm、35mm）；用划规划出 $R15$ 圆弧加工线，检查无误后打上样冲眼。

3）粗锉、半精锉两圆弧面，留 0.1mm 的精锉余量。

4）精锉两圆弧面，用半径样板检测线轮廓度，用直角尺检测垂直度，达到线轮廓度和与基准面 A 的垂直度要求。

5）倒角 $C1$mm。

6）全面检查并做必要的修整。

7）理顺锉纹并达到表面粗糙度要求。

2. 凹件加工

1）凹件外形轮廓加工

① 粗、精锉基准面 B，达到平面度及与基准面 A 的垂直度要求。

② 粗、精锉基准面 B 的对面，达到尺寸、平面度、平行度及与基准面 A 的垂直度要求。

③ 粗、精锉基准面 C，达到平面度和与基准面 A、B 的垂直度要求。

④ 粗、精锉基准面 C 的对面，达到尺寸、平面度、平行度及与基准面 A、B 的垂直度要求。

⑤ 光整锉削，理顺锉纹并达到表面粗糙度要求。

⑥ 四周面倒角 $C0.40$mm。

2）划线。根据图样和实际尺寸，以 B 面为基准划出 60mm 高度尺寸的对称中心线；以 C 面为基准划出两处 $R15$ 圆弧圆心的尺寸线（30mm、50mm）；用划规划出 $R15$ 圆弧加工线，检查无误后打上样冲眼。

3）钻排孔。在孔件上钻出两个 $\phi16\sim18$mm 工艺孔，同时在凹体上钻出若干 $\phi5\sim6$mm 工艺排孔。

4）除去凹槽多余部分。

5）粗锉两圆弧面及平面，留出 0.5mm 的精锉余量。

6）半精锉两圆弧面及平面，注意控制与基准面 A 的垂直度要求，留出 0.1mm 的锉配余量。

7）孔口倒角 $C1$mm。

3. 锉配加工

（1）同向锉配　凸件与凹件进行同向锉配。试配前，可以在凹件配合面涂抹显示剂，这样试配时的接触痕迹就很清晰，便于确定修锉部位。当凸件全部配入凹件，且配合间隙 ≤ 0.1mm 时，同向锉配完成。

（2）换向锉配　当同向锉配完成后，凸件与凹件要进行换向锉配，即将凸件径向旋转 180°进行换向试配。换向锉配时，一般只需作微量修锉即可。当凸件全部配入凹件，且换向配合间隙 ≤ 0.1mm 时，换向锉配完成。

检查评议

练习记录及成绩评定

班级：________ 姓名：________ 学号：________ 成绩：________

序号	项目及技术要求		配分	评定方法	实测记录	得分
1	凸件	$30_{-0.05}^{\ 0}$mm	5	符合要求得分		
2		$50_{-0.05}^{\ 0}$mm	2	符合要求得分		
3		平面度 0.03mm（2 处）	6	符合要求得分		
4		平行度 0.04mm	3	符合要求得分		
5		垂直度 0.04mm（4 处）	12	符合要求得分		
6		线轮廓度 0.10mm（2 处）	20	符合要求得分		
7		表面粗糙度 $Ra \leqslant 3.2\mu m$（4 处）	4	符合要求得分		
8	凹件	（80 ± 0.06）mm	3	符合要求得分		
9		（60 ± 0.06）mm	3	符合要求得分		
10		平面度 0.05mm（4 处）	8	符合要求得分		
11		平行度 0.06mm	2	符合要求得分		
12		垂直度 0.06mm（4 处）	8	符合要求得分		
13		对称度 0.20mm	6	符合要求得分		
14		表面粗糙度 $Ra \leqslant 3.2\mu m$（8 处）	8	符合要求得分		
15	配合	换向配合间隙≤0.1mm（2 处）	8	符合要求得分		
16		工、量、辅具摆放合理	2	符合要求得分		
17	安全操作			违反一次扣 5 分		

问题及防治

1）在锉削键形体两端圆弧面时，要经常检查横向的直线度和与基面的垂直度，并用半径样板检查圆弧外形轮廓线。

2）平面与圆弧面应相切连接，才能使该处获得良好配合。在锉配检查时，若发现该处配合不佳，则要正确分析是外键形体还是内键形体所产生的问题，避免不正确的修锉导致该处出现过大的间隙。

3）锉配过程中，在锉配两侧面时，应用平锉细锉，特别注意不要碰坏两端圆弧面；同样在锉两端圆弧面时，也要防止锉到两侧平面，使局部间隙增大。

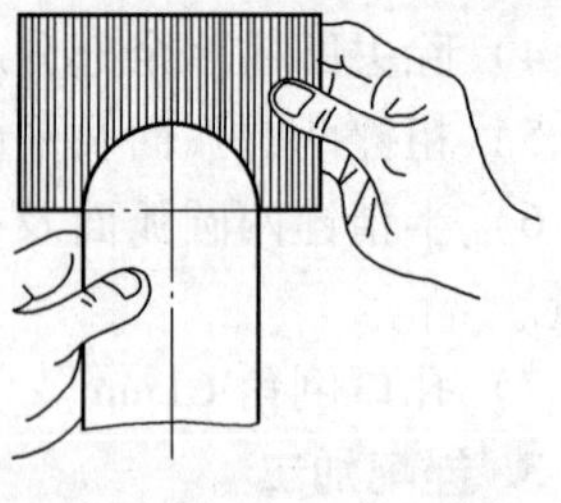

图 9-4 用样板检查曲面轮廓度

扩展知识

1. 圆弧面的加工

圆弧面质量一般包括轮廓尺寸精度、形状精度和表面粗糙度等内容。当轮廓度要求不高时，可用圆弧样板透光法检查，如图 9-4 所示。如果圆弧样板与工件接触面间的缝隙均匀、透光微弱，则曲面轮廓尺寸、形状精度合格。若圆弧样板与圆弧接触缝隙不均匀，仅有几个点接触，则说明圆弧轮廓度精度太低，呈多棱形。

2. 锉配质量的保证

锉削加工是锉配的关键，为保证锉配质量，需注意以下几点：

1）粗、精加工宜分开。粗加工时用粗齿锉刀，余量较少时用细齿锉刀精加工。粗加工时可采用交叉锉，精加工时用顺向锉或推锉。

2）为保证锉削对象的平面度，可采用短行程锉削方法，并经常用刀口形直尺进行平面度的检测。也可在工件表面涂上粉笔灰再进行锉削，锉去凸起处的粉笔印痕，留下凹处粉笔印痕，逐步提高该面的平面度精度。

3）一般锉配中用透光法来检查锉配件的配合情况，测量间隙时可用塞尺。为提高配合质量，也可在被配件表面涂上红丹粉等，将凹凸件相对推动，把凹件的亮斑处锉去，慢慢将凸件配入，以达到较高的配合精度。

4）锉削时为提高加工面的表面质量，可选择细齿锉刀，也可在锉刀上涂上粉笔末，以减少切削量，提高表面质量。

任务三　锉配燕尾样板

任务描述

燕尾样板锉配工件如图9-5所示。

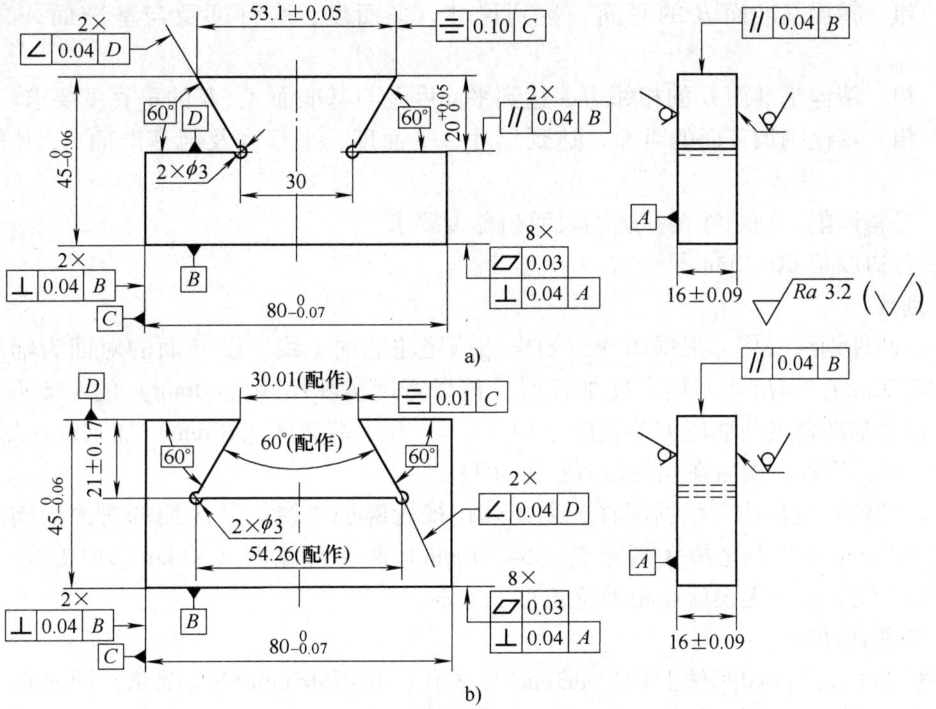

技术要求

Ra 3.2 (√)

1. 以凸件为基准件，凹件为配作件；
2. 换向配合间隙≤0.10mm；
3. 侧面错位量≤0.10mm；
4. 凸件、凹件各面倒角C0.40；
5. 用钻头钻出φ3工艺孔；
6. 试配时不允许敲击；
7. 未注尺寸公差按GB/T 1804—m。

图9-5　燕尾样板锉配

a）凸件　b）凹件

任务分析

1）掌握燕尾件锉配工艺。

2）掌握具有对称度要求的配合件的划线和工艺保证方法。

3）掌握燕尾件的检验及误差修正方法。

任务准备

1）工具：350mm 粗齿平锉、300mm 中齿平锉、250mm 细齿平锉、200mm 细齿平锉、整形锉、划针、样冲、锤子、锯弓、ϕ3mm 钻头、ϕ6mm 钻头。

2）量具：钢直尺、游标卡尺、50～75mm 外径千分尺、游标高度尺、直角尺、刀口形直尺、塞尺、万能角度尺、自制60°角度样板、ϕ10mm 测量棒。

3）辅具：毛刷、紫色水、红丹油、钢丝刷、粉笔。

4）材料：45 钢　82mm×47mm×16mm　2 件。

任务实施

1. 凸件、凹件外形轮廓加工

1）粗、精锉基准面 *B*，达到平面度和与基准面 *A* 的垂直度要求。

2）粗、精锉基准面 *B* 的对面，达到尺寸、平面度、平行度及与基准面 *A* 的垂直度要求。

3）粗、精锉基准面 *B* 的相邻边，达到平面度及与基准面 *A*、*B* 的垂直度要求。

4）粗、精锉刚加工面的对面，达到尺寸、平面度、平行度及与基准面 *A*、*B* 的垂直度要求。

5）光整锉削，理顺锉纹并达到表面粗糙度要求。

6）各边倒角 *C*0.40mm。

2. 划线

（1）凸件划线操作　根据图样，划出凸燕尾轮廓加工线。以 *B* 面的对面为辅助基准从上面下降 20mm，划出凸燕尾高度加工线；再以宽度实际尺寸（80mm）的 1/2（对称中心线）为辅助基准划出凸燕尾大端宽度（53.1mm）和小端宽度（30mm）加工线；划出 ϕ3 工艺孔加工线，检查无误后在相关位置打上冲眼。

（2）凹件划线操作　根据图样，划出燕尾槽轮廓加工线。以 *B* 面的对面为辅助基准从上面下降 21mm 划出燕尾槽大端宽度（54.26mm）和小端宽度（30mm）加工线，划出 ϕ3 工艺孔加工线，检查无误后在相关位置打上冲眼。

3. 工艺孔加工

根据图样在凸件和凹件上钻出 ϕ3mm 工艺孔，并用 ϕ6mm 钻头倒角，同时在凹件上钻出工艺排孔。

4. 凸件加工

1）按线锯除右侧一角多余部分，留 1mm 粗锉余量。

2）粗锉、半精锉右台肩面和右角度面，留 0.1mm 的精锉余量。

3）精锉右台肩面，根据 45mm 的实际尺寸，通过控制工艺尺寸 X_1（25mm）的尺寸误差值（本处应控制在 45mm 实际尺寸减去 $20^{+0.05}_{0}$ mm 的范围内）间接控制燕尾高度尺寸

$20^{+0.05}_{0}$mm，注意控制右台肩面的平面度及与基准面 B 的平行度、与基准面 A 的垂直度。

4）精锉右角度面，用测量棒间接测量，按前述公式求出测量的规定读数 X_2（68.66mm ±0.05mm）间接控制其与基准面 C 的对称度要求，注意控制其平面度及与基准面 A 的垂直度，用角度样板控制右角度面与辅助基准面 D 的倾斜度公差。

5）按线锯除左侧一角多余部分，留 1mm 粗锉余量。

6）粗锉、半精锉左台肩面和左角度面，留 0.1mm 的精锉余量。

7）精锉左台肩面，用前述方法间接控制燕尾高度尺寸$20^{+0.05}_{0}$mm，注意控制左台肩面的平面度及与基准面 B 的平行度、与基准面 A 的垂直度。

8）精锉左角度面，用测量棒间接测量，按本单元扩展知识公式求出测量的规定读数 X_4（57.32mm ±0.05mm）间接控制尺寸（53.1mm ±0.05mm）及其与基准面 C 的对称度要求，注意控制其平面度及与基准面 A 的垂直度，可用角度样板控制左角度面与辅助基准面 D 的倾斜度公差。

9）对各面倒角 C0.4mm。

10）全面检查并做必要的修整。

11）理顺锉纹并达到表面粗糙度要求。

5. 凹件加工

1）首先除去燕尾槽槽内多余部分，用手锯在燕尾槽两侧角度加工线内 1mm 处自上而下锯至离底平面 1mm 处，接着将多余部分交叉锯掉。

2）按线粗锉底平面和左右角度面，单边留 0.5mm 的半精锉余量。

3）精锉燕尾槽底平面，槽深尺寸（21mm ±0.17mm）可由工艺尺寸 X_1 [$45^{\ 0}_{-0.006}$mm -（21mm ±0.17mm）] 进行间接控制，达到平面度及与基准面 A 的垂直度。

4）根据凸件燕尾体的实际宽度尺寸，半精锉左角度面，单边留 0.10mm 的试配余量，通过工艺尺寸 X_2（$26.53^{+0.1}_{+0.05}$）间接控制其与基准面 C 的对称度要求，注意控制其平面度及与基准面 A 的垂直度，可用角度样板控制左角度面与辅助基准面 D 的倾斜度公差。

5）根据凸件燕尾体的实际宽度尺寸，半精锉右角度面，单边留 0.10mm 的试配余量，通过工艺尺寸 X_3（$26.53^{+0.1}_{+0.05}$）间接控制其与基准面 C 的对称度要求，注意控制其平面度及与基准面 A 的垂直度，可用角度样板控制左角度面与辅助基准面 D 的倾斜度公差。

6）对槽内各面倒角 C0.4mm。

7）全面检查并做必要的修整。

8）理顺锉纹并达到表面粗糙度要求。

6. 锉配加工

1）同向锉配。凸件与凹件进行同向锉配。试配前，可以在凹槽的两侧角度面涂抹显示剂，这样试配时的接触痕迹就很清晰，便于确定修锉部位。

2）换向锉配。锉配过程中，凸件与凹件要进行换向锉配，即将凸件翻转 180°进行换向试配、修锉。

3）当凸件全部配入凹件，凸燕尾体两角度面和两台肩面与凹件相对应的面全部接触，且换向配合间隙≤0.1mm、侧面错位量≤0.1mm，锉配完成。

7. 交件待验

检查评议

练习记录及成绩评定

班级：________ 姓名：________ 学号：________ 成绩：________

序号	项目及技术要求		配分	评定方法	实测记录	得分
1	凸件	$20^{+0.05}_{0}$mm（2处）	4	符合要求得分		
2		53.1mm ± 0.05mm	1	符合要求得分		
3		$45^{0}_{-0.06}$mm	2	符合要求得分		
4		$80^{0}_{-0.07}$mm	2	符合要求得分		
5		平面度0.03mm（8处）	8	符合要求得分		
6		平行度0.04mm（3处）	4	符合要求得分		
7		垂直度0.04mm（10处）	5	符合要求得分		
8		对称度0.10mm	6	符合要求得分		
9		倾斜度0.04mm（2处）	10	符合要求得分		
10		表面粗糙度 $Ra \leqslant 3.2\mu m$（8处）	4	符合要求得分		
11		清角（2处）	2	符合要求得分		
12	凹件	20mm ± 0.17mm	2	符合要求得分		
13		$45^{0}_{-0.06}$mm	2	符合要求得分		
14		$80^{0}_{-0.07}$mm	2	符合要求得分		
15		平面度0.03mm（8处）	8	符合要求得分		
16		平行度0.04mm	4	符合要求得分		
17		垂直度0.04mm（10处）	5	符合要求得分		
18		对称度0.10mm	6	符合要求得分		
19		表面粗糙度 $Ra \leqslant 3.2\mu m$（8处）	8	符合要求得分		
20		清角（2处）	2	符合要求得分		
21	配合	换向配合间隙≤0.1mm（2处）	8	符合要求得分		
22		大平面错位量≤0.1mm	3	符合要求得分		
23		工、量、辅具摆放合理	2	符合要求得分		
24		安全操作		违反一次扣5分		

问题及防治

1）燕尾的位置尺寸保证可以使用测量棒测量或者60°V形架测量，凸件在加工过程中应先加工一侧再加工另一侧，通过间接测量来保证工件的对称度。

2）各加工面比较狭窄，在锉削时应锉平各面，并保证与大平面的垂直度，防止喇叭口的产生。

3）为达到配合精度要求，必须保证凸件的加工质量。

扩展知识

带角度面的尺寸测量，一般都采用间接的测量法，如图9-6所示，其测量尺寸 M 与长度尺寸 B、测量棒直径 d 之间有如下关系：

$$M = B + \frac{d}{2}\cot\frac{\alpha}{2} + \frac{d}{2}$$

式中　M——测量读数值，单位为mm；

B——长度尺寸，单位为mm；

d——测量棒的直径尺寸，单位为mm；

α——斜面的角度值。

当标注尺寸为 A 时，则可按下式进行计算：

$$M = A + \frac{d}{2}\cot\frac{\alpha}{2} - \frac{C}{\tan\alpha} + \frac{d}{2}$$

式中　A——长度尺寸，单位为mm；

C——高度尺寸，单位为mm。

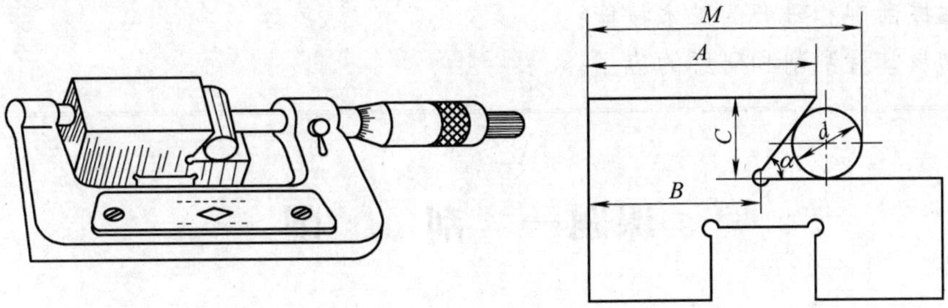

a)　　b)

图9-6　角度样板边角尺寸的测量

单元十　刮削与研磨

10

知识目标：

1. 掌握刮削和研磨的概念；
2. 掌握刮削和研磨的作用；
3. 了解刮削和研磨的方法。

技能目标：

1. 掌握刮削和研磨的基本技能；
2. 初步掌握刮削和研磨的应用。

课题一　刮　　削

一、刮削的概念与分类

刮削是指用刮刀刮除工件表面薄层材料的加工方法。刮削加工属于精加工工艺。

刮削可分为平面刮削和曲面刮削两种。平面刮削中，有单个平面的刮削，如刮研平板、平尺、平面导轨和工作台面等；组合平面的刮削，如刮研 V 形导轨面和燕尾导轨面等。曲面刮削中，如刮研圆柱面、圆锥面，刮研滑动轴承的轴瓦、锥孔、圆柱导轨面等；球面刮削，如配刮自位球面轴承、配合球面等；成形面刮削，如修刮齿条、蜗轮的齿面等。

二、刮削的作用

刮削所用的工具简单，且不受工件形状和位置以及设备条件的限制，具有切削量小、切削力小、产生热量小、装夹变形小以及操作灵活等特点。通过刮削加工后的工件表面，由于多次反复地受到刮刀的推挤和压光作用，因此使工件表面组织变得比原来紧密，且形成比较均匀的微浅凹坑，给存油润滑创造了良好的条件，这样能获得很高的形状位置精度、尺寸精度、表面接触精度以及较细的表面粗糙度。

三、刮削余量

由于刮削每次只能刮去很薄的一层金属，刮削操作的劳动强度又很大，因此要求机械加工后所留下的刮削余量不宜太大。刮削前的余量，一般在 0.05 ~ 0.4mm 之间。

四、刮削方法

1. 平面刮削方法

平面刮削方法有手刮法和挺括法两种，刮削可按照粗刮、细刮、精刮和刮花四个步骤进行。具体方法和目的见表10-1。

表 10-1 平面刮削方法及目的

类别	目的	方法	研点数/（25mm×25mm）
粗刮	用粗刮刀在刮削面上均匀地铲去一层较厚的金属。目的是去余量、去锈斑、去刀痕	连续推铲法，刀痕要连成长片	2~3点
细刮	用细刮刀在刮削面上刮去稀疏的大块斑点（俗称破点），以进一步改善不平现象	短刮法，刀痕宽而短。随着研点的增多，刀痕逐渐缩短	12~15点
精刮	用精刮刀更仔细地刮削研点（俗称摘点），以增加研点，改善表面质量，使刮削面符合精度要求	点刮法，刀迹长度约为5mm。刮面越窄小，精度要求越高，刀痕越短	大于20点
刮花	在刮削面或机器外观表面上刮出装饰性花纹，既使刮削面美观，又改善了润滑条件		

2. 曲面刮削方法

曲面刮削与平面刮削的原理一样，但刮削方法不同。曲面刮削时，用曲面刮刀在曲面内作螺旋运动，用力不可太大，每刮一遍应交叉进行，刀迹与孔轴心线约成45°。刮研时，常用标准轴作为内曲面显点的校准工具，如图10-1所示。

五、刮削工具

1. 校准工具

校准工具是用来显示刮削时的接触点和检验刮削面准确性的工具。主要有标准平板（见图10-2）、平尺和角度平尺（见图10-3）。检验曲面刮削的质量，多数是用与其相配合的轴作为校准工具。齿条和蜗轮的齿面，则用与其相啮合的齿轮和蜗杆作为校准工具。

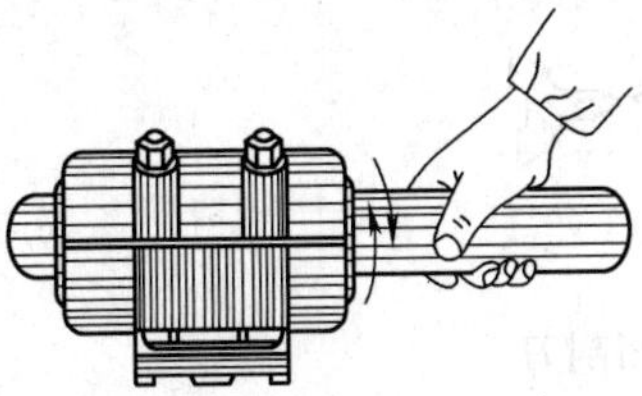

图 10-1 内曲面显点的标准工具

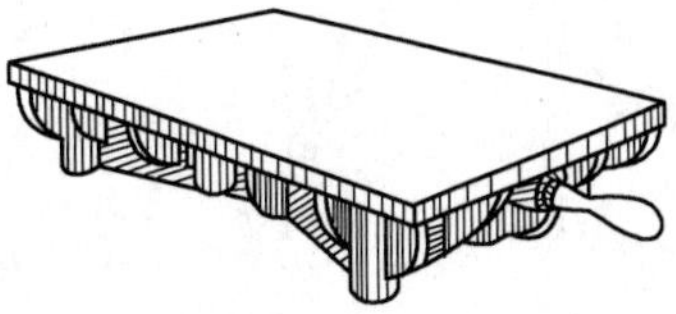

图 10-2 标准平板

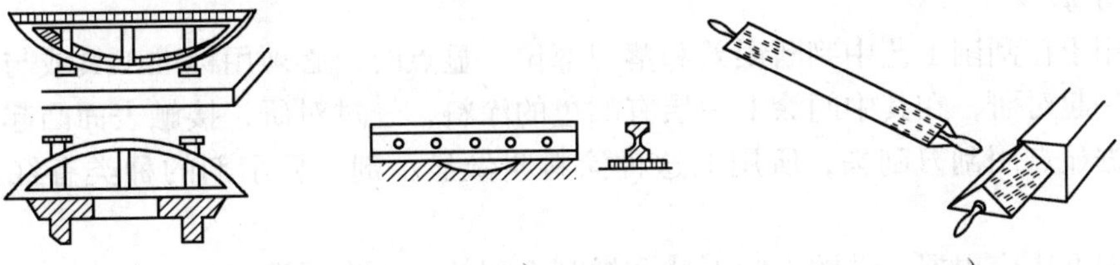

a） b） c）

图 10-3 平尺和角度平尺

a）桥形平尺 b）工形平尺 c）角度平尺

2. 刮刀

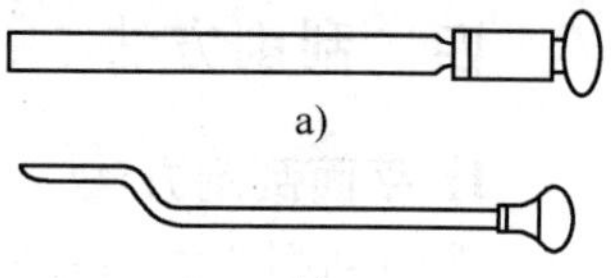

图 10-4　平面刮刀
a）直头刮刀　b）弯头刮刀

刮刀是刮削工具中的主要刀具，要求刀头部分具有足够的硬度，切削刃口必须锋利。刮刀一般采用碳素工具钢 T10A、T12A 锻制而成，并经热处理淬火和回火，使刀头硬度达到 60HRC 左右。当刮削硬度较高的工件表面时，刀头可焊上高速钢或硬质合金钢。

刮刀按不同刮削平面分为平面刮刀和曲面刮刀。平面刮刀的形状如图 10-4 所示，刮刀刀头的形状和角度如图 10-5 所示。曲面刮刀有三角刮刀、蛇头刮刀和柳叶刮刀三种，如图 10-6 所示。

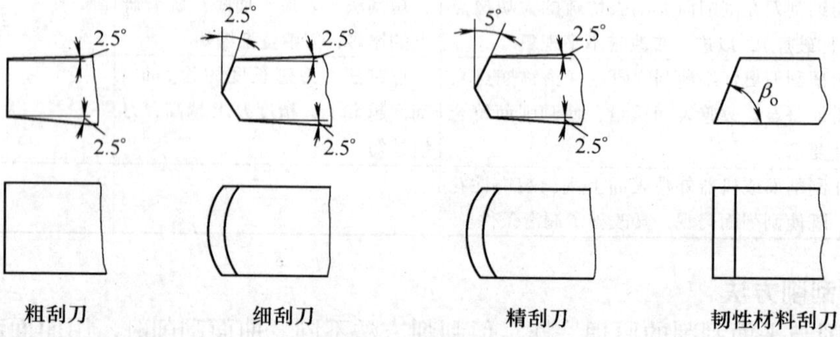

图 10-5　平面刮刀刀头的形状和角度

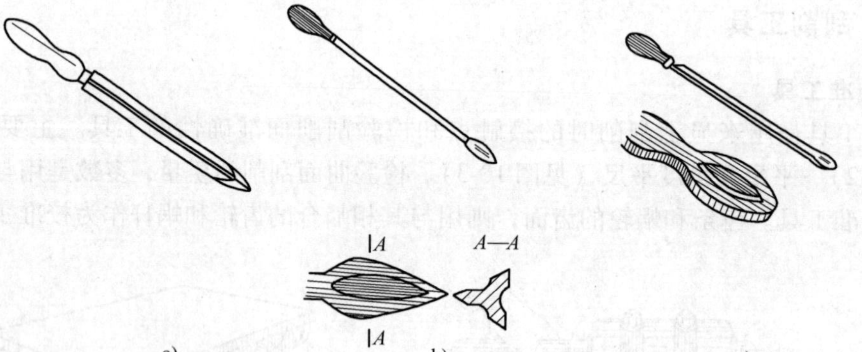

图 10-6　曲面刮刀
a）三角刮刀　b）蛇头刮刀　c）柳叶刮刀

3. 显示剂

显点用于在刮削工艺中判断误差和落刀部位。显点时，必须用标准工具或与其相配合的工件合在一起对研，在其中间涂上一层有颜色的涂料，经过对研，接触表面凸起处就显示出点子，根据显点用刮刀刮去，所用的这种涂料叫做显示剂。显示剂的种类有红丹粉和蓝油两种。

显点的方法应根据工件的不同形状和被刮面积的大小进行选取。

（1）中、小型工件的显点　一般是基准平板固定不动，工件被刮面在基准平板上推磨。

小于平板的工件推磨时最好不出头，若被刮面等于或稍大于平板面，则推磨时工件超出平板的部分不得大于工件长度 L 的 1/3，如图 10-7 所示。

（2）大型工件的显点　当工件的被刮面长度大于平板若干倍的时候，一般是以平板在工件被刮面上推磨，平板超出工件被刮面的长度应小于平板长度的 1/5，之后采用水平仪与显点相结合来判断被刮面的误差。

（3）形状不对称的工件的显点　推研时应在工件的某个部位下压或托起，用力要得当，如图 10-8 所示。

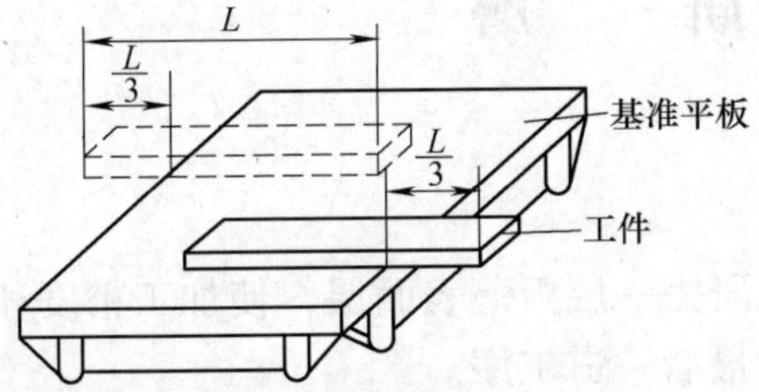

图 10-7　工件在平板上显点

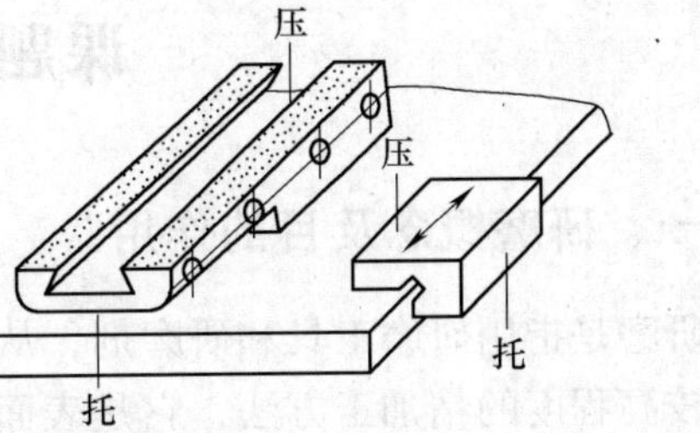

图 10-8　形状不对称工件的显点

六、刮削精度的检验

对刮削表面的质量要求，一般包括形状和位置精度、尺寸精度、配合间隙及表面粗糙度、接触精度等。由于工件的工作要求不同，刮削检查方法有两种，一种是以接触点数目来表示，即用边长为 25mm 的正方形方框罩在被检查面上，根据在方框内的接触点数目多少来确定其接触精度，如图 10-9 所示。各种平面接触精度研点数见表 10-2。曲面刮削中，较多的是对滑动轴承内孔的刮削，各种不同接触精度的研点数目见表 10-3。另一种是用允许的平面度误差和直线度误差表示，用方框水平仪来进行检查。

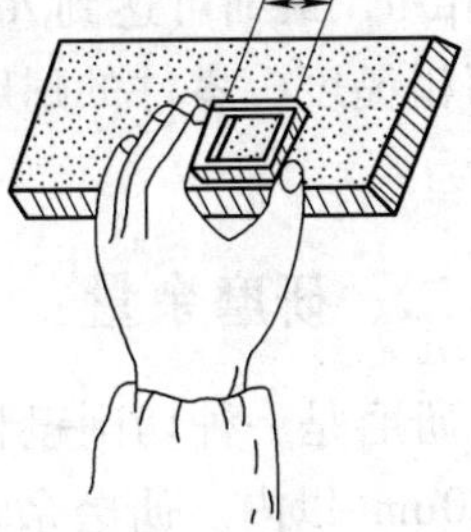

图 10-9　用方框检查研点

表 10-2　各种平面接触精度研点数

平面种类	边长为 25mm 的正方形面积内的接触点数	应用举例
一般平面	2～5	较粗糙机件的固定结合面
	5～8	一般结合面
	8～12	机器台面、一般基准面、机床导向面、密封结合面
	12～16	机床导轨及导向面、工具基准面、量具接触面
精密平面	16～20	精密机床导轨、平尺
	20～25	一级平板、精密量具
超精密平面	≥25	0 级平板、高精度机床导轨、精密量具

表 10-3　滑动轴承的接触点数

轴承直径 d/mm	机床或精密机械主轴轴承			锻压设备、通用机械的轴承		动力机械、冶金设备的轴承	
	高精密	精密	普通	重要	普通	重要	普通
	边长为25mm的正方形面积内的接触点数						
≤120	25	20	16	12	8	8	5
>120		16	10	8	6	6	2

课题二　研　　磨

一、研磨概念及目的作用

研磨是指用研磨工具和研磨剂，从工件上研去一层极薄表面层，使加工精度和表面质量达到较高程度的精加工方法，它是表面加工的最后一道工序。

零件通过研磨能得到极高质量，零件经研磨后的尺寸误差一般可控制在 0.001 ~ 0.005mm 范围内；形状误差可控制在 0.005mm 范围内；表面粗糙度一般可达 *Ra*0.8 ~ 0.05μm，最细可达到 *Ra*0.006μm。另外，零件经研磨后，由于有准确的几何形状和很细的表面粗糙度，零件的耐磨性、耐蚀性和疲劳强度也都相应得到提高，从而延长了零件的使用寿命。

二、研磨余量

研磨是一种切削量极小的精密加工方法，所以留的研磨余量都极小，通常在 0.005 ~ 0.030mm 以内。研磨余量可从三个方面来考虑：被研工件的几何形状和尺寸精度要求、上道加工工序的加工质量、实际情况。

三、研具

研具是研磨加工中保证被研工件几何精度的重要因素，因此对研具的材料、精度和表面粗糙度都有较高的要求。根据工件的不同形状需要选取形状不同的研具，常用的研具有研磨平板、研磨环和研磨棒。研具的材料组织结构应细密均匀，其表面硬度应低于被研工件材料的硬度，使研磨剂中的微小磨粒容易嵌入研具表面，而不易嵌入工件表面。研具还应有较好的耐磨性和稳定性，以保证被研工件获得较高的尺寸和形状精度。常用的研磨材料有以下两种：

1. 灰铸铁

灰铸铁是最常用的研具材料，它强度较高、不易变形、润滑性能好、硬度适中、嵌入性好、价格低、便于加工，且研磨剂易于涂布均匀，因此研磨的效果较好。

2. 球墨铸铁

球墨铸铁的耐磨性更好，比灰铸铁更容易嵌存磨粒，且更加均匀、牢固。因此，用球墨铸铁制作的研具常用于精密工件的研磨。

另外还有选用低碳钢、铜、硬木、塑料、巴氏合金和铅等来制作研具的，用于特殊研磨。

四、研磨剂

研磨剂是由磨料和研磨液调和而成的混合剂。

1. 磨料

磨料在研磨中起切削作用，研磨效率、研磨精度和工件表面粗糙度都与磨料有密切关系。常用磨料的系列与用途见表10-4。

表10-4 常用磨料

系列	磨料名称	代号	特性	适用范围
氧化铝系	棕刚玉	A	棕褐色，硬度高，韧性大，价格便宜	粗、精研磨钢、铸铁和黄铜
	白钢玉	WA	白色，硬度比棕刚玉高，韧性比棕刚玉差	精研磨淬火钢、高速钢、高碳钢及薄壁零件
	铬刚玉	PA	玫瑰红或紫红色，韧性比白钢玉高，磨削粗糙度值低	研磨量具、仪表零件等
	单晶钢玉	SA	淡黄色或白色，硬度和韧性比白钢玉高	研磨不锈钢、高钒高速钢等
碳化物系	黑碳化硅	C	黑色有光泽，硬度比白钢玉高，脆而锋利，导热性和导电性良好	研磨铸铁、黄铜、铝、耐火材料及非金属材料
	绿碳化硅	GC	绿色，硬度和脆性比黑碳化硅高，导热性和导电性良好	研磨硬质合金、宝石、陶瓷、玻璃等材料
	碳化硼	BC	灰黑色，硬度仅次于金刚石，耐磨性好	精研磨和抛光硬质合金、人工宝石等
金刚石系	人造金刚石		无色透明或淡黄色、黄绿色、黑色，硬度高，比天然金刚石略脆，表面粗糙	精研磨和抛光硬质合金、人造宝石、半导体等高硬度脆性材料
	天然金刚石		硬度最高，价格昂贵	
其他	氧化铁		红色至暗红色，比氧化铬软	精研磨或抛光钢、玻璃等材料
	氧化铬		深绿色	

2. 研磨液

研磨液在研磨加工中起到调和磨料、冷却、润滑的作用。研磨液的质量高低和选用是否正确，直接关系着研磨加工的效果，一般要求具备以下条件：良好的粘度和稀释能力；良好的润滑和冷却作用；不影响人体健康且对工件无腐蚀性。常用的研磨液有煤油、汽油、10号和20号全损耗系统用油以及熟猪油等。

五、研磨方法

研磨方法分为手工研磨和机械研磨两种。手工研磨时，为使工件表面各处都受到均匀的微量切削，应该选择合理的运动轨迹，这对提高研磨效率、工件的表面质量和研具的寿命都有直接的影响。手工研磨运动轨迹的形式有往复直线、直线与摆动形、螺旋形、8字形和仿8字形等几种，如图10-10所示。

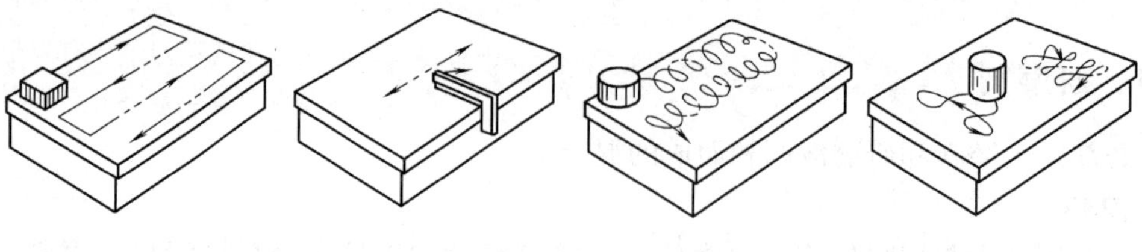

图 10-10　研磨运动轨迹

1. 平面的研磨

平面的研磨一般是在非常平整的研磨平板上进行的。研磨平板分为有槽的和光滑的两种。粗研时，应该在有槽的研磨平板上进行；精研时，则应在光滑的研磨平板上进行。一般平面研磨时，应用 8 字形、螺旋形或螺旋形与直线运动轨迹相结合进行研磨。狭窄平面研磨时，可用金属块作为导靠，使金属块和工件紧紧地靠在一起，并跟工件一起研磨，以保证侧面和平面垂直，防止倾斜和产生圆角，一般采用直线研磨运动轨迹，如图 10-11 所示。如工件的数量较多，则可采用 C 形夹，把几块工件夹在一起进行研磨，一般采用直线与摆动式研磨的运动轨迹，如图 10-12 所示。

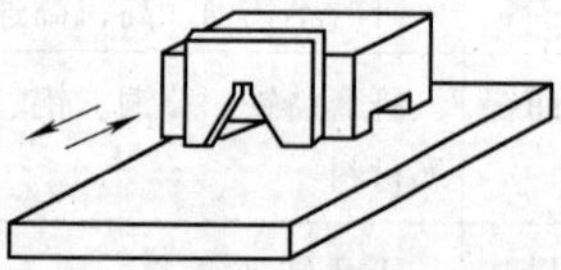

图 10-11　导靠应用直线研磨

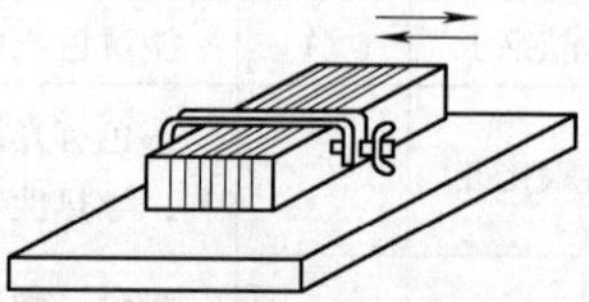

图 10-12　弓形夹应用的直线研磨

2. 圆柱面的研磨

圆柱面的研磨一般都以手工与机器的配合运动进行研磨，分为外圆柱面的研磨和圆柱孔的研磨。

（1）外圆柱面的研磨　研磨外圆柱面一般是在车床或钻床上用研磨环（研套）对工件进行研磨。研套的内径应比工件的外径大 0. 025 ~ 0. 05mm。研套可做成可调节式，如图 10-13 所示。在研磨外圆柱面时，工件的旋转运动可由车床带动，在工件上均匀涂上研磨剂，然后套上研套，通过工件的旋转运动和用手握住研套沿轴线方向作往复运动进行研磨，如图 10-14 所示。一般工件的转速在直径小于 80mm 时为 100r/min，直径大于 100mm 时为 50r/min。研套往复运动的速度，可以根据工件在研磨时出现的网纹来控制，当网纹成 45°交叉线时，说明往复运动的速度是适当的。研磨往复运动的速度无论过快还是过慢，都直接影响工件的精度和耐磨性。

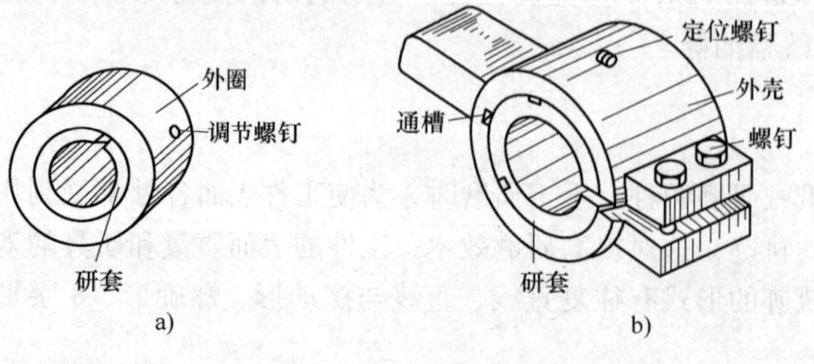

图 10-13　研磨环图

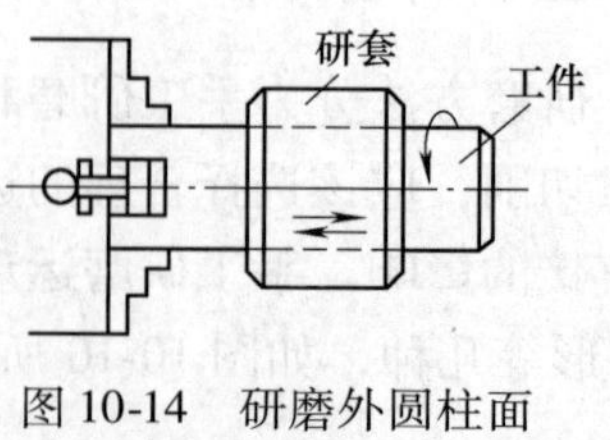

图 10-14　研磨外圆柱面

（2）内圆柱面的研磨　内圆柱面的研磨是将研磨棒装在机器上，而用手握住工件套在研棒上进行的，正好与外圆柱面的研磨工艺相反。研棒的外径应较工件内径小 0.01 ~ 0.025mm。研棒的形式一般有固定式和可调节式两种，如图 10-15 所示。

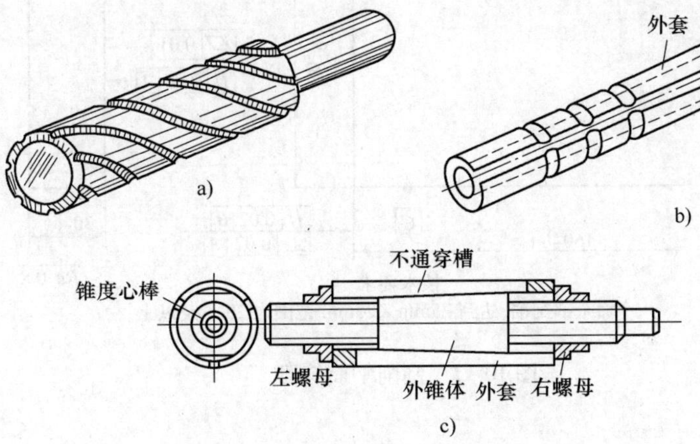

图 10-15　研棒形式

a）、b）固定式　c）可调式

3. 圆锥面的研磨

圆锥面的研磨是指工件圆锥表面（包括圆锥孔和外圆锥面）的研磨，研磨用的研棒工作部分的长度应是工件研磨长度的 1.5 倍左右，锥度必须与工件锥度相同，其结构也有固定式和可调式两种。固定式研棒开有左、右两种螺旋槽，如图 10-16 所示。可调式的研棒，其结构原理与圆柱面可调式研棒相似，研磨时，一般在车床或钻床上进行，转动方向应和研棒的螺旋方向相适应，且在研棒或研套上均匀地涂上一层研磨剂，插入工件锥孔中或套进工件的外锥表面旋转 4 ~5 圈后，将研具稍微拔出一些，然后再推入研磨。研磨到接近要求的精度时，取下研具，擦干研具和工件被磨表面的研磨剂，重复套上一直到被加工表面达到要求为止。

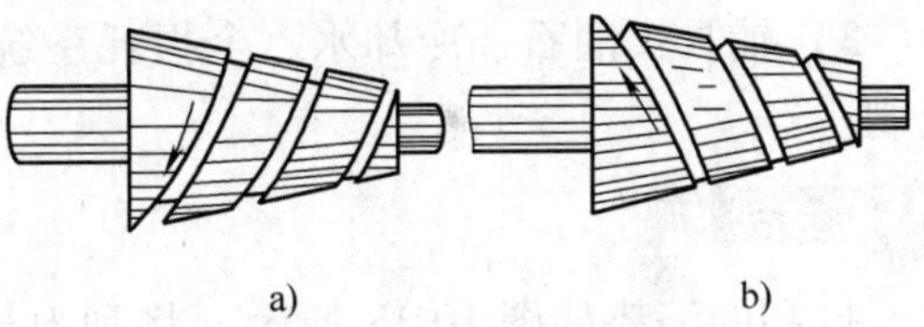

图 10-16　圆锥面研磨棒

课题三　刮削和研磨训练

训练一　平面刮削训练

任务描述

刮削图 10-17 所示平面，通过刮削训练，提高刮削技巧，熟练掌握粗刮、细刮、精刮要点。

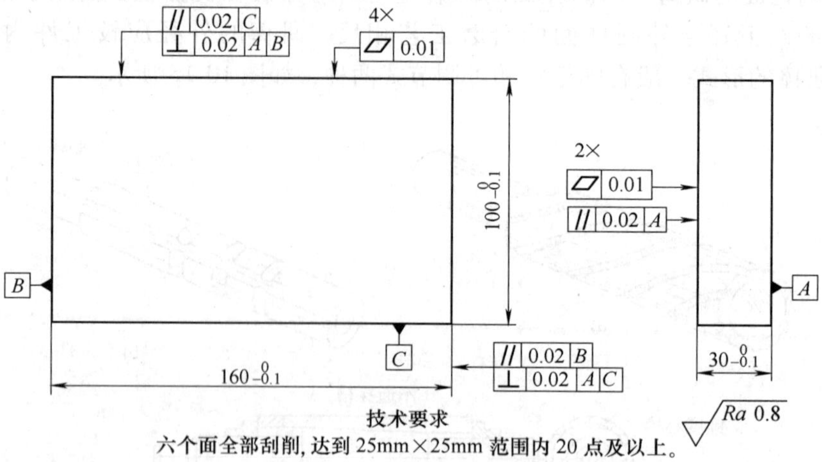

图 10-17　刮削平面练习

任务分析

挺刮法切削量较大，适合余量较大的切削加工，工作效率较高，但腰部易疲劳。

任务准备

1）工具：平面刮刀。

2）量具：25mm×25mm 检测方框、钢直尺。

3）辅具：油石、冷却水、全损耗系统用油、红丹油、羊毛毡、毛刷。

任务实施

挺刮的姿势如图 10-18 所示，将刮刀柄放在小腹右下侧，双手并拢握在刮刀前部距切削刃约 80mm 处（左手在前，右手在后），刮削时刮刀对准研点，左手下压，利用腿部和臀部力量，使刮刀向前推挤，在推动到位的瞬间，同时用双手将刮刀提起，完成一次刮点。

图 10-18　挺刮法

检查评议

刮削平面练习记录及成绩评定

班级：________　姓名：________　学号：________　成绩：________

项次	项目与技术要求		评定方法	配分	得分
1	尺寸	$30_{-0.1}^{0}$ mm	符合要求得分	2	
2		$100_{-0.1}^{0}$ mm	符合要求得分	2	
3		$160_{-0.1}^{0}$ mm	符合要求得分	2	
4	平面度 0.01mm（6 处）		符合要求得分	18	
5	平行度 0.02mm（3 组）		符合要求得分	21	

（续）

项次	项目与技术要求	评定方法	配分	得分
6	垂直度0.02mm（4组）	符合要求得分	28	
7	表面粗糙度 $Ra \leqslant 0.8\mu m$	符合要求得分	6	
8	25mm×25mm范围内接触点达到20个点（6面）	符合要求得分	6	
9	研点清晰、均匀（6面）	符合要求得分	6	
10	无明显落刀痕、撕痕和振痕（6面）	符合要求得分	6	
11	工、量、辅具摆放合理	符合要求得分	3	
12	安全操作	违反一次扣5分		

问题及防治

为保证刮削质量，在刮削时应注意以下事项：

1）不要因为接触点不均匀，就在研点时不适当地增加局部压力，使显点不正确。有时为了使工件得到正确的显点，可在工件上压一个适当的重物，采取自重力研点，以保证研点的准确性。

2）要正确分析接触显点的分布误差与垂直度、平行度误差的不同情况，防止刮削修整的盲目性和片面性。

3）每刮削一面应兼顾其他各有关面，以保证各项技术指标都达到要求，避免因修整某一面而影响其他面的精度。

4）正确掌握从粗刮到精刮的过渡，既保证精度要求又提高刮削效率。

5）加工时应取中间公差值，以补偿测量误差和留有修整余量。

6）测量时要认真细致，测量基准面和被测表面必须擦拭干净，保证测量的可靠性和准确性。

扩展知识

刮削平面时选用长条形的刮刀，可直接把刀头热处理后用于精刮，也可焊上合金刀片用于粗刮。刮削回转面时一般用三角刮刀。

刮削的同时既要注意形位公差的测量，同时也要注意研点要求。在接近公差要求时，注意提高刮研点数，在达到精度要求的同时点数也要达到检验要求。

训练二 研磨训练

任务描述

研磨图10-19所示刀口形直角尺，通过研磨训练，掌握平面研磨的方法，并能研磨达到一定精度和表面粗糙度值的工件。

任务分析

研磨加工是对工件表面进行的一种精密加工。

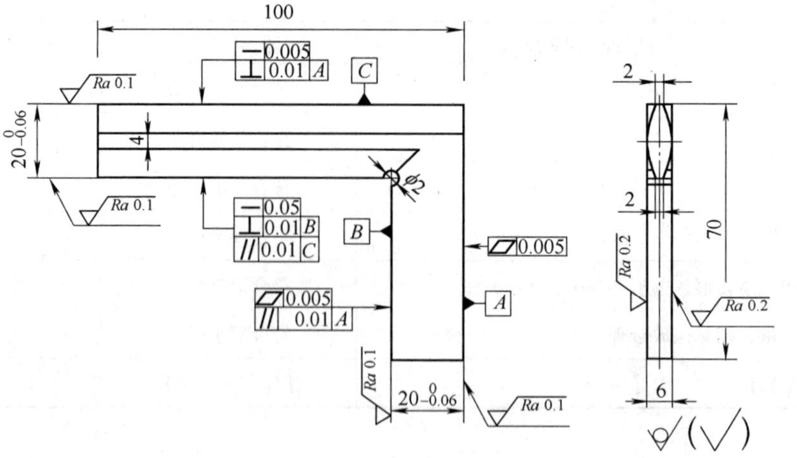

图 10-19　刮削平面练习

任务准备

1）工具：W40 ~ W20 研磨粉、W14 ~ W17 研磨粉。

2）量具：千分表及表架。

3）辅具：毛刷、导靠块。

任务实施

1. 研磨时上料

研磨时上料有两种方法：

（1）压嵌法　压嵌法有两种形式，一种是用三块平板在其上加研磨剂，用原始研磨法轮换嵌砂，使砂粒均匀嵌入平板内；另一种是用淬硬压棒将研磨剂均匀压入平板，以进行研磨工作。

（2）涂敷法　研磨前将研磨剂涂敷在工件或研具上。在研磨过程中，有的被压入研具内，有的呈浮动状态。因磨料难以分布均匀，故加工精度不及压嵌法高。

2. 研磨速度和压力

研磨应在低压、低速情况下进行。粗研时，压力以（1 ~ 2）$\times 10^5$Pa，速度以 50 次/min 左右为宜；精研时，压力以（1 ~ 2）$\times 10^4$Pa，速度以 30 次/min 左右为宜。

检查评议

平面研磨练习记录及成绩评定

班级：________　姓名：________　学号：________　成绩：________

项次	项目与技术要求		评定方法	配分	得分
1	尺座	平面度 0.005mm（2 处）	符合要求得分	12	
2		平行度 0.01mm	符合要求得分	7	
3		表面粗糙度 $Ra \leqslant 0.1\mu m$（2 处）	符合要求得分	14	

（续）

项次	项目与技术要求		评 定 方 法	配　分	得分
4	尺苗	直线度 0.005mm（2 处）	符合要求得分	12	
5		垂直度 0.01mm（2 处）	符合要求得分	14	
6		平行度 0.01mm	符合要求得分	7	
7		表面粗糙度 $Ra \leq 0.1\mu m$（2 处）	符合要求得分	14	
8	尺身	尺寸 $20_{-0.06}^{\ 0}$ mm	符合要求得分	10	
9	侧面表面粗糙度 $Ra \leq 0.1\mu m$（2 处）		符合要求得分	5	
10	工、量、辅具摆放合理		符合要求得分	5	
11	安全操作		违反一次扣 5 分		

问题及防治

为保证研磨质量，在研磨时应注意以下事项：

1）粗、精研磨工作要分开进行，若粗、精研磨采用同一块平板作为研具，在改变研磨工序时，必须作全面清洗，以消除上道工序所留下的较粗磨料。

2）研磨剂每次上料不宜太多，并要分布均匀，以免造成工件边缘研坏。

3）研磨时要特别注意清洁工作，不要让杂质混入研磨剂中，以免在研磨时划伤工件表面。

4）研窄平面要采用导靠块，研磨时使工件紧靠导靠块，保持研磨平面与侧面垂直，以避免产生倾斜和圆角。

5）应经常改变工件在研具上的研磨位置，以防止因研具磨损而降低研磨质量，同时为了使工件均匀受压，应在研磨一段时间后，将工件掉头研磨。

6）刀口面本应采用直线摆动式研磨，使刀口研磨成圆弧面，由于初次练习，故只要求按直线研磨平直即可。

扩展知识

研磨是以物理和化学的综合作用除去零件表层金属的一种加工方法。在研磨过程中，研磨剂可使工件表面迅速形成一层极薄的氧化膜（化学作用），之后又不断地被磨掉（物理作用）。经过这样的多次反复，工件表面很快地就达到预定的要求。

思考与练习

1. 什么是刮削？刮削有哪几种？
2. 什么是粗刮、细刮、精刮和刮花？其作用是什么？
3. 刮削精度的检验方法有哪几种？
4. 什么是研磨？研磨有何作用？
5. 试述研磨的工作原理。
6. 研磨对研具材料有哪些要求？常用研具材料有哪几种？

单元十一　矫正与弯曲

11

知识目标：

1. 了解矫正的概念及分类；
2. 了解弯曲的概念；
3. 掌握最小弯曲半径的概念；
4. 掌握弯曲前毛坯长度计算方法。

技能目标：

1. 掌握常用矫正方法；
2. 掌握不同材料的弯曲方法。

课题一　矫　　正

一、矫正的概念及分类

1. 矫正

消除材料或制件不应有的弯曲、翘曲、凸凹不平等变形缺陷的加工方法被称为矫正。变形主要是由材料在轧制或剪切等外力作用下，内部组织发生变化所产生的残余应力引起的。另外，原材料在运输和存放过程中如果处理不当，也会引起变形。

金属材料变形有两种：一种是弹性变形，另一种是塑性变形。矫正是针对塑性变形而言的，因此只有塑性好的金属材料才能矫正。矫正的实质就是使工件产生新的塑性变形来消除原有的不直、不平或翘曲变形。

2. 矫正的分类

（1）按矫正温度分类　按矫正时被矫正工件的温度可分为冷矫正和热矫正两种。

冷矫正就是在常温条件下进行的矫正，冷矫正时会产生冷硬现象，适用于矫正塑性较好的材料。

热矫正需加热到700～1000℃进行矫正，在材料变形大、塑性差或缺少足够动力设备的情况可使用热矫正。

（2）按矫正力分类　按矫正时产生矫正力的方法可分为手工矫正、机械矫正、火焰矫正等。

手工矫正是在平板、铁砧或台虎钳上用锤子等工具进行操作的，是钳工的一项基本技能。

机械矫正是在专业矫正机或压力机上进行的，专业矫正机适用于成批大量生产的场合，压力机则主要用于缺乏专用矫正机以及变形较大的情况。

火焰矫正是在材料变形处用火焰局部加热的方法进行矫正。由于火焰矫正方便灵活，所以在生产中有广泛的应用，但加热的位置、火焰能率等相对较难掌握。

二、手工矫正的工具

1. 支承工具

支承工具是矫正板材和型材的基座，要求表面平整。常用的有平板、铁砧、台虎钳和V形块等。

2. 施力工具

常用的施力工具有软、硬锤子和压力机等。

（1）软、硬锤子　矫正一般材料，通常使用钳工锤子和方头锤子；矫正已加工过的表面、薄钢件或有色金属制件，应使用铜锤、木锤、橡皮锤等软锤子，图 11-1a 所示为矫正板料的木锤。

（2）抽条和拍板　抽条是采用条状薄板料弯成的简易工具，用于抽打较大面积板料，如图 11-1b 所示。拍板是用质地较硬的檀木制成的专用工具，用于敲打板料，如图 11-1c 所示。

a)　　b)　　c)

图 11-1　手工矫正工具

a）木锤　b）抽条　c）拍板

（3）螺旋压力工具　适用于矫正较大的轴类零件或棒料，如图 11-2 所示。

3. 检验工具

检验工具包括平板、直角尺、钢直尺和百分表等。

三、手工矫正方法

1. 扭转法

扭转法是用来矫正条料扭曲变形的，一般将条料夹持在台虎钳上，用扳手把条料扭转到原来形状，如图 11-3 所示。

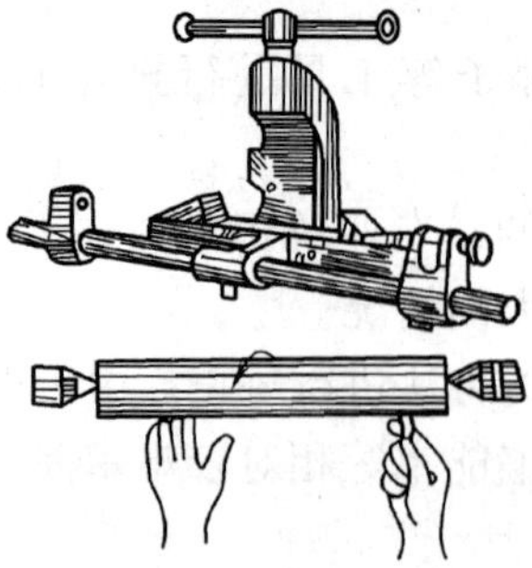

图 11-2　螺旋压力工具矫直轴类零件

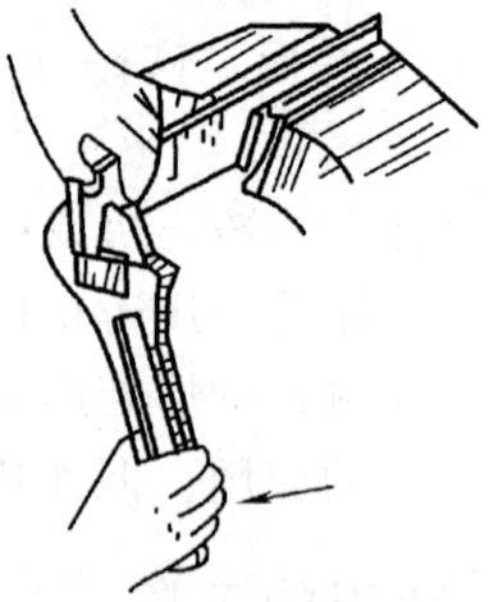

图 11-3　扭转法

2. 伸张法

伸张法是用来矫正各种细长线材的。其方法比较简单，只要将线材一头固定，然后从固定处开始，将弯曲线材绕圆木一周，紧捏圆木向后拉，使线材在拉力作用下绕过圆木得到伸长矫直，如图 11-4 所示。

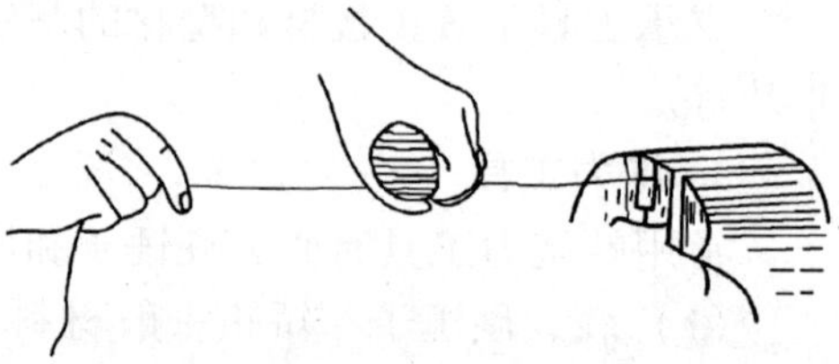

图 11-4　伸张法

3. 弯曲法

弯曲法用来矫正各种弯曲的棒料和在宽度方向上弯曲的条料。一般可用台虎钳在靠近弯曲处夹持，用活动扳手把弯曲部分扳直，如图 11-5a 所示；或将弯曲部分夹持在台虎钳的钳口内，利用台虎钳把它初步压直（见图 11-5b），再放在平板上用锤子矫直（见图 11-5c）。直径大的棒料和厚度尺寸大的条料，常采用压力机矫直。

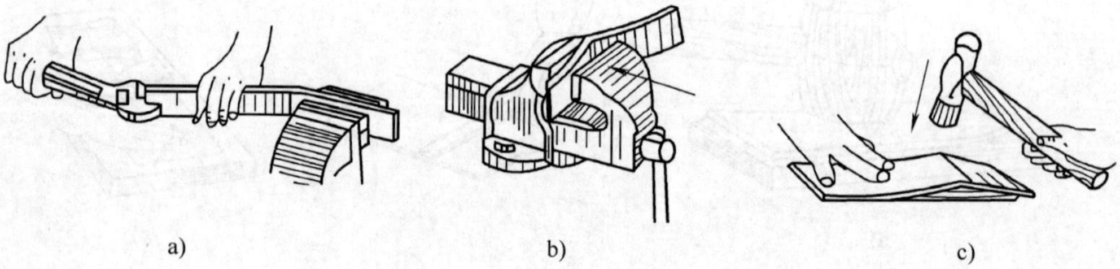

a)　b)　c)

图 11-5　弯曲法

4. 延展法

延展法是用锤子敲击材料，使它延展伸长达到矫正的目的，所以通常又叫锤击矫正法。图 11-6 所示为延展宽度方向上弯曲的条料。如果利用弯曲法矫直，可能会发生裂痕或折断，故此时可用延展法来矫直，即锤击弯曲里边的材料，使里边材料延展伸长而得到矫直。

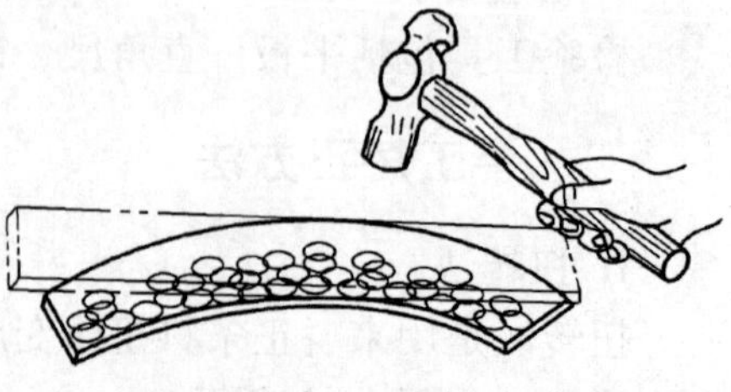

图 11-6　延展法

5. 薄板矫正

金属薄板最容易产生中部凸凹、边缘呈波浪形以及翘曲等变形。薄板矫正一般采用延展法矫正。

（1）薄板中间凸起　薄板中间凸起是由变形后中间材料变薄引起的。矫正时可锤击板料边缘，使之延展变薄，其厚度与凸起部位的厚度越趋近则板料越平整。图 11-7a 中的箭头所示方向，即为锤击位置。锤击时，由里向外逐渐由轻到重，由稀到密。需要特别注意的是，对于薄板的这种变形，不能直接锤在凸起部位，否则会使凸起的部位变得更薄，这样不但达不到矫平的目的，反而会使凸起更为严重。如果薄板表面有相邻几处凸起，则应先在凸起的交界处轻轻锤击，使几处凸起合并成一处，然后再锤击四周而矫平。

（2）薄板四周呈波纹状　这种变形是由于板料四边变薄而伸长了。锤击点应从中间向四周，按图 11-7b 中箭头所示方向，密度逐渐变稀，力量逐渐减小，经反复多次锤打，使板料达到平整。

（3）薄板发生对角翘曲　为矫正薄板的这种变形，应沿另外没有翘曲的对角线锤击使其延展而矫平，如图 11-7c 所示。

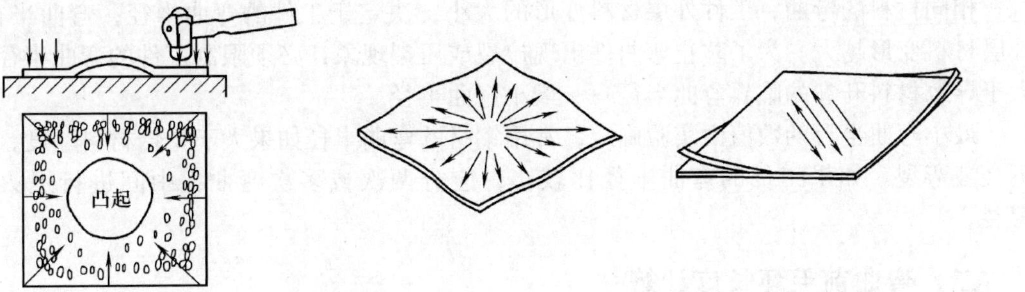

图 11-7　薄板的矫平

（4）薄板有微小扭曲　可用抽条从左到右顺序抽打（见图 11-1b），因抽条与板料接触面积较大，受力均匀，容易达到平整。

（5）如果板料是铜箔、铝箔等薄而软的材料，可用拍板在平板上推压材料的表面（见图 11-1c），使其达到平整，也可用木锤或橡皮锤锤击。

课题二　弯　　曲

一、弯曲的概念和最小弯曲半径

1. 弯曲的概念

将原来平直的板料、条料、棒料或管子弯成所要求的曲线形状或弯成一定的角度，这种工作叫弯曲。

弯曲是使材料产生塑性变形，因此只有塑性好的材料才能进行弯曲。图 11-8a 所示为弯曲前的钢板，图 11-8b 所示为弯曲后的钢板。钢板弯曲后，外层材料伸长（图中 $e-e$ 和 $d-d$），内层材料缩短（图中 $a-a$ 和 $b-b$），中间有一层材料弯曲后长度不变（图中 $c-c$），这层材料称为中性层。材料弯曲部分虽然发生了拉伸和压缩，但其断面面积保持不变。

2. 最小弯曲半径

经过弯曲的工件，越靠近材料表面处金属变形越严重，也就越容易出现拉裂或压裂现象。

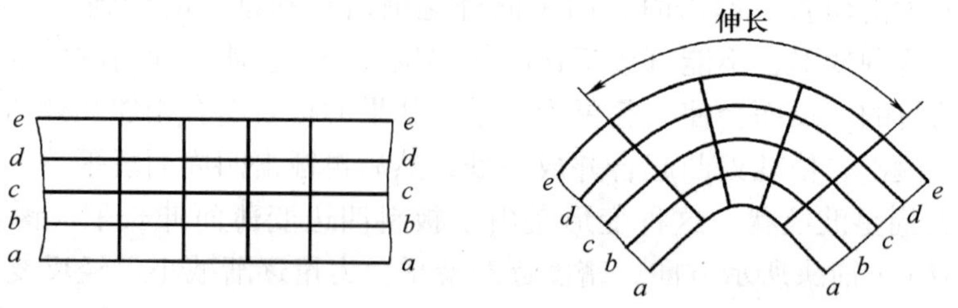

a)　　　　b)

图 11-8　钢板弯曲前后情况

相同材料的弯曲，工件外层材料变形的大小，决定于工件的弯曲半径，弯曲半径越小，外层材料变形越大。为了防止弯曲件出现拉裂或压裂现象，必须限制工件的弯曲半径，使它大于导致材料开裂的临界弯曲半径——最小弯曲半径。

最小弯曲半径的数值由实验确定，常用钢材的弯曲半径如果大于 2 倍材料厚度，一般就不会被弯裂。如果工件的弯曲半径比较小，应分两次或多次弯曲，中间进行退火，避免弯裂。

二、弯曲前毛坯长度计算

在对工件进行弯曲前，要做好坯料长度的计算，否则，备料长度太长会导致材料的浪费，而备料长度太短又不够弯曲尺寸。工件弯曲后，只有中性层长度不变，因此计算弯曲工件毛坯长度时，可以按中性层的长度计算。应该注意，材料弯曲后，中性层一般不在材料正中，而是偏向内层材料的一边。经实验证明，中性层的实际位置与材料的弯曲半径 r 和材料厚度 t 有关。

中性层位置系数 x_0 的数值见表 11-1。从表中 r/t 比值可知，当内弯曲半径 $r/t \geqslant 16$ 时，中性层在材料中间（即中性层与几何中心层重合）。在一般情况下，为简化计算，当 $r/t \geqslant 8$ 时，即可按 $x_0 = 0.5$ 进行计算。

表 11-1　弯曲中性层位置系数 x_0

r/t	0.25	0.5	0.8	1	2	3	4	5	6	7	8	10	12	14	>16
x_0	0.2	0.25	0.3	0.35	0.37	0.4	0.41	0.43	0.44	0.45	0.46	0.47	0.48	0.49	0.5

内边带圆弧制件的毛坯长度等于直线部分（不变形部分）和圆弧中性层长度（弯曲部分）之和。圆弧部分中性层长度，可按下列公式计算：

$$A = \pi(r + x_0 t)\frac{\alpha}{180^\circ}$$

式中　A——圆弧部分中性层长度，单位为 mm；

r——弯曲半径，单位为 mm；

x_0——中性层位置系数；

t——材料厚度，单位为 mm；

α——弯曲角，即弯曲中心角，单位为°，如图 11-9 所示。

对于内边弯曲成直角不带圆弧的制件，求毛坯长度时，可按弯曲前后毛坯体积不变的原理计算，一般采用经验公式计算，取 $r=0$，按 $A=0.5t$ 计算。

上述毛坯长度计算结果，由于材料本身性质的差异和弯曲工艺、操作方法的不同，还会与实际弯曲工件毛坯长度存在误差。因此，成批生产时，一定要用试验的方法，反复确定坯料的准确长度，以免造成成批废品或材料的浪费。

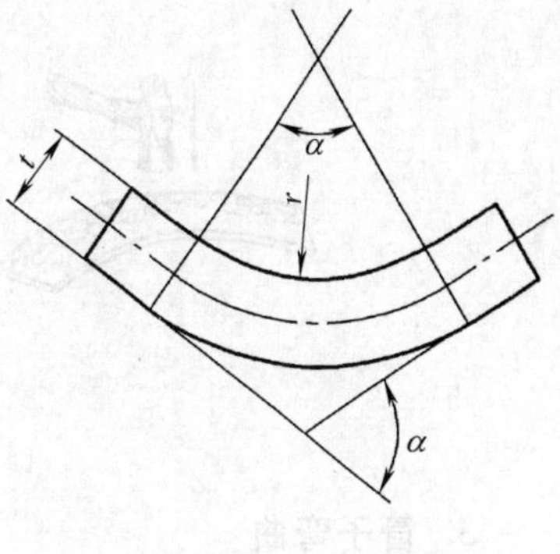

图 11-9　弯曲角与弯曲中心

三、弯曲方法

弯曲方法有冷弯和热弯两种。在常温下进行弯曲叫冷弯；对于厚度大于 5mm 的板料以及直径较大的棒料和管子等，通常要将工件加热后再进行弯曲，称为热弯。

弯曲虽然是塑性变形，但是不可避免地存在着弹性变形。工件弯曲后，由于弹性变形的存在使得弯曲角度和弯曲半径发生变化，这种现象称为回弹。为抵消材料的弹性变形，弯曲过程中应多弯些。

1. 板料在厚度方向上的弯曲

尺寸小的工件可在台虎钳上进行，先在弯曲的地方划好线，然后夹在台虎钳上，使弯曲线和钳口平齐，按图 11-10a 所示方法在接近划线处进行锤击，也按图 11-10b 所示方法用木垫或铁垫垫住再敲击垫块。如果台虎钳钳口比工件短，可用角铁制作的夹具来夹持工件，如图 11-10c 所示。

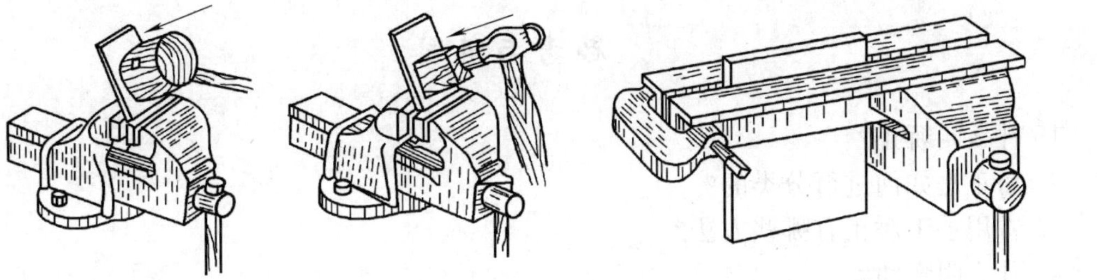

a)　b)　c)

图 11-10　板料在厚度方向上的弯曲

2. 板料在宽度方向上的弯曲

利用金属材料的延伸性能，在弯曲的外弯部分进行锤击，使材料向一个方向渐渐延伸，以达到弯曲的目的，如图 11-11a 所示。较窄的板料可在 V 形块或特制弯曲模上用锤击法使工件变形而弯曲，如图 11-11b 所示。另外还可在简单的弯曲工具上进行弯曲，如图 11-11c 所示。它由底板、转盘和手柄等组成，在两只转盘的圆周上都有按工件厚度车制的槽，固定转盘直径与弯曲圆弧一致。使用时，将工件插入两转盘槽内，扳动手柄转动活动转盘使工件达到所要求的弯曲形状。

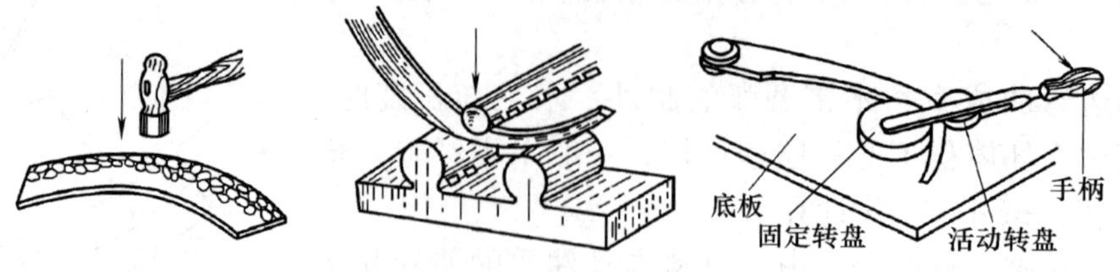

a)　　b)　　c)

图 11-11　板料在宽度方向上的弯曲

3. 管子弯曲

管子直径在 12mm 以下可以用冷弯法，直径大于 12mm 采用热弯法。管子弯曲的最小弯曲半径必须是管子直径的 4 倍以上。管子直径在 10mm 以上时，为防止管子弯瘪，必须在管内灌满干砂（灌砂时用木棒敲击管子，使砂子灌得密实），两端用木塞塞紧，如图 11-12a 所示。对于有焊缝的管子的弯曲，焊缝必须放在中性层的位置上，如图 11-12b 所示，否则易使焊缝裂开。冷弯管子一般在弯管工具上进行，其结构如图 11-13 所示。

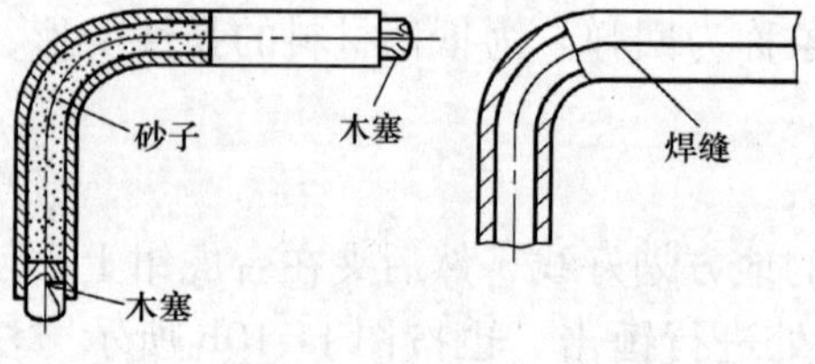

a)　　b)

图 11-12　冷弯管子

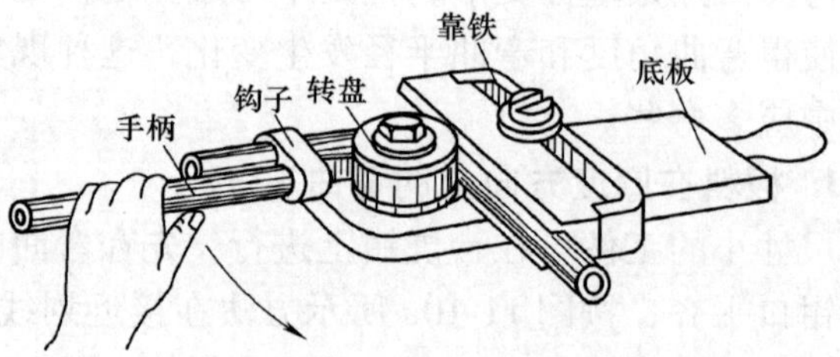

图 11-13　管子弯曲工具

思考与练习

1. 什么叫矫正？
2. 矫正是如何进行分类的？
3. 常用手工矫正有哪些方法？
4. 什么叫弯曲？
5. 常用的弯曲方法有哪些？为什么需要采用不同的弯曲方法？

单元十二　铆接与粘接

12

知识目标：

1. 了解铆接的种类和铆接件的接合形式；
2. 了解各类粘接剂的应用。

技能目标：

1. 掌握铆接工具的使用方法；
2. 掌握正确的铆接方法；
3. 掌握正确的粘接工艺。

课题一　铆　　接

一、铆接概述

利用铆钉把两个或两个以上的零件或构件联接为一个整体，这种联接方法称为铆接。铆接时，用工具连续锤击或用压力机压缩铆钉杆端，使铆钉杆充满钉孔并形成铆钉头，如图 12-1 所示。

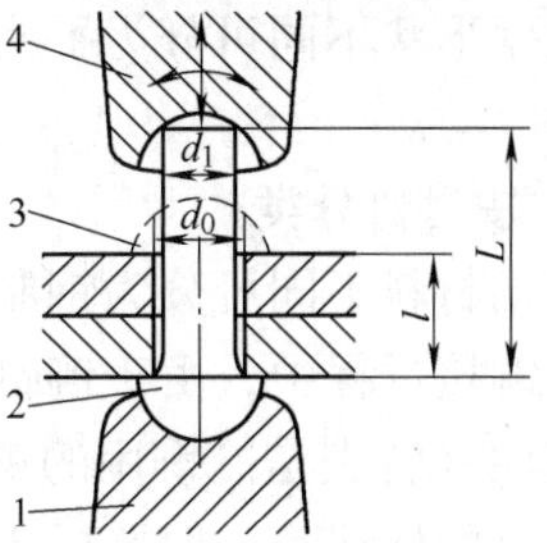

图 12-1　铆接
1—顶模　2—预制顶头　3—铆钉头　4—罩模

目前，在很多工件的连接中，铆接已经逐渐被焊接所代替，但因铆接具有工艺简单、联接可靠、抗振和耐冲击等优点，所以在机器、设备、工具制造中，仍有较多应用。

二、铆接种类

根据使用要求不同，铆接可分为活动铆接和固定铆接两种。

1. 活动铆接

活动铆接又称铰链铆接，它的结合部分可以相互转动，如剪刀、钢丝钳、划规等工具的铆接，都是活动铆接。

2. 固定铆接

固定铆接的结合部位是固定不动的。根据使用的不同要求，固定铆接又可分为强固铆接、紧密铆接和强密铆接等。

（1）强固铆接　要求铆钉能承受强大的作用力，保证构件有足够的联接强度。适用于屋架、桥梁、车辆、立柱和横梁等。

（2）紧密铆接　铆钉不需要承受大的作用力，只承受小的均匀压力。要求构件上的接合缝非常紧密，铆缝中常夹有橡胶或其他填料，以防漏水和漏气。常用于贮存液体或气体的薄壁结构的铆接，如水箱、气箱和油罐等。

（3）强密铆接　这类铆接既要求铆钉能承受大的作用力，又要求构件上的结合缝绝对紧密，即使在一定的压力下也能防止液体和气体的渗漏，如压缩空气罐、高压容器和蒸汽锅炉等。

按照铆接方法来分，铆接可以分为冷铆、热铆和混合铆三种。

1. 冷铆

铆钉不需要加热，直接镦出铆合头的铆接方法称为冷铆。冷铆要求铆钉材料有较好的塑性，一般直径小于10mm的钢制铆钉均可采用冷铆方法。

2. 热铆

把整个铆钉加热到一定温度后，进行铆接的方法称为热铆。铆钉加热后塑性提高，容易成形，冷却后铆钉收缩，可增加结合强度。热铆应把铆钉孔径扩大0.5～1mm，使铆钉加热后容易插入。一般直径大于10mm的钢制铆钉常采用热铆方法。

3. 混合铆

只把铆钉的铆合头部加热的铆接方法称为混合铆。混合铆适用于细长的铆钉，其目的是避免铆接时铆钉杆的弯曲变形。

三、铆钉的种类

铆钉是铆接结构的紧固件，铆钉的分类一般可以按照形状和材料来分。

1. 按形状分类

根据形状不同可分为平头、半圆头、沉头、半圆沉头、管状空心铆钉和皮带铆钉等，见表12-1。

2. 按材料分类

根据材料不同可分为钢制、铜制（紫铜和黄铜）、铝制。

在铆接过程中，由于铆钉需承受较大的塑性变形，因此要求铆钉材料应具有韧性和高度的延展性（特别是冷铆用的钢制铆钉）。

铆钉的标记，一般要标出直径、长度和国家标准序号，如铆钉5×20GB867—86，表示铆钉直径为ϕ5mm，长度为20mm，国家标准序号为GB867—86。

按国家标准规定，铆钉材质有以下分类：钢铆钉有Q215、Q235、ML2、ML3、10、15；铜铆钉有T3、H62；铝铆钉有L3、LY1、LY10、LF10。

表12-1　铆钉种类及应用

名　称	形　状	应　用
平头铆钉		铆接方便，应用广泛，常用于一般无特殊要求的铆接中，如铁皮箱盒、防护罩壳及其他结合件中

（续）

名　　称	形　状	应　　用
半圆头铆钉	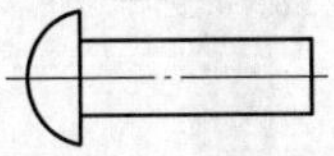	应用广泛，如钢结构的屋架、桥梁和车辆、起重机等，常用这种铆钉
沉头铆钉	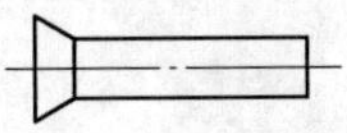	应用于框架等制品表面要求平整的地方，如铁皮箱柜的门窗以及一些手用工具等
半圆沉头铆钉	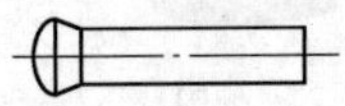	用于有防滑要求的地方，如踏脚板和梯板等
管状空心铆钉	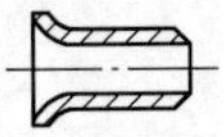	用于在铆接处有空心要求的地方，如电器部件的铆接等
皮带铆钉	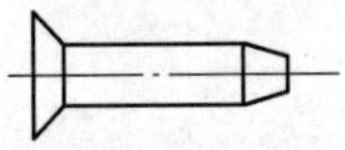	用于铆接机床制动带以及铆接毛毡、橡胶、皮革材料的制件

四、铆接工具

铆接的主要工具有以下几种：

1. 锤子

常用的为圆头锤子，锤子的大小应按铆钉直径的大小来选定。通常使用的有 0.25～0.5kg 的锤子。

2. 压紧冲头

如图 12-2a 所示，当铆钉插入孔内后，用压紧冲头消除被铆合的板料之间的间隙，使之压紧。

3. 罩模和顶模

如图 12-2b、c 所示，罩模和顶模工作部分的形状根据铆钉的形状而定，多数制成半圆头的凹球面，用于铆接半圆头铆钉。也有按平头铆钉的头部制成凹形的，用于铆接平头铆钉。罩模和顶模制成后，其工作部分需淬硬和抛光。罩模和顶模的柄部略有区别，罩模的柄部为圆柱形，顶模的柄部制成两个平行的平面，可在台虎钳上稳固夹持，以方便铆接。

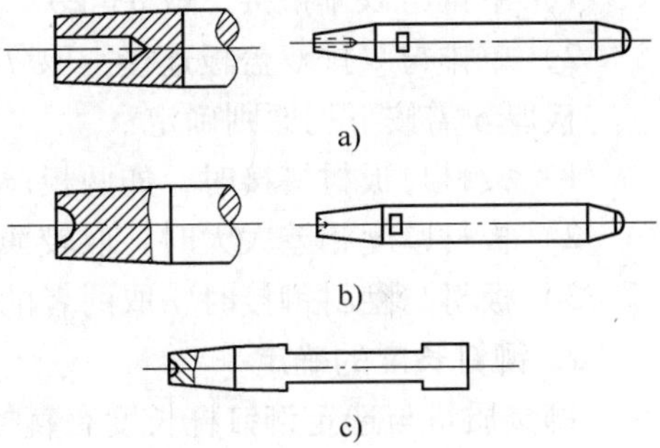

图 12-2　铆接工具

a）压紧冲头　b）罩模　c）顶模

4. 冲头

图 12-3 所示为铆接空心铆钉用的冲头，这种冲头两个一组，一个制成顶尖形的，一个制成圆凸形的。

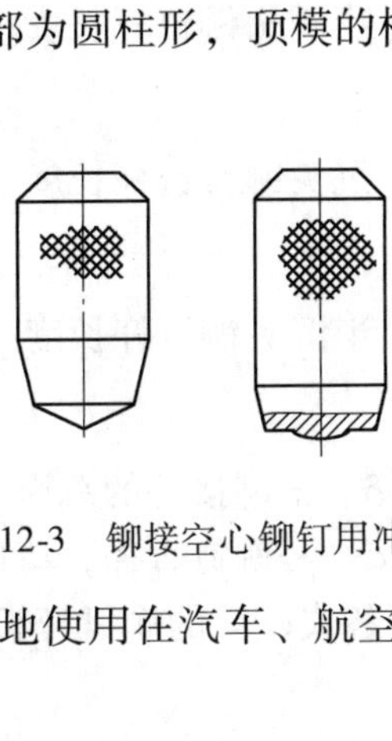

图 12-3　铆接空心铆钉用冲头

5. 拉铆枪

抽心铆钉的铆接要用到拉铆枪，拉铆枪有手动和气动两种，如图 12-4 所示。这种铆接方法可以解决金属薄板、薄管连接时焊接螺母易熔，攻内螺纹易滑牙等缺点，具有铆接牢固，效率高，使用方便等特点。目前广泛地使用在汽车、航空、铁道、制冷、电梯、开关、仪器、家具、装饰等机电和轻工产品中。

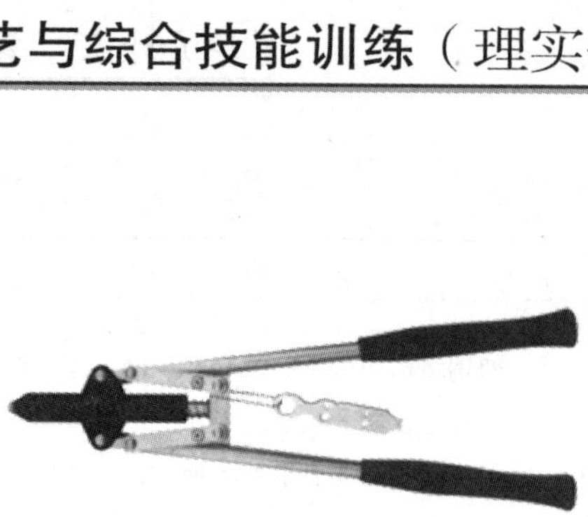
a)

b)

图 12-4　拉铆枪

a）手动拉铆枪　b）气动拉铆枪

五、铆钉直径、长度及铆钉孔直径的确定

1. 铆钉直径的确定

铆钉直径是根据结构强度要求，由板厚确定的。一般情况下，构件板厚 δ 与铆钉直径 d 的关系如下：

1）单排与双排搭接，取 $d=2\delta$。

2）单排与双排双盖板连接，取 $d\approx(1.5\sim1.75)\delta$。

板厚 δ 需按下列原则确定：

1）板材与板材搭接时，如两板厚度相近，取较厚板材的厚度。

2）板材厚度相差太大时，取较薄板材厚度。

3）板材与型材铆接时，取两者的平均厚度。

2. 铆钉长度的确定

铆接质量与选定铆钉杆长度有直接关系，若铆杆过长，则铆钉的镦头过大，而且钉杆也容易弯曲；若钉杆过短，则镦粗量不足，铆钉头成形不完整，将会严重影响铆接的强度和紧密性。铆钉长度应根据被铆接件的总厚度、钉孔与钉杆直径间隙及铆接工艺方法等因素来确定。采用标准孔径的铆钉杆长度，可按下列公式计算：

（1）半圆头铆钉杆长度

$$L = 1.1\sum\delta + (1.65 \sim 1.75)d$$

（2）沉头铆钉钉杆长度

$$L = 1.1\sum\delta + 0.8d$$

（3）半沉头铆钉杆长度

$$L = 1.1\sum\delta + 1.1d = 1.1(\sum\delta + d)$$

式中　$\sum\delta$——铆接件的总厚度，单位为 mm；

d——铆钉直径，单位为 mm。

以上各式计算的铆钉杆长度都是近似值，进行大量铆接时，铆钉杆实际长度需通过试铆后确定。

3. 铆钉孔直径的确定

铆钉孔直径应根据冷、热铆不同方式而确定。

冷铆时，钉杆不易镦粗，为保证连接的强度，钉孔直径与钉杆直径接近。

热铆时，由于铆钉受热膨胀变粗，为了便于穿钉，钉孔直径与钉杆直径的差值应略大些。钉孔直径的标准见表 12-2。对于多层板料强密铆接时，钻孔直径应按标准孔径减小 1 ~ 2mm。对筒形构件必须在弯曲前钻孔，孔径应比标准孔径减小 1 ~ 2mm，以便在装配时再进行铰孔。

铆接前划线钻孔，钻孔后孔口倒角，沉头铆钉钻孔后要锪孔口，锪孔的角度和深度要正确。

表 12-2 紧固件铆钉用通孔（GB 152. 1—1988） （单位：mm）

铆钉直径 d		3.5	4	5	6	8	10	12	14	16	18	20	22	24	27	30	36
钉孔直径 d_0	精装配	3.6	4.1	5.2	6.2	8.2	10.3	12.4	14.5	16.5							
	粗装配	3.9	4.5	5.5	6.5	8.5	11	13	15	17	19	21.5	23.5	25.5	28.5	32	38

六、铆接方法

机械装配中常用的铆接方法有锤铆和压铆。

1. 铆接方法

（1）半圆头铆钉的铆接

1）铆钉插入孔后，将顶模置于垂直而稳固的状态，使铆钉半圆头与顶模凹圆紧密接触，用压紧冲头将被铆接件压紧贴实，如图 12-5a 所示。

2）用锤子锤打铆钉伸出部分使其镦粗，如图 12-5b 所示。

3）用锤子适当斜着均匀锤打周边，如图 12-5c 所示。

4）用尺寸适宜的罩模铆打成形，不时地转动罩模，垂直锤打，如图 12-5d 所示。

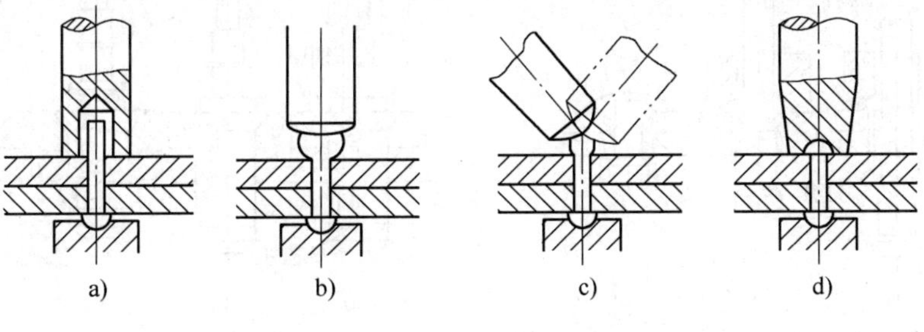

图 12-5 半圆头铆钉铆接步骤

（2）沉头铆钉的铆接

1）铆钉插入孔后，在被铆接件下面支承好淬火平铁，在正中镦粗面 1、2，如图 12-6 所示。

2）铆合面 2。

3）铆合面 1。

4）用平头冲子修整。

（3）空心铆钉的铆接

1）铆钉一端有铆钉头，将其杆部装入铆接件孔中，垫好下端铆钉头。

2）用锤子锤打顶尖形冲头，把铆钉上端撑开与铆接件相接触，如图 12-7a 所示。

3）用圆凸形冲头将铆钉头部铆接成形，如图 12-7b 所示。要分几次锤打铆成，以免大力快铆出现裂纹。

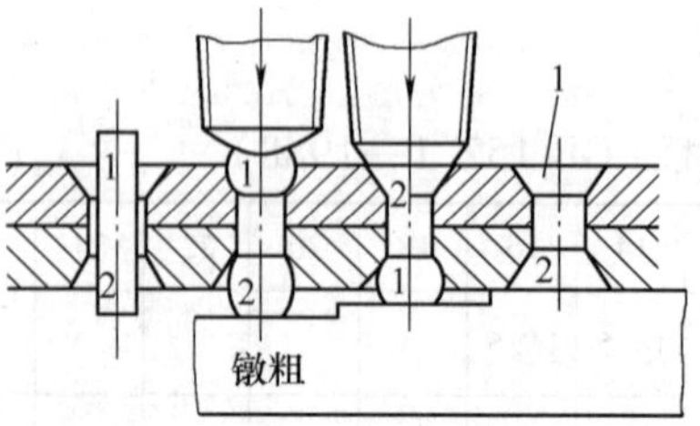

图 12-6　沉头铆钉的铆接

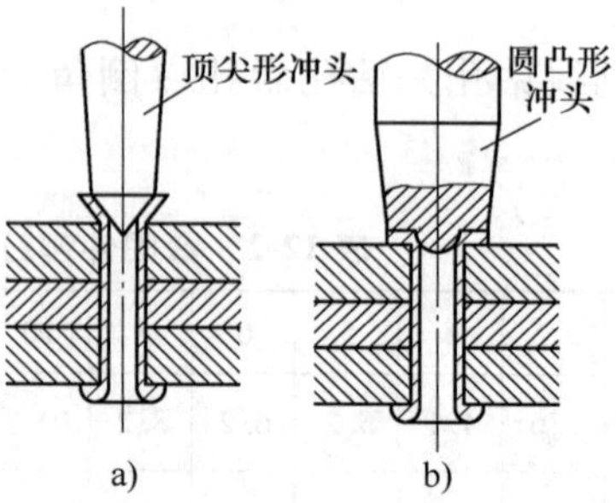

图 12-7　空心铆钉的铆接步骤

（4）单面铆接　只从一面完成铆接的方法，称为单面铆接或盲接。单面铆接一般都用抽芯铆钉。

1）普通抽芯铆钉的铆接。首先装入铆钉，用拉铆枪拉紧芯杆，使其底端圆柱挤入钉套，如图 12-8a 所示；使钉套与钉孔形成轻度过盈结合，如图 12-8b 所示；最后拉断芯杆完成铆接，如图 12-8c 所示。

2）锁圈型抽芯铆钉的铆接。首先装入铆钉开始拉铆，如图 12-9a 所示；消除零件间的间隙，如图 12-9b 所示；然后压入锁圈，如图 12-9c 所示；最后拉断芯杆完成铆接，如图 12-9d 所示。

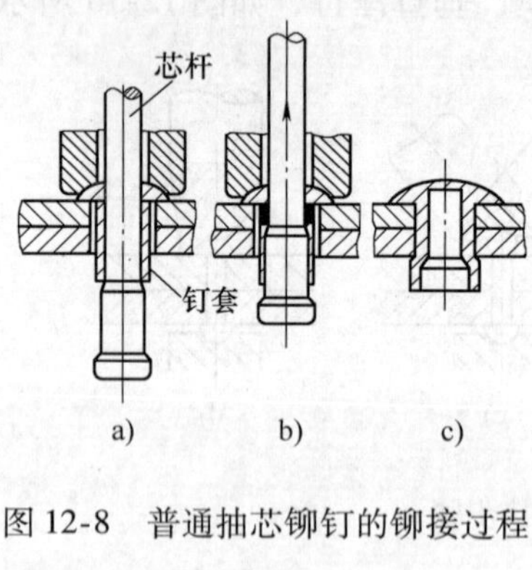

图 12-8　普通抽芯铆钉的铆接过程

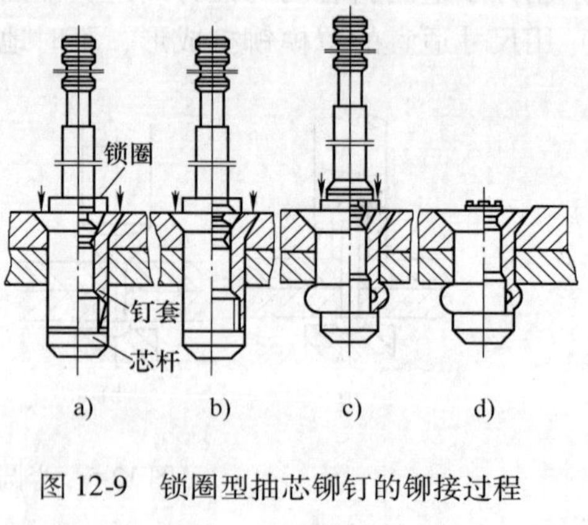

图 12-9　锁圈型抽芯铆钉的铆接过程

2. 铆接加工时应注意的问题

1）铆接零件与铆钉孔要清洁，对准钉孔，铆接零件应紧密贴合。

2）采用热铆时，铆钉加热温度应准确，并迅速送至工件，立即进行铆合。热铆的压力须维持一定的冷却时间，使工件牢固紧密地结合。

3）采用机铆时，加压的压杆中心要与铆钉头同心。

课题二　粘　接

一、粘接概述

利用粘结剂形成的联接称为粘接。目前粘接技术在工模具制造、设备的修理等方面，得到了广泛的应用。

1. 粘接的优点

1）工艺简单。

2）不需要特殊的设备和贵重原材料。

3）粘接的零件不需要经过高精度的机械加工。

4）可以粘接不易焊接或铆接的金属材料或非金属材料。

5）粘接处应力分布均匀，不存在由于铆、焊而引起的应力集中现象。硬质合金刀具、陶瓷刀具使用粘接可消除裂纹、变形等缺陷。

6）具有密封、绝缘、耐水、耐油等特点。

2. 粘接存在的问题

1）粘接强度不够稳定。

2）大部分粘结剂性脆，不能承受大的冲击。

3）剥离强度差。

二、粘结剂

按粘结剂使用的材料来分，有无机粘结剂和有机粘结剂两大类。

1. 无机粘结剂及其使用

无机粘结剂由磷酸溶液和氧化物组成，工业上大都采用磷酸和氧化铜。在粘结剂中，也可加入某些辅助填料，从而得到所需的性能。

2. 有机粘结剂及其作用

有机粘结剂是一种高分子有机化合物。它常以合成树脂或弹性材料作为粘结剂的基本材料，再添加一定量的增塑剂、固化剂、稀释剂、填料和促进剂等配制而成。有机粘结剂一般由使用者按实际需要自行配制，但专业厂家也有一定的品种供应。

有机粘结剂品种很多，常用的有机粘结剂有两种：

（1）环氧粘结剂　凡含有环氧基团的高分子聚合物统称为环氧粘结剂或环氧树脂。由于它对各种材料均有良好的粘结性能，因而得到广泛的应用。

（2）聚丙稀酸脂粘结剂　这类粘结剂常用的牌号有501、502。其特点是无溶剂，有一定的透明性，可在室温固化。因固化速度太快，不宜作大面积粘结，故仅适宜用于小面积粘结。

三、粘接工艺

1. 粘接结构的准备

接头的结构形式是决定粘结强度的重要因素之一。最好的结构是轴套类配合结构（简称套接），其次是T形槽、燕尾槽、U形槽结构，而平面的对接或搭接，则应尽量避免使用。

接合处的表面越粗糙，其粘接强度越高。为了提高粘接强度，还可以采用滚花、铣槽、车螺纹等措施。

粘接面的配合间隙（指单面）一般取0.1～0.2mm为宜。若间隙过小，则粘结剂不易进入配合表面，起不到粘接作用；若间隙过大，则粘结剂较脆，达不到应有的粘接强度。

2. 粘接面的处理

在粘接前，被粘接面均需经过除锈、脱脂和清洗等处理。除锈可使用砂纸、钢丝刷或喷砂等方法。脱脂和清洗可用香蕉水、丙酮或三氯乙稀。

3. 配胶与涂胶

粘合剂应按其配方配制。在室温下固化的粘合剂，还应考虑其固化时间。

将搅拌好的粘结剂分别涂于工件的两个配合面，随后按正确位置将工件粘合在一起。要注意的是：

1）被粘接面清洗后，应充分干燥，方能涂胶。

2）不易挥发的表面（如内孔）、复杂的表面要先涂，其他易挥发的表面后涂，以保证各粘接面涂敷的粘结剂粘度一致，从而获得较好的粘接强度。

3）圆柱与不通孔配合粘接时，需有排气孔。

4. 合拢和固化

合拢后应适当按、锤、滚压以挤出微小胶圈。固化温度、压力和时间是最重要的质量控制参数，皆需视粘合剂组分而定。有关参数可以从粘合剂产品说明书或手册中查到。

5. 胶粘过程的质量检验

早期主要采用敲击法和超声波，现在还可采用C扫描、多层C扫描、电磁检验法。

课题三　铆接训练

任务描述

铆接工件如图12-10所示。

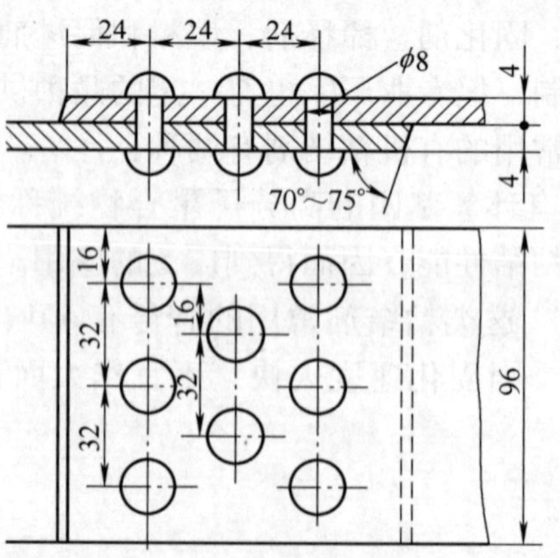

图12-10　铆接工件

任务分析

通过本项目的技能训练掌握铆钉的选择及使用铆接工具的方法，掌握铆接技能。

相关知识

铆接质量的检查方法如下：

1）目测检查表面质量。铆接工件表面缺陷主要有铆钉成形差、裂纹、工件表面磕伤等。

2）用小锤轻轻敲击铆钉头，凭声音判断铆钉是否松动。

3）用钢直尺、样板等检查铆钉是否符合图样给定的尺寸。

任务准备

1）工具：200mm 细齿圆锉、整形锉、划针、样冲、锤子、锯弓、顶模、罩模、压紧冲头，各直径钻头、各规格铆钉若干。

2）量具：钢直尺、游标卡尺。

3）辅具：毛刷、紫色水、钢丝刷、粉笔。

4）材料：45 钢　120mm×96mm×4mm　2 件。

任务实施

1）分析工件图，计算铆钉孔直径和铆钉杆长度。

2）根据工件图进行划线。

3）在钻床上钻铆钉孔。

4）按要求装配工件并修整铆钉孔。

5）确定适当的铆接顺序。

6）铆接操作。

检查评议

练习记录及成绩评定

班级：________　姓名：________　学号：________　成绩：________

序号	测 量 项 目	配分	配 分 标 准	测量结果	得分
1	24mm（3 处）	15	超差不得分		
2	32mm（3 处）	15	超差不得分		
3	16mm（2 处）	10	超差不得分		
4	铆接表面质量	20	符合要求得分		
5	铆接松紧程度	20	松动不得分		
6	铆接顺序	10	符合要求得分		
7	文明生产与安全生产	10	违规每次扣 5 分		
8	时间定额 40min		每超额 5min 扣 5 分		

问题及防治

在铆接时，如果铆钉直径、长度、钉孔直径选择不当，或在操作过程中某些操作未能达到要求，则铆接后将会出现一系列质量问题，甚至造成铆接废品。铆接常见缺陷产生原因及防止措施见表12-3。

表12-3　铆接常见缺陷产生原因及防止措施

序号	缺陷名称	图示	产生原因	防止措施
1	铆钉头偏移或钉杆歪斜	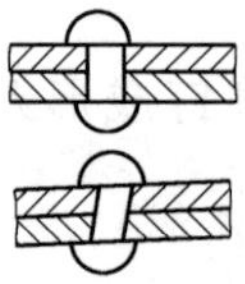	1. 铆接时铆钉枪与板面不垂直 2. 压缩空气压力过大，使钉杆弯曲 3. 铆钉孔歪斜	1. 将铆钉枪与钉杆置于同一轴线上 2. 开始铆接时风门小，然后增大 3. 钻、铰孔时刀具与板面垂直
2	铆钉头四周未与板件表面结合		1. 铆钉孔直径过小或钉杆有毛刺 2. 压缩空气压力不足 3. 顶钉力不够或未顶严	1. 铆接前先检查铆钉孔直径 2. 穿钉前先清除钉杆毛刺和氧化皮 3. 气压不足应停止铆接
3	铆钉头局部未与板件表面结合	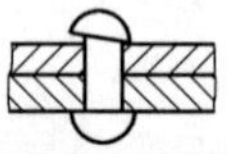	1. 罩模偏斜 2. 钉杆长度不够	1. 铆钉枪应保持垂直 2. 正确确定铆钉杆长度
4	板件结合面间有缝隙	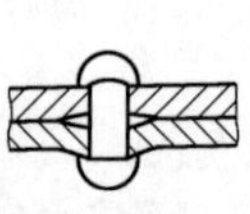	1. 装配时螺栓未紧固或过早地拆卸螺栓 2. 钉孔直径过小 3. 板件间相互贴合不严	1. 拧紧螺母，待铆接后，再拆除螺栓 2. 铆接前检查孔径大小是否合适 3. 铆接前检查板件是否贴合
5	铆钉形成突头及磕伤板料	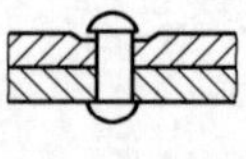	1. 铆钉枪位置偏斜 2. 钉杆长度不足 3. 罩模直径过大	1. 铆接时铆钉枪与板件垂直 2. 正确确定钉杆长度 3. 更换罩模
6	铆钉杆在铆钉孔内弯曲	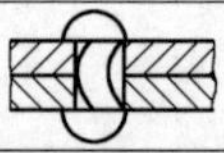	铆钉杆与钉孔的间隙过大	1. 选用适当直径的铆钉 2. 开始铆接时，风门应小
7	铆钉头有裂纹	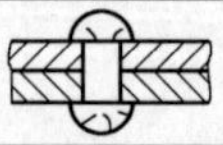	1. 铆钉材料塑性差 2. 加热温度不适当	1. 检查铆钉材质，试验铆钉塑性 2. 控制好加热温度
8	铆钉头周围有过大的帽缘	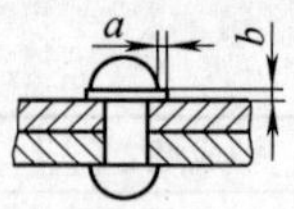	1. 钉杆过长 2. 罩模直径太小 3. 铆接时间过长	1. 正确选择钉杆长 2. 更换罩模 3. 减少击打次数
9	铆钉头过小高度不够	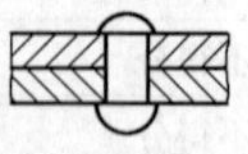	1. 钉杆较短或孔径过大 2. 罩模直径过大	1. 加长钉杆 2. 更换罩模
10	铆钉头上有伤痕	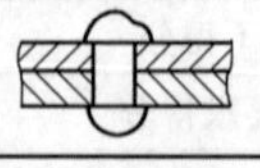	罩模击在铆钉头上	铆接时紧握铆钉枪，防止跳动过高

扩展知识

要拆卸铆接件，须先毁坏铆钉的铆合头，然后用工具把铆钉从孔中冲出。对较粗糙的铆接件，可直接用錾子把铆合头錾去，再用工具把铆钉冲出。当铆合件表面不允许受到损伤时，可用钻孔方法拆卸，具体操作如下：

1. 沉头铆钉的拆卸

为了保证钻孔时麻花钻中心与铆钉杆中心对准，可先用样冲在铆钉头上冲出中心眼，用小于铆钉直径 1mm 的麻花钻钻孔，深度略超过铆钉头高度，然后用小于孔径的冲头将铆钉冲出，如图 12-11a 所示。

2. 半圆头铆钉的拆卸

先把铆钉头的顶端略微敲平或锉平，用样冲冲出中心眼后用麻花钻钻孔，钻孔深度为铆合头高度，然后用一铁棒插入孔中，将铆钉头折断，最后用冲头将铆钉冲出，如图 12-11b 所示。

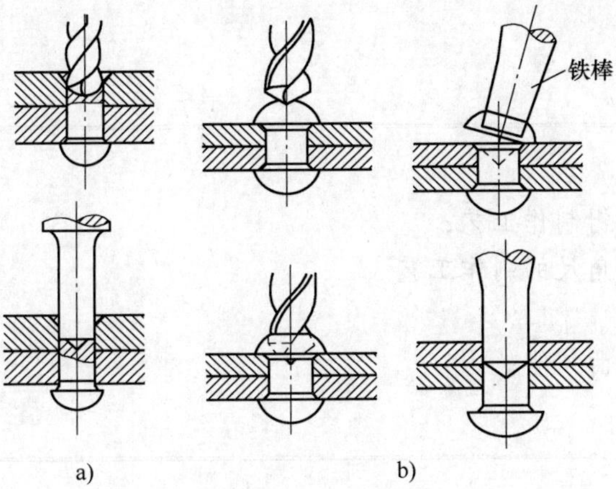

图 12-11 铆钉的拆卸

a）沉头铆钉的拆卸 b）半圆头铆钉的拆卸

思考与练习

1. 简述铆接的分类。
2. 简述半圆头铆钉的铆接方法。
3. 常用的铆接工具有哪些？
4. 常用的粘结剂有哪些？
5. 简述粘接工艺。

13

单元十三　综合练习三

知识目标：

1. 掌握内、外卡钳制作工艺；
2. 掌握刀口形直角尺的制作工艺。

技能目标：

1. 掌握矫正和弯曲技能；
2. 掌握刮削技能。

任务一　制作内、外卡钳

任务描述

内、外卡钳工件如图13-1、图13-2所示。

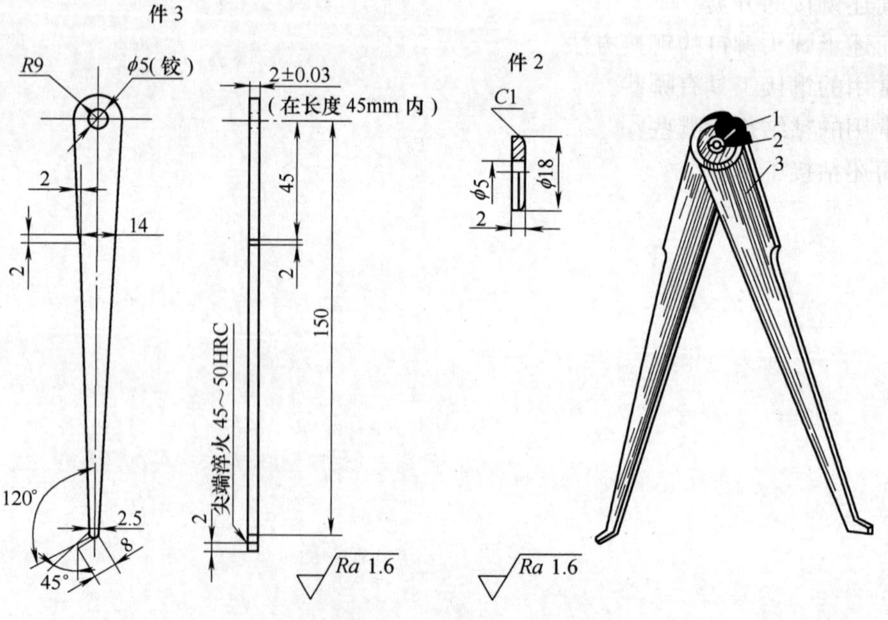

图13-1　内卡钳

1—半圆头铆钉　2—垫片　3—内卡钳脚

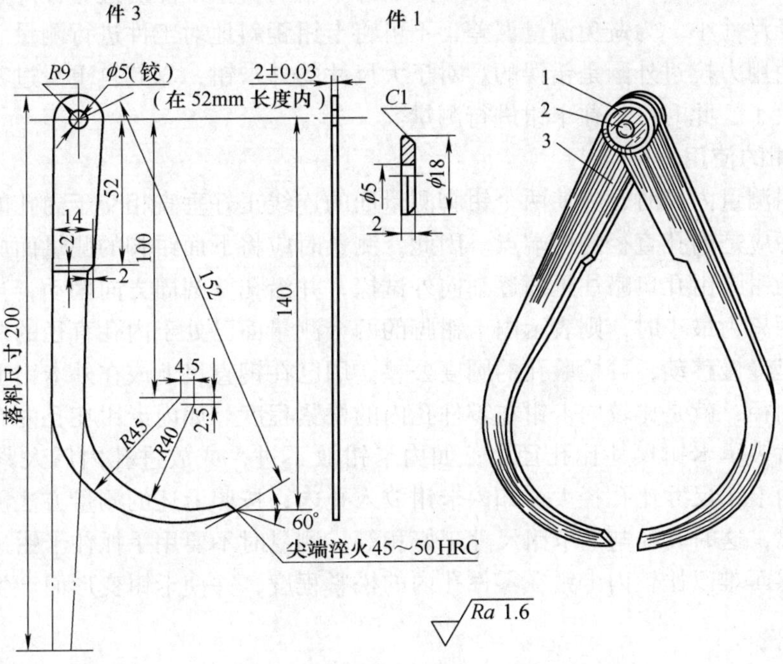

图 13-2　外卡钳

1—垫片　2—半圆头铆钉　3—外卡钳脚

任务分析

1）掌握矫正和弯曲的方法。

2）掌握铆钉长度的计算方法。

3）掌握铆接技能。

4）掌握简单零件的装配和调整方法。

相关知识

内外卡钳是最简单的比较量具。外卡钳是用来测量外径和平面的，内卡钳是用来测量内径和凹槽的。它们本身都不能直接读出测量结果，而是把测得的长度尺寸（直径也属于长度尺寸）在钢直尺上进行读数，或在钢直尺上先取下所需尺寸，再去检验零件的尺寸是否符合要求。

使用内外卡钳进行孔轴测量的方法如下：

1. 外卡钳的使用

外卡钳在钢直尺上取下尺寸时，一个钳脚的测量面靠在钢直尺的端面上，另一个钳脚的测量面对准所需尺寸刻线的中间，且两个测量面的连线应与钢直尺平行，人的视线要垂直于钢直尺。用已在钢直尺上取好尺寸的外卡钳去测量外径时，要使两个测量面的连线垂直相交于零件的轴线。靠外卡钳的自重滑过零件外圆时，手中的感觉应该是外卡钳与零件外圆正好是点接触，此时外卡钳两个测量面之间的距离就是被测零件的外径。所以，用外卡钳测量外径，就是比较外卡钳与零件外圆接触的松紧程度。如当卡钳滑过外圆时，我们手中没有接触感觉，就说明外卡钳比零件外径尺寸大，如靠外卡钳的自重不能滑过零件外圆，就说明外卡钳比零件外径尺寸小。为避免测量误差，不可将卡钳歪斜地对工件进行测量。由于卡钳有弹性，把外卡钳用力拉过外圆是错误的。对于大尺寸的外卡钳，靠其自重滑过零件外圆的测量压力已经太大了，此时应托住卡钳进行测量。

2. 内卡钳的使用

用内卡钳测量内径时，应使两个钳脚测量面的连线正好垂直相交于内孔的轴线，即钳脚的两个测量面应是内孔直径的两端点。因此，测量时应将下面钳脚的测量面放在孔壁上作为支点，上面的钳脚由孔口略往里面逐渐向外试探，并沿孔壁圆周方向摆动，当沿孔壁圆周方向能摆动的距离为最小时，则表示内卡钳脚的两个测量面已处于内孔直径的两端点了，再将卡钳由外至里慢慢移动，可检验孔的圆度公差。用已在钢直尺上或在外卡钳上取好尺寸的内卡钳去测量内径，就是比较内卡钳在零件孔内的松紧程度。如内卡钳在孔内有较大幅度的自由摆动时，就表示卡钳尺寸比孔径小；如内卡钳放不进，或放进孔内后太紧而不能自由摆动，就表示内卡钳尺寸比孔径大；如内卡钳放入孔内，按照上述的测量方法能有 1 ~ 2mm 的自由摆动距离，这时孔径与内卡钳尺寸正好相等。测量时不要用手抓住卡钳进行测量，这样会因缺乏手感而难以比较内卡钳在零件孔内的松紧程度，并使卡钳变形而产生测量误差。

任务准备

1）工具：350mm 粗齿平锉、300mm 中齿平锉、250mm 细齿平锉、200mm 双细齿平锉、整形锉、划针、样冲、锤子、锯弓、ϕ4. 8mm 钻头、ϕ5mm 铰刀、压紧冲头、罩模、弯形模、木锤、铜锤、铁砧。

2）量具：钢直尺、游标卡尺、游标高度尺。

3）辅具：毛刷、紫色水、钢丝刷、粉笔、砂布。

4）材料：45 钢　165mm × 19mm × 2. 5mm　2 件和 200mm × 19mm × 2. 5mm　2 件。

任务实施

1. 自制内、外卡钳外形的检验样板及展开形状样板。

2. 制作内卡钳

1）检查来料尺寸。

2）采用扭转法及弯形法矫正来料，使其放在平板上能贴平。

3）将薄板料用圆钉装夹在木板上，然后夹在台虎钳上，粗锉两平面至尺寸 2. 1mm 左右（同时加工两件）。

4）按做好的展开样板划线。

5）两件彼此贴合，钻、铰 ϕ5mm 孔，保证与铆钉配合较紧，孔口倒角 C0. 5。

6）将工件合并，用 M5 螺钉与螺母拧紧，按划线粗锉外形。

7）两脚弯形，达到图样要求。

8）仍装夹在木板上，精锉两平面，达到尺寸 2mm ± 0. 03mm、表面粗糙度 $Ra \leqslant 1.6\mu m$ 的要求。

9）按装配要求用铆钉通过 ϕ5mm 孔将工件串叠在一起，同时在两侧套上 ϕ18mm 垫片。将铆钉圆头放入顶模，用压紧冲头压紧，然后将铆钉伸出部分用锤子镦成蘑菇形，再用罩模修整。要求半圆头光滑且平贴在垫片上，卡钳两脚活动松紧均匀。

10）按图样尺寸修整外形，锉好两脚处斜面，要求两脚尺寸形状相同。淬火达硬度45~50HRC，最后用砂布打光。

3. 制作外卡钳

1）检查来料尺寸。

2）矫正来料。

3）按内卡钳卡脚加工方法，粗锉两大平面。

4）按展开形状样板划线，并钻、铰 ϕ5mm 孔，孔口倒角 $C0.5$。

5）两件合并起来按划线粗锉外形。

6）用弯形模或用弯形工具成型两钳脚，使其符合图样形状，并保证两脚的形状一致。

7）精锉两平面，达到尺寸 2mm ±0.03mm、表面粗糙度 $Ra \leqslant 1.6\mu m$ 的要求。

8）按装配要求将两卡脚与两只垫片用铆钉串装好，并铆至要求。

9）修整外形与脚尖，要求两卡脚测量面对齐、对平。淬火达硬度45~50HRC，最后用砂布打光。

检查评议

练习记录及成绩评定（内卡钳）

班级：________ 姓名：________ 学号：________ 成绩：________

序号	测量项目	配分	配分标准	测量结果	得分
1	卡脚尺寸要求（2处）	20	超差 2mm ±0.03mm 不得分		
2	*R*9mm	10	圆弧不正确、不光滑酌情扣分		
3	铆钉头（2处）	10	不光滑酌情扣分		
4	铆接松紧	10	不均匀酌情扣分		
5	卡脚弯形角度	10	不正确不得分		
6	两个卡脚	10	形状不一致、脚尖不对齐酌情扣分		
7	卡脚外形尺寸（2只）	20	超差 ±0.20mm 不得分		
8	表面粗糙度（4个大平面）	10	大于 1.6μm 不得分		
9	文明生产和安全生产		违规每次扣5分		
10	工具使用正确		损坏每件扣5分		
11	时间定额 12h		每超额 30min 扣5分		

练习记录及成绩评定（外卡钳）

班级：________ 姓名：________ 学号：________ 成绩：________

序号	测量项目	配分	配分标准	测量结果	得分
1	卡脚尺寸要求（2处）	20	超差 2mm ±0.03mm 不得分		
2	*R*9mm	10	圆弧不正确、不光滑酌情扣分		
3	铆钉头（2处）	10	不光滑酌情扣分		
4	铆接松紧	10	不均匀酌情扣分		
5	卡脚半径 *R*40mm（2处）	10	不正确不得分		
6	两个卡脚	10	形状不一致、脚尖不对齐酌情扣分		
7	卡脚外形尺寸（2只）	20	超差 ±0.20mm 不得分		

（续）

序号	测量项目	配分	配分标准	测量结果	得分
8	表面粗糙度（4个大平面）	10	大于1.6μm不得分		
9	文明生产和安全生产		违规每次扣5分		
10	工具使用正确		损坏每件扣5分		
11	时间定额12h		每超额30min扣5分		

问题及防治

1）在对材料进行矫正时应使用木锤敲击。如果采用钢制锤子，则必须将锤子端平，以免锤边将工件敲出印痕。

2）对外卡钳脚进行弯曲时，要用铜质圆头锤子敲击。敲击时，必须从宽处逐步敲到脚尖处，否则会使圆弧太小。

3）在进行半圆头铆接时，必须将铆钉头放入顶模凹圆内再敲击，以免造成铆钉头圆面损坏。

4）铆钉长度要正确，如伸出部分的长度太短，则铆不成半圆，太长则会使铆接的半圆头产生涨边现象。

5）铆接时要检查卡脚与卡脚之间、铆合头与垫片之间的贴合情况，不要在有间隙时就进行铆接，以免导致铆接质量不符合要求。

6）用罩模在前后左右摆动铆合时，要防止罩模接触垫片表面，破坏其外形。

7）铆接接触面必须平直，两卡脚的平行度必须控制在最小范围内，这样才能使铆接后松紧一致。

扩展知识

卡钳的适用范围：

卡钳是一种简单的量具，由于它具有结构简单，制造方便、价格低廉、维护和使用方便等特点，因此被广泛应用于要求不高的零件尺寸的测量和检验，尤其适用于对锻铸件毛坯的测量和检验。

卡钳虽然是简单量具，但只要使用得当，也可获得较高的测量精度。例如用外卡钳比较两根轴的直径大小时，即使轴径相差只有0.01mm，有经验的老师傅也能分辨得出。用内卡钳与外径千分尺联合测量内孔尺寸的方法，称为“内卡搭千分尺”，这种内径测量方法是利用内卡钳在外径千分尺上读取准确的尺寸，再去测量零件的内径；或用内卡钳在孔内调整好与孔接触的松紧程度，再在外径千分尺上读出具体尺寸。在缺少精密的内径量具时，这种测量方法是测量内径的好办法。另外，对于某些零件的内径，由于其孔内有槽，在使用精密的内径量具有困难时，应用此方法就能解决问题。

任务二　制作刀口形直角尺

任务描述

刀口形直角尺如图13-3所示。

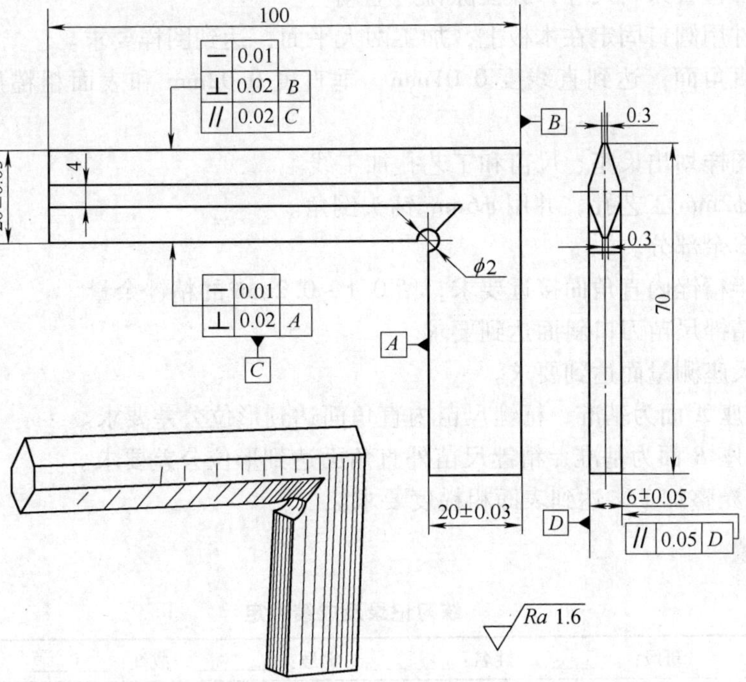

图 13-3　刀口形直角尺

任务分析

1）掌握直角尺的加工工艺。

2）熟练掌握推锉技能。

相关知识

直角尺指的是测量面和基准面互相垂直，用以检测直角、垂直度和平行度的测量器具。其结构简单、使用方便，是安装设备、调整、划线及测量中常用测量器具之一。

直角尺按形状分为刀口形、平面形和圆柱形；按结构分为整体型、组合型；按形式分为矩形角尺、刀口形角尺、圆柱角尺；按材质分为钢质角尺、铸铁角尺；按精度分为 00、0、1、2 级角尺。

任务准备

1）工具：350mm 粗齿平锉、300mm 中齿平锉、250mm 细齿平锉、200mm 双细齿平锉、整形锉、划针、样冲、锤子、锯弓、ϕ2mm 钻头、ϕ6mm 钻头。

2）量具：钢直尺、游标卡尺、0 ~ 25mm 外径千分尺、游标高度尺、直角尺、刀口形直尺、塞尺。

3）辅具：毛刷、紫色水、钢丝刷、粉笔、砂布。

4）材料：45 钢　105mm × 65mm × 8mm　1 件。

任务实施

1）按图样检查来料尺寸，并去除锐边毛刺。

2）将工件用圆钉固定在木板上，加工两大平面，达到图样要求。

3）锉外直角面，达到直线度 0.01mm、垂直度 0.02mm 和表面粗糙度 $Ra \leqslant 1.6\mu m$ 的要求。

4）根据图样划出尺座、尺苗和工艺孔加工线。

5）钻出 $\phi 2mm$ 工艺孔，并用 $\phi 6mm$ 钻头倒角。

6）锯去多余部分。

7）粗、半精锉内直角面接近要求，留 0.1 ~0.2mm 的精锉余量。

8）粗、精锉尺苗刀口斜面达到要求。

9）精锉尺座测量面达到要求。

10）以尺座 *A* 面为基准，精锉尺苗内直角面达到形位公差要求。

11）以尺座 *B* 面为基准，精锉尺苗外直角面达到形位公差要求。

12）全面光整加工，达到表面粗糙度要求。

检查评议

练习记录及成绩评定

班级：________ 姓名：________ 学号：________ 成绩：________

序号	测量项目	配分	配分标准	测量结果	得分
1	(20 ±0.03) mm（2 处）	8	符合要求得分		
2	(6 ±0.05) mm	3	符合要求得分		
3	(63 ±0.20) mm、(100 ±0.20) mm	8	符合要求得分		
4	平面度 0.03mm（4 处）	16	符合要求得分		
5	平行度 0.02mm	5	符合要求得分		
6	平行度 0.05mm	5	符合要求得分		
7	垂直度 0.02mm（2 处）	25	符合要求得分		
8	表面粗糙度 $Ra \leqslant 1.6\mu m$（4 处）	12	符合要求得分		
9	表面粗糙度 $Ra \leqslant 3.2\mu m$（4 处）	16	符合要求得分		
10	工、量、辅具摆放整齐	2	符合要求得分		
11	安全操作		违反一次扣 5 分		

问题及防治

1）在锉两平面时，锉纹要一致，锉尺座时要特别注意将面锉平。

2）锉刀口斜面必须在平面加工达到要求后进行，并要注意不能碰坏垂直面，以免造成角度不准。

3）直角尺是以短面为测量基准，但在加工时应先加工长直角面，然后以此面作为基准来加工短面达到 90°，而最后检查垂直度时仍应以短直角面为测量基准。

4）因本角尺各测量面最后还须进行研磨加工，使表面粗糙度达到 $Ra \leqslant 0.1\mu m$ 的要求，故在加工后，必须保证各测量面不应有可见的锉削纹路。

扩展知识

垂直度的测量方法可按图 13-4 所示的方法进行检验，如果平面 B 与平面 A 垂直，则直角尺尺苗与平面 B 之间透过的光线是微弱的且在全长上是均匀的。如果不垂直，则在 1 处或 2 处将出现较大的缝隙。若 1 处有缝隙，则说明 1 处锉得太多，两面的夹角小于 90°，应修锉 2 处。若 2 处有缝隙，则说明 2 处锉得太多，两面的夹角大于 90°，应修锉 1 处。经过反复的检验和修锉，最后便可达到垂直度要求。

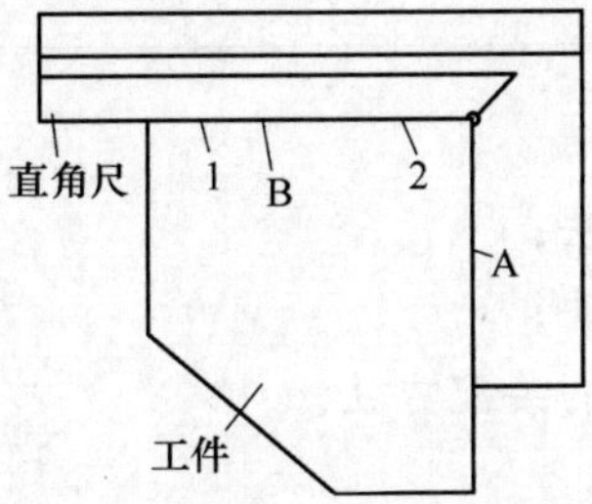

图 13-4　垂直度的测量

单元十四　装　　配

13

知识目标：

1. 掌握螺纹连接的装配方法；
2. 掌握滚动轴承的装配方法；
3. 掌握轴、键、传动齿轮的装配方法。

技能目标：

掌握车床主轴轴组的装配和调整。

课题一　基本元件的装配

一、螺纹联接的装配

1. 螺纹联接的种类

螺纹联接是一种可拆卸的固定连接。常用的螺纹联接件有螺钉或螺栓，称为普通螺纹联接。图 14-1 所示为普通螺纹联接的种类及其形式。

螺钉头部形状除六角形外，还有圆柱头内六角、圆柱头、半圆头、沉头、十字槽等形状，如图 14-2 所示。

用于螺纹联接的螺母种类很多，常用的有六角螺母、带槽六角螺母、方螺母、圆螺母、碟形螺母等，如图 14-3 所示。

2. 螺纹联接的装拆工具

螺纹联接装拆的主要工具是扳手，根据使用场合和部位的不同，可选用各种不同类别的扳手。常用的扳手有以下几种：

（1）活扳手　活扳手如图 14-4a 所示，使用时可根据螺母的大小调节开口，使用比较方便。其规格一般以长度来表示，有 100mm、150mm、200mm、250mm、300mm、350mm、400mm、450mm 等几种。使用活扳手时，应让固定钳口受主要作用力，否则会损坏扳手，如图 14-5 所示。

（2）呆扳手　呆扳手如图 14-4b 所示，有单头和双头两种。其规格是以开口的尺寸表示，使用时扳手开口的尺寸一定要符合螺母的尺寸，否则会损坏螺母。

（3）梅花扳手　梅花扳手如图 14-4c 所示，其内孔为 12 边形，只要转过 30°，就能调

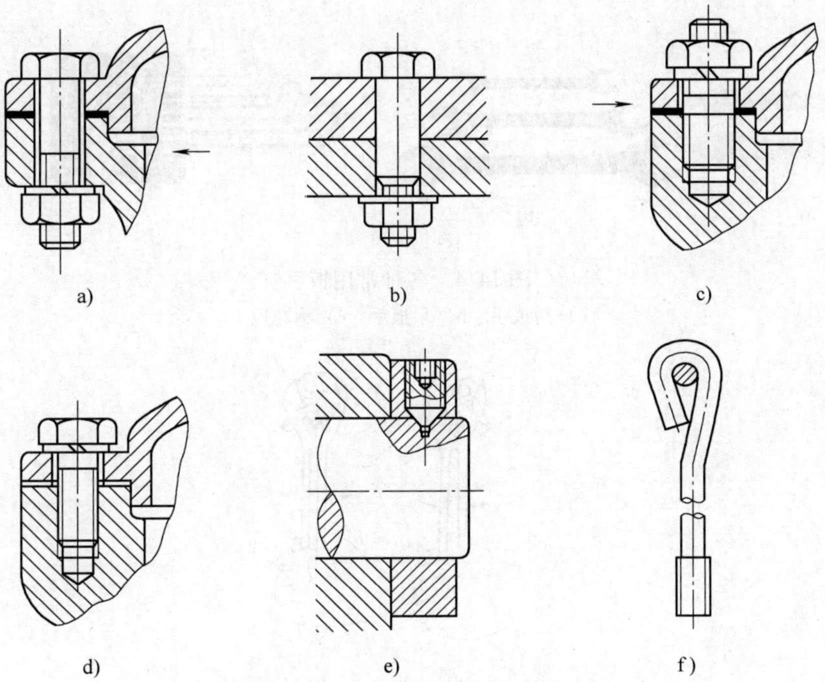

图 14-1 普通螺纹联接的种类及形式

a）普通螺纹联接 b）紧定螺纹联接 c）双头螺纹联接

d）普通螺钉联接 e）紧定螺钉联接 f）地脚螺栓联接

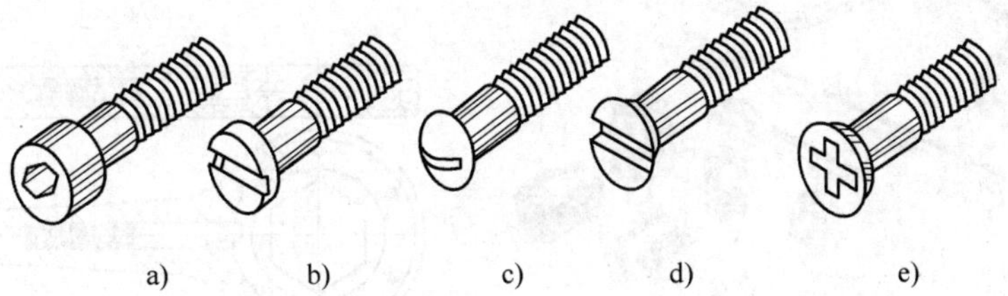

图 14-2 普通螺钉头部形状

a）圆柱头内六角 b）圆柱头 c）半圆头 d）沉头 e）十字槽

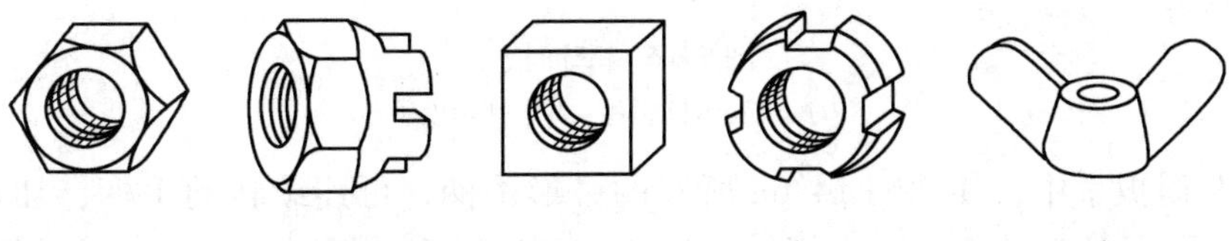

图 14-3 螺母的种类

a）六角螺母 b）带槽六角螺母 c）方螺母 d）圆螺母 e）碟形螺母

换方向，所以适用于狭窄的地方。

（4）套筒扳手 套筒扳手如图 14-6a 所示，套筒扳手由一套尺寸不等的梅花套筒及手柄组成。

a) b) c)

图 14-4　各种常用扳手

a）活扳手　b）呆扳手　c）梅花扳手

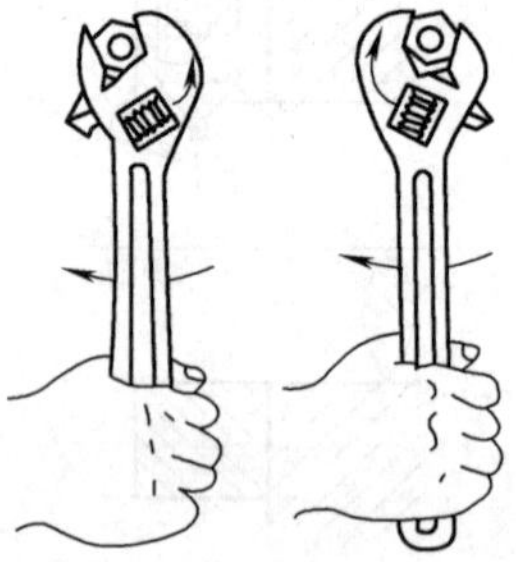

a) b)

图 14-5　活扳手的使用

a）正确　b）不正确

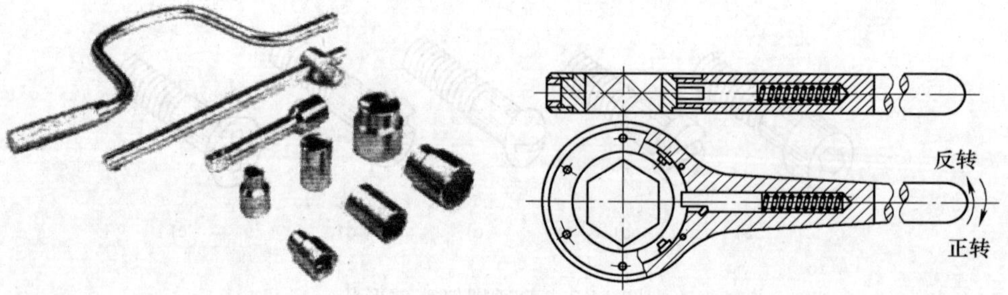

a) b)

图 14-6　套筒扳手

a）成套套筒扳手　b）棘轮扳手

在成套套筒扳手中，使用图 14-6a 所示的弓形手柄，可连续转动手柄，加快扳转速度。使用图 14-6b 所示的棘轮扳手，在正转手柄时，可使螺母被扳紧，而在反转手柄时，由于棘轮在斜面的作用下从套筒的缺口内退出打滑，因而不会使螺母随着反转。旋松螺母时，只要将扳手上下翻转使用即可。

（5）内六角扳手　内六角扳手如图 14-7 所示，这种扳手用于旋紧内六角螺钉，它由一套不同规格的扳手组成，使用时应根据螺钉规格采用不同的内六角扳手。

（6）锁紧扳手　锁紧扳手如图 14-8 所示，这种扳手主要用来装拆圆螺母。

图 14-7 内六角扳手

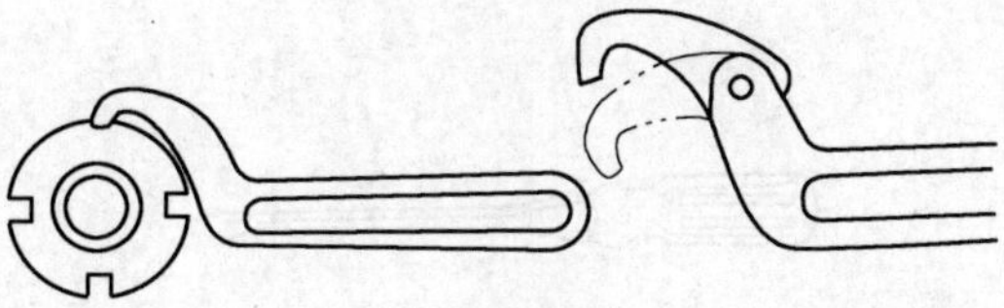

图 14-8 锁紧扳手

（7）管子扳手 管子扳手如图 14-9 所示。这种扳手用来装拆使用其他扳手无法夹持的光滑圆形工件，如带管螺纹的管子等。这种扳手钳口带齿槽，转动时不易滑脱，但会损伤工件表面，所以不宜夹持工件的已加工表面。

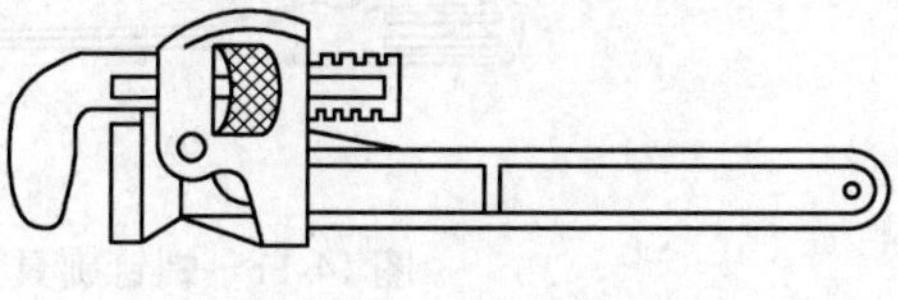

图 14-9 管子扳手

（8）指针式力矩扳手 指针式力矩扳手如图 14-10 所示，对于要求严格控制拧紧力矩的螺纹联接，可采用指针式扭力扳手。其结构是用一个较长的弹性扳手杆 5，一端装手柄 1，另一端装有带方头的圆柱 3，方头上带有钢球 4，用来套装梅花套筒。圆柱上还装有长指针 2，刻度板 6 固定在柄座上，每格刻度值为 10N · m。扳动手柄 1 时，扳手杆 5 和刻度板 6 一起向旋转的方向弯曲，因此指针尖 7 即在刻度板上指出拧紧力矩的数值。

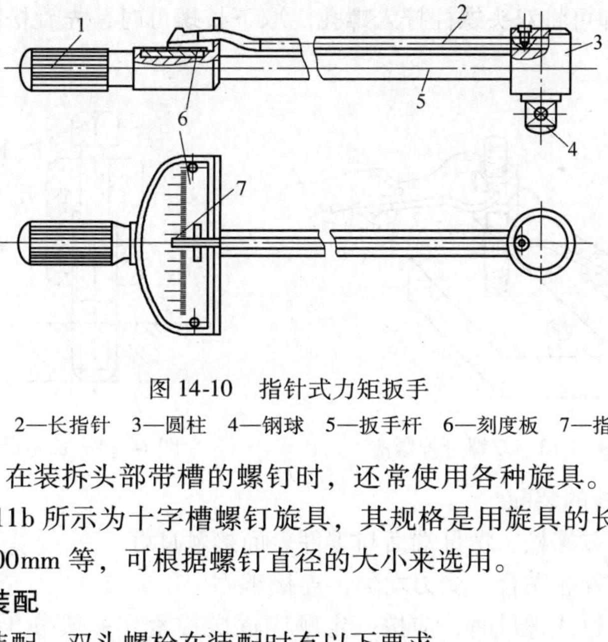

图 14-10 指针式力矩扳手

1—手柄 2—长指针 3—圆柱 4—钢球 5—扳手杆 6—刻度板 7—指针尖

除了各种扳手外，在装拆头部带槽的螺钉时，还常使用各种旋具。图 14-11a 所示为一字槽螺钉旋具，图 14-11b 所示为十字槽螺钉旋具，其规格是用旋具的长度来表示，常用的有 100mm、150mm、200mm 等，可根据螺钉直径的大小来选用。

3. 螺纹联接件的装配

（1）双头螺栓的装配 双头螺栓在装配时有以下要求：

1）双头螺栓与机体螺纹的联接必须紧固，在装拆螺母过程中，螺栓不能有任何松动现象，否则容易损坏螺孔。

2）双头螺栓的轴线必须与机体表面垂直，通常用直角尺检验或目测判断，如图 14-12 所示。当稍有偏差时，可采用锤击校正螺栓或用丝锥回攻来校正螺孔。若偏差较大，则不得强行校正，以免影响联接的可靠性。

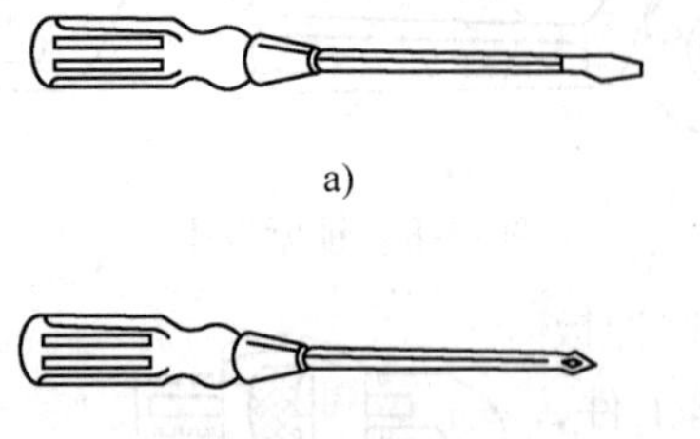

图 14-11　螺钉旋具

a）一字槽螺钉旋具　b）十字槽螺钉旋具

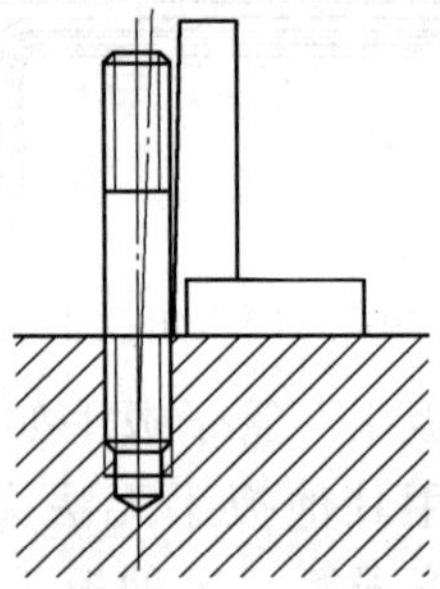

图 14-12　用直角尺检查双头螺栓垂直度

3）装入双头螺栓时，必须加润滑油，以免拧入时产生螺纹拉毛现象，同时可以防锈，为以后拆卸更换时提供方便。

双头螺栓的装拆主要有以下两种方法：

1）双螺母拧紧法：如图 14-13 所示，先将两个螺母相互锁紧在双头螺柱上，拧紧时可扳动上面的螺母；拆卸时须扳动下面的螺母。

2）长螺母拧紧法：如图 14-14 所示，先将长螺母旋在双头螺柱上，再拧紧制动螺钉，然后扳动长螺母，即可将双头螺柱拧入螺孔。取下长螺母时，先旋松制动螺钉，再拧松和取下长螺母。

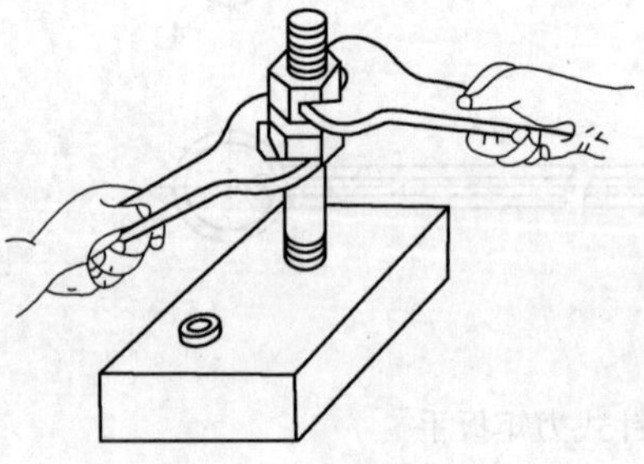

图 14-13　双螺母拧紧法

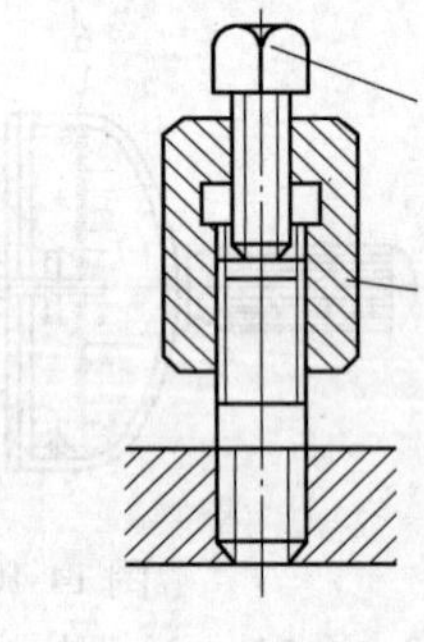

图 14-14　长螺母拧紧法

（2）螺钉、螺栓的装配

1）应保证螺钉或螺栓、螺母端面与零件表面接触良好。

2）被连接件应互相贴合，受力均匀，连接牢固。

3）拧紧成组螺钉或螺母时，应按一定顺序逐次拧紧（一般分 3 次拧紧）。拧紧顺序如图 14-15 所示。

4. 螺纹联接的防松装置

螺纹联接用于有振动或冲击场合时，会发生松动。为防止螺钉或螺母松动，必须有可靠的防松装置。防松的根本问题在于防止螺纹副的相对转动。防松的方法很多，按工作原理不同，可分为 3 类：摩擦防松、机械防松、破坏螺纹副的运动关系防松。常用螺纹联接防松装置的类型及应用见表 14-1。

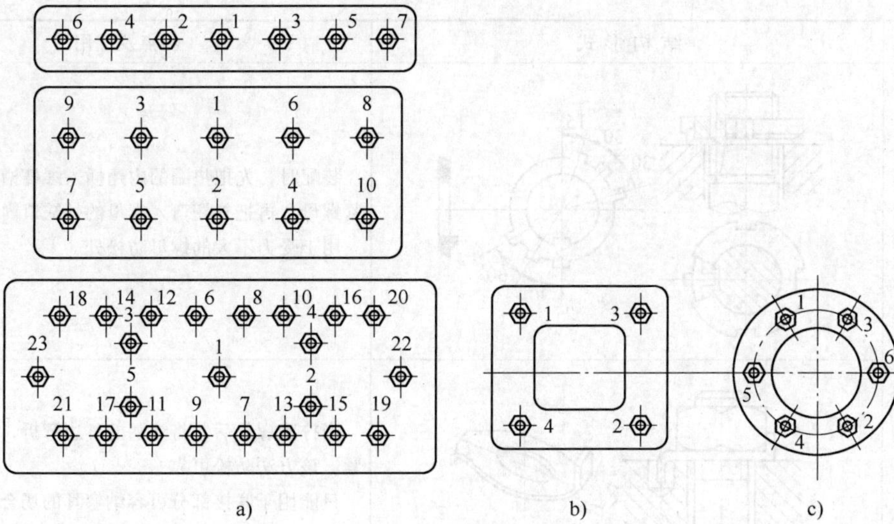

图 14-15 拧紧成组螺钉的顺序

a）长方形 b）方形 c）圆形

表 14-1 螺纹防松装置的类型及应用

类型		结构形式	特点及应用
摩擦防松	对顶螺母	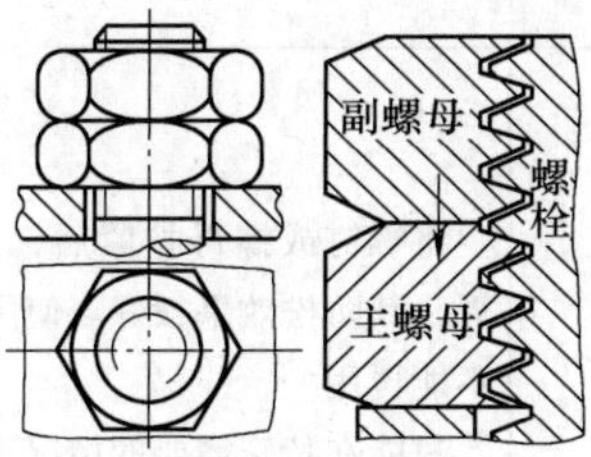	这种装置使用主、副两个螺母，先将主螺母拧紧至预定位置，然后再拧紧副螺母。该防松装置由于要用两只螺母，故增加了结构尺寸和重量 一般用于低速重载或较平稳的场合
	弹簧垫圈	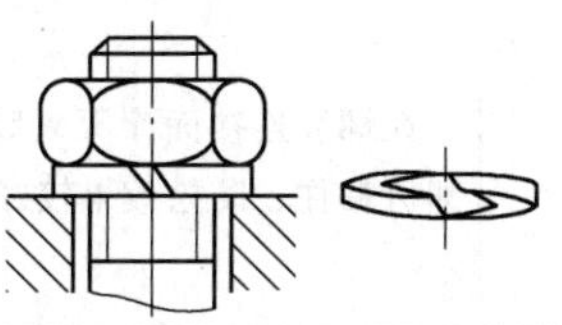	这种防松装置容易刮伤螺母和被连接件表面，同时由于弹力分布不均，螺母容易偏斜。但其构造简单，防松可靠 一般应用于不经常装拆的场合
机械防松	开口销与带槽螺母	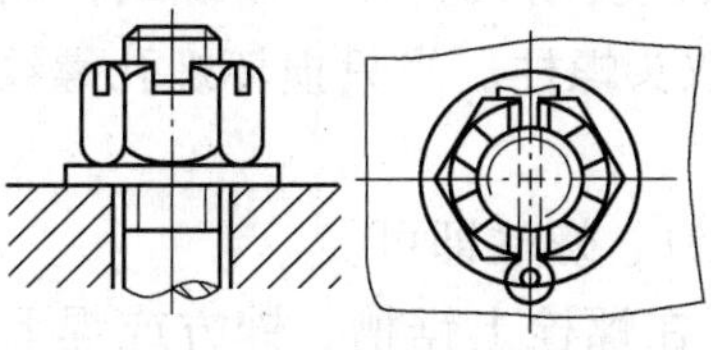	这种装置用开口销把螺母直接锁在螺栓上，防松可靠，但螺杆上销孔位置不易与螺母最佳锁紧位置的槽口吻合 多用于有变载和振动处

（续）

类型		结构形式	特点及应用
机械防松	圆螺母止动垫圈	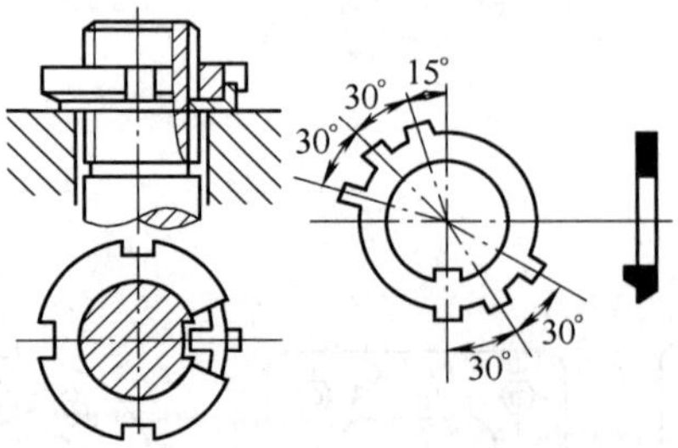	装配时，先把垫圈的内翅插入螺杆槽中，然后拧紧螺母，再把外翅弯入螺母的外缺口内 用于受力不大的螺母防松处
	六角螺母与带耳垫圈	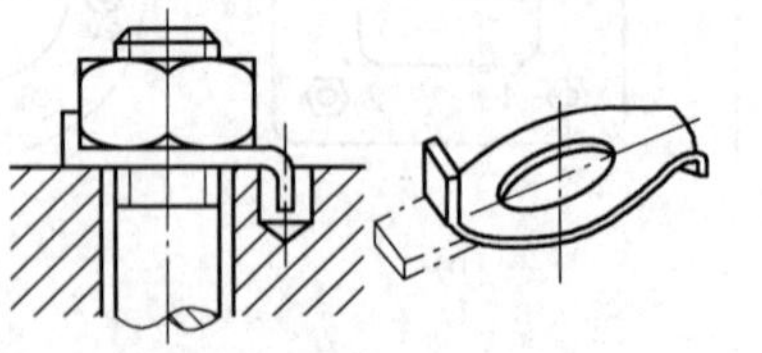	当拧紧螺母后，将垫圈的耳边弯折，并与螺母贴紧。该方法防松可靠 只能用于联接部分可容纳弯耳的场合
	串连钢丝	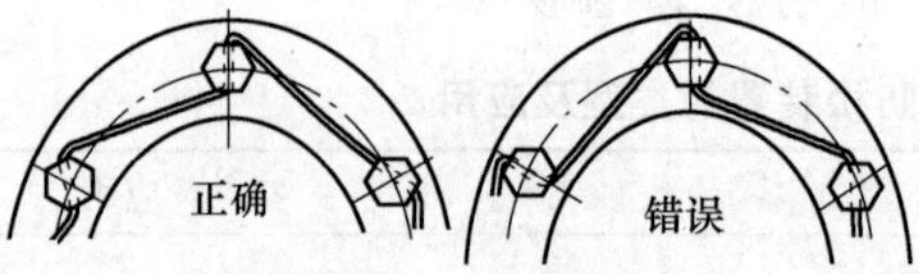	用钢丝连续穿过一组螺钉头部的径向小孔（或螺母和螺栓的径向小孔），以钢丝的牵制作用来防止回松，装配时应注意钢丝的穿绕方向 适用于布置较紧凑的成组螺纹联接
破坏螺纹副的运动关系防松	冲点和点焊	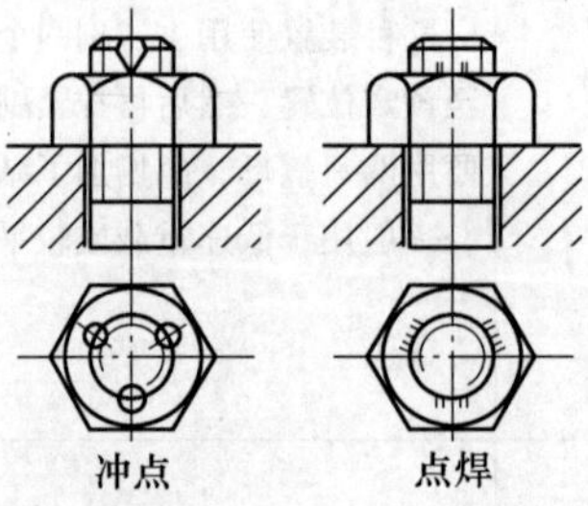	将螺钉或螺母拧紧后，在螺纹旋合处冲点或点焊，其防松效果很好。使用这种方法拆卸后的零件不能再用 只能在特殊需要的情况下使用
	粘接	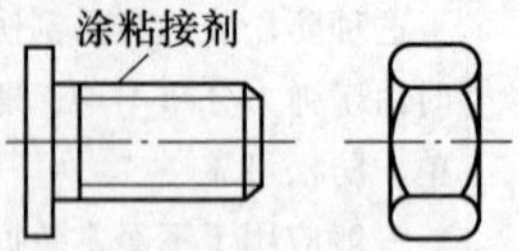	在螺纹连接面涂厌氧胶，拧紧后，胶粘剂固化，即可粘住，防松效果较好

5. 螺纹连接的损坏形式和修理

（1）螺孔损坏使配合过松　可将螺孔钻大，攻制大直径的新螺纹，配换新螺钉。若不改变被连接孔径，可配制图 14-16 所示的特制双头螺柱。当只损坏螺孔螺纹端部几扣时，可将螺孔加深，配换稍长的螺栓。

（2）螺钉、螺柱的螺纹损坏　更换新的螺钉、螺柱即可。

（3）螺栓头拧断　若螺栓断处在孔外，可在螺栓上锯槽、锉方或焊上一个螺母后再拧出；若断处在孔内，可用比螺纹小径小一点的钻头将螺栓破坏，再用丝锥修整内螺纹。

（4）螺钉、螺柱因锈蚀难以拆卸 可将煤油加入锈蚀处，待煤油渗入螺纹部分后即可拆卸；也可用锤子敲打螺钉或螺母，使铁锈受振动脱落后拧出。

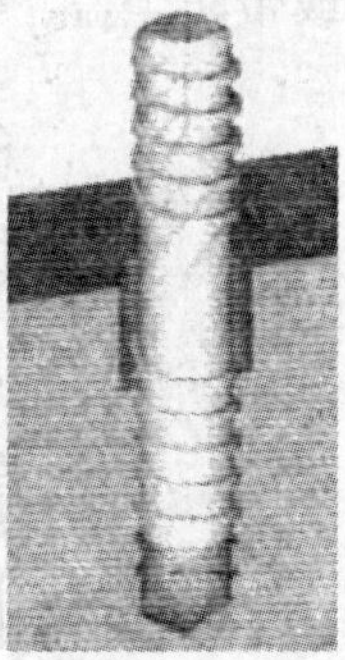

图 14-16 特制双头螺柱

二、滚动轴承的装配

1. 滚动轴承装配的技术要求

1）滚动轴承上带有标记代号的端面应装在可见方向，以便更换时查对。

2）轴承装在轴上或装入轴承座孔后，不允许有歪斜现象。

3）同轴的两个轴承中，必须有一个轴承在轴受热膨胀时有轴向移动的余地。

4）装配轴承时，压力（或冲击力）应直接加在待配合的套圈端面上，不允许通过滚动体传递压力。

5）装配过程中应保持清洁，防止异物进入轴承内。

6）装配后的轴承应运转灵活，噪声小，工作温度不超过50℃。

2. 滚动轴承的装配

滚动轴承的内圈和轴颈为基孔制配合，外圈和轴承座孔为基轴制配合，其装配方法应视轴承尺寸大小和过盈量来选择。

（1）深沟球轴承的装配 深沟球轴承的内、外圈是不能分离的，所以装配时应注意不能使滚动体受到装配力。安装内圈时，装配力应直接作用在内圈上；安装外圈时，装配力应直接作用在外圈上；内、外圈同时装配时，装配力应同时作用在内、外圈上。装配时可采用图 14-17 所示的专用套筒。

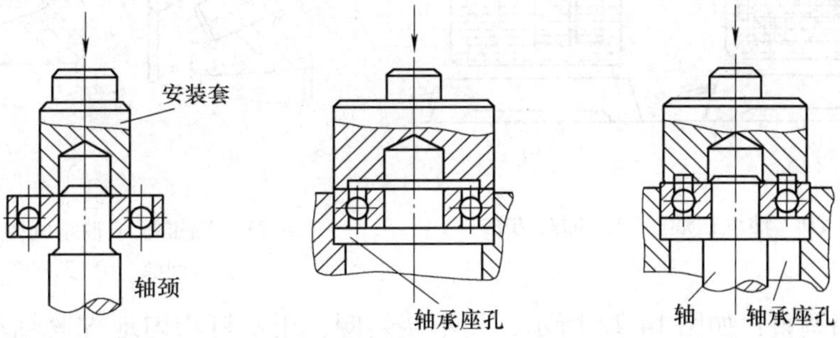

图 14-17 安装滚动轴承用的专用套筒

当配合过盈量较小，又无专用套筒供装配使用时，可用锤子和有一定硬度的圆棒，逐渐将轴承敲入。敲击时应在四周对称地交替轻敲，用力要均匀，避免因用力过大或集中于一点敲击，而使轴承发生倾斜，如图 14-18 所示。装配轴端处滚动轴承时，可在轴承内圈端面处衬垫软金属后敲击，不可用锤子直接敲击轴承表面，如图 14-19 所示。

当配合过盈量较大时，轴承可用压力机压入，也可将轴承放在可自动调温的电烘箱内或油箱中加热至 80～100℃，使轴承内圈稍微胀大后进行装配，加热时应避免将轴承直接与比油温高得多的箱底接触，以免轴承发生局部过热，如图 14-20 所示。对于内部已充满润滑油脂，或带防尘盖、密封圈的轴承，则不能用加热法进行装配。

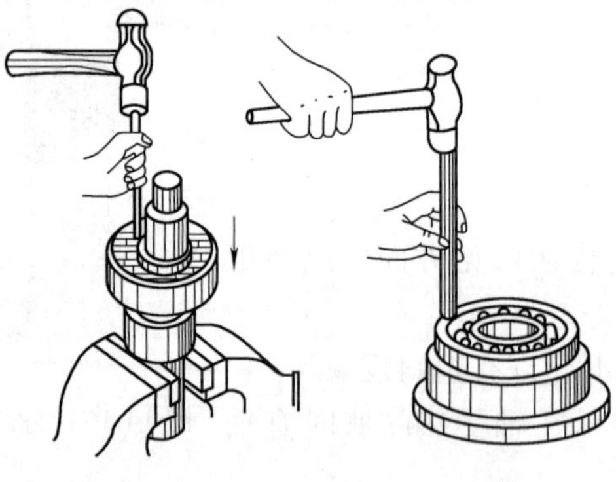

a)　　b)

图 14-18　用敲入法装配滚动轴承

a）将轴承装到轴颈上　b）将轴承装入轴承座孔内

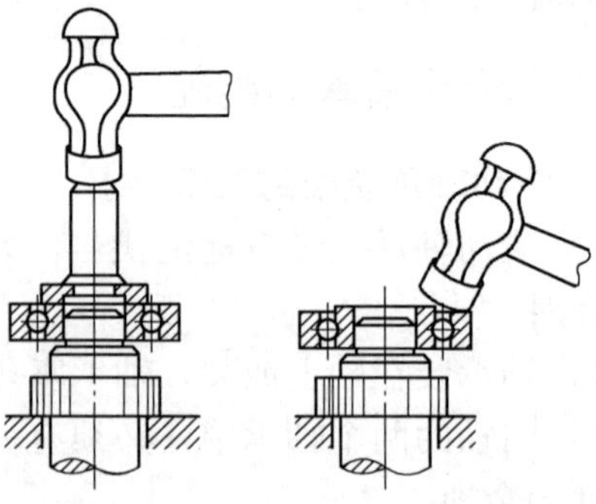

a)　　b)

图 14-19　滚动轴承装配时的锤击法

a）正确　b）错误

（2）圆锥滚子轴承的装配　圆锥滚子轴承的内、外圈可以分离。装配时，可分别将内圈装到轴上，外圈装在壳体中。当用锤击法装配时，要将轴承放正放平，并需左右对称轻轻敲击，待内圈或外圈装入三分之一以上时才可逐渐加大敲击力，如果在放得不正或不平时用力锤击，将会损坏轴或孔，影响装配质量。

轴承装配后的间隙是通过改变轴承内、外圈的轴向位置来调整的，如图 14-21 所示。调整外圈的方法一般有三种：

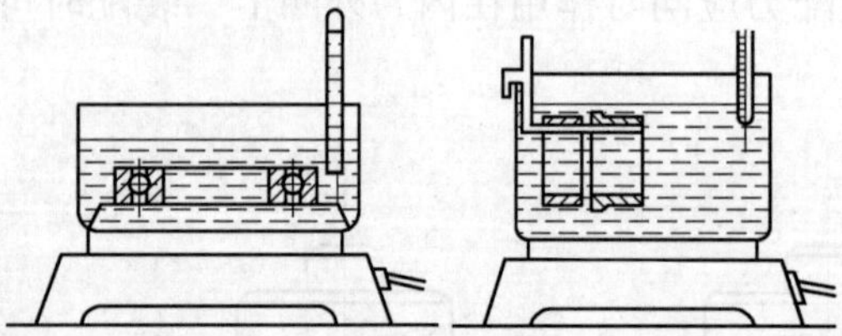

a)　　b)

图 14-20　轴承在油箱中的加热方法

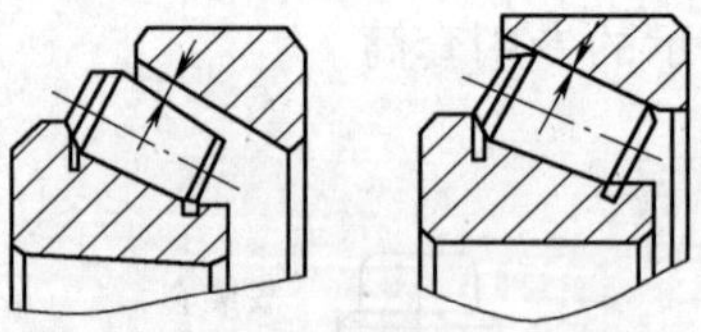

a)　　b)

图 14-21　圆锥滚子轴承间隙的调整

a）有间隙　b）无间隙

1）用垫圈调整：如图 14-22 所示，先不装垫圈，用螺钉均匀地拧紧轴承盖，使轴承的间隙为零，并用塞尺测出此时缝隙 δ 的大小，然后根据所需间隙的大小选配比 δ 值稍厚的垫圈装入，再将螺钉均匀地拧紧，即能保证所需的径向间隙。

2）用螺钉调整：如图 14-23 所示，先松开锁紧螺母，拧紧螺钉顶紧压盖，这样正好消除轴承的间隙，然后根据所需间隙的大小，将螺钉旋松，再拧紧锁紧螺母。

（3）圆柱滚子轴承的装配　圆柱滚子轴承的特点是内圈带有一定的锥度，装配时通过调整轴承内圈在锥形轴颈上的轴向位置，使内圈直径胀大来调整轴承的间隙。先将带锥孔的内圈套在锥形轴颈上，外圈则固定在轴承座孔中，然后旋紧调整螺母，使轴承内圈沿锥形轴颈移动，达到所需的间隙后，再将锁紧螺母锁紧，如图 14-24 所示。

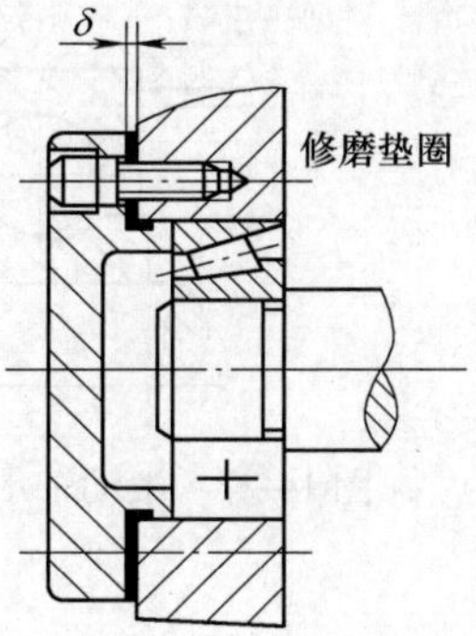

图 14-22　用垫圈调整

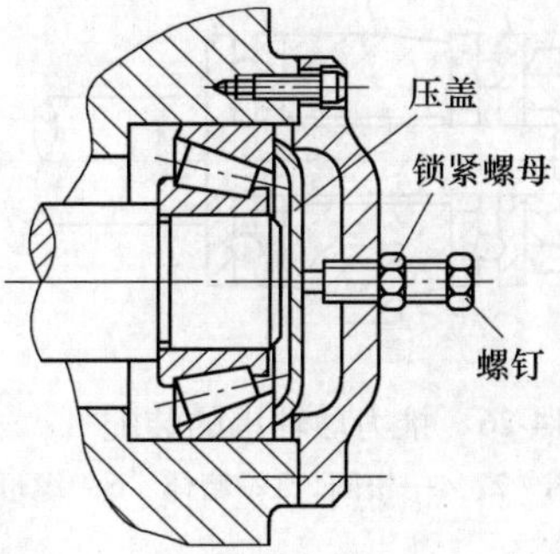

图 14-23　用螺钉调整

图 14-25 所示为卧式车床主轴轴承的装配方法。先将轴承外圈装入箱体轴承孔中，轴承内圈、调整垫圈和调整螺母可先装在轴上，但不能旋紧调整螺母。装配过程中，当滚子即将进入轴承外圈时，由于滚柱与保持架之间有间隙而造成滚子下垂装不进去，此时绝不能硬敲装配，以免造成轴承的损坏，可用细铜丝或细电线沿滚子圆周将滚子提起，然后再装配，当第一排滚子进入外圈后，再提起第二排滚子，使滚子全部装入外圈内。

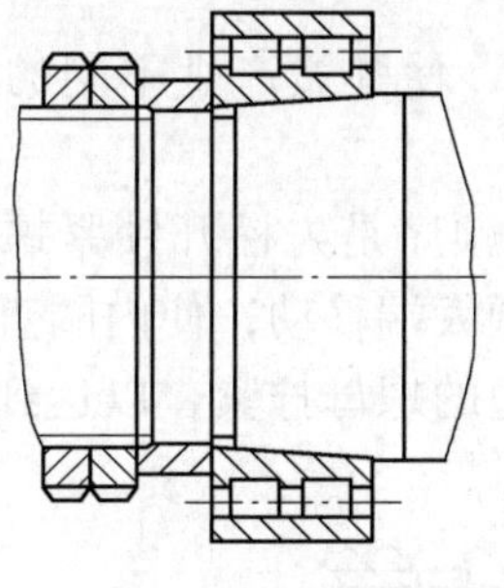

图 14-24　圆柱滚子轴承的间隙调整

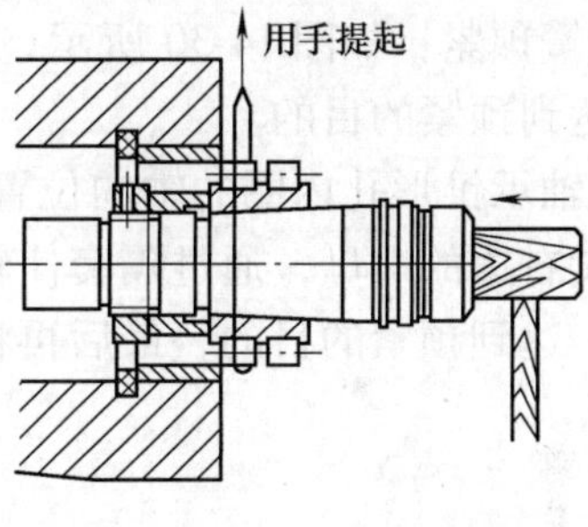

图 14-25　卧式车床主轴轴承的装配

（4）推力球轴承的装配　推力球轴承能消除轴向窜动，并减少端面摩擦，只承受轴向载荷，不能保证支承轴的径向位置。装配时，要注意区分紧圈和松圈，紧圈的内孔比松圈小，且加工精度高，必须将紧圈与轴肩靠近，保证与轴一起旋转。松圈则紧靠在轴承座孔（或箱体）的端面上，如图 14-26 所示。如果装反，将使轴发热甚至出现卡死现象。

（5）滚动轴承的预紧　对于承受载荷较大，旋转精度要求较高的轴承，大都是在无游隙甚至有少量过盈的状态下工作的，这些都需要轴承在装配时进行预紧。预紧就是轴承在装配时，给轴承的内圈或外圈施加一个轴向力，以消除轴承游隙，并使滚动体与内、外圈接触处产生初变形。预紧能提高轴承在工作状态下的刚度和旋转精度。滚动轴承的预紧原理如图 14-27 所示。

1）成对使用角接触球轴承的预紧：角接触球轴承装配时有不同的布置方式，图 14-28a 所示为背对背式（外圈宽边相对）布置方式，图 14-28b 所示为面对面式（外圈窄边相对）布置方式，图 14-28c 所示为同向排列式布置方式。若按图示箭头方向施加作用力，使轴承紧靠在一起，即可达到预紧的目的。在成对安装的轴承之间配置不同厚度的隔套，可得到不同的预紧力，如图 14-29 所示。

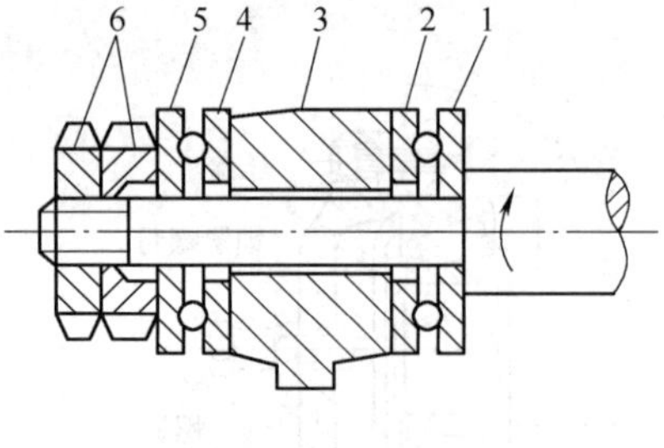

图 14-26　推力球轴承的装配

1、5—紧圈　2、4—松圈　3—箱体　6—螺母

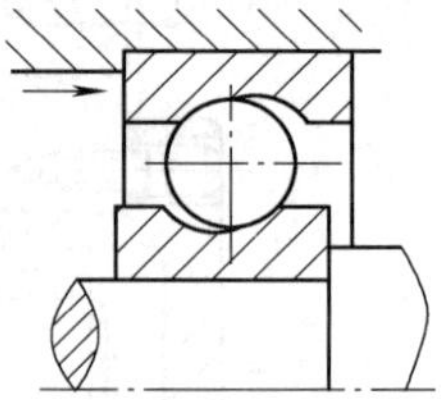

图 14-27　滚动轴承的预紧原理

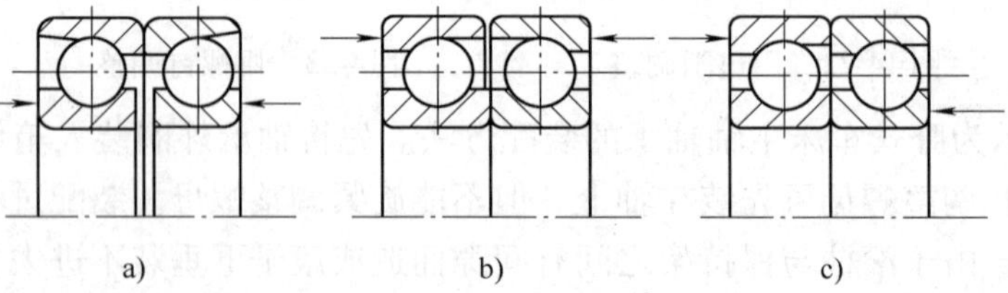

图 14-28　成对安装角接触球轴承

a）背对背　b）面对面　c）同向排列式

2）用弹簧预紧：如图 14-30 所示，通过调整螺母，使弹簧产生不同的预紧力施加在轴承外圈上，达到预紧的目的。

3）调节轴承锥形孔内圈的轴向位置预紧：预紧的顺序是先松开锁紧螺母中左边的一个螺母，再拧紧右边的螺母，通过隔套使轴承内圈向轴颈大端移动，使内圈直径增大，从而消除径向游隙，达到预紧的目的，最后再将锁紧螺母左边的螺母拧紧，以达到锁紧的作用，如图 14-31 所示。

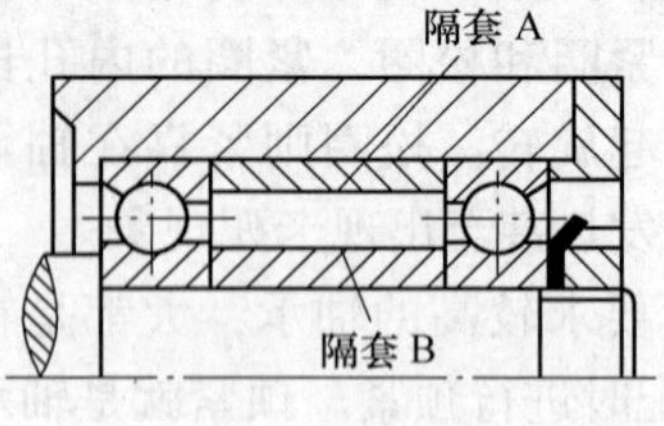

图 14-29　用隔套长度差预紧

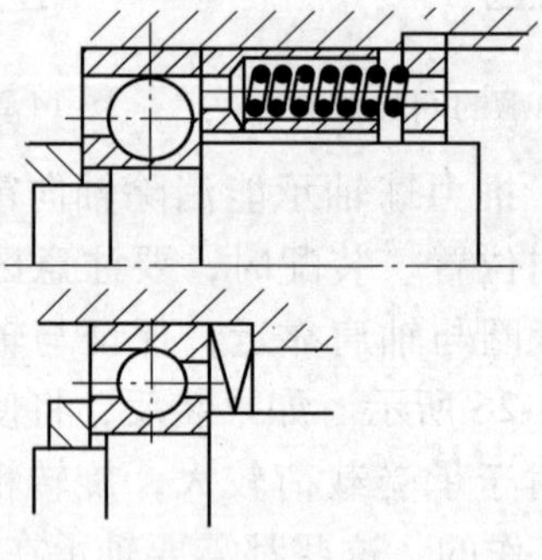

图 14-30　用弹簧预紧

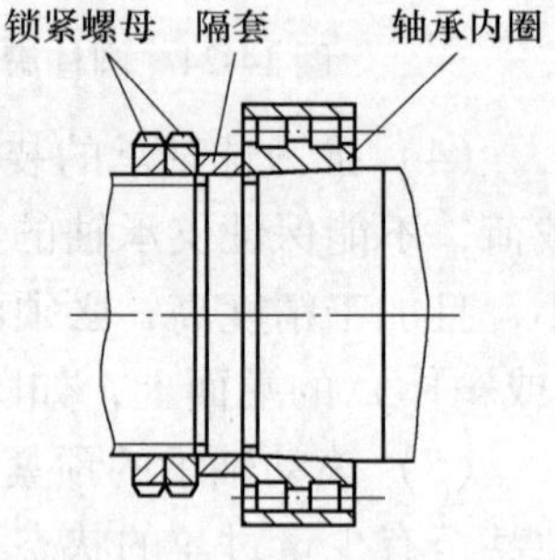

图 14-31　调节轴承锥孔轴向位置预紧

4）用轴承内、外垫圈厚度差实现预紧：该方法的实现如图 14-32 所示。

（6）滚动轴承的拆卸　滚动轴承的拆卸方法与其结构有关，对于拆卸后还要重复使用的轴承，拆卸时不能损坏轴承的配合表面，不能将拆卸的作用力作用在滚动体上。图 14-33 所示的拆卸方法是不正确的。

1）圆柱孔轴承的拆卸：既可以采用图 14-34 所示的外力进行拆卸，也可以采用图 14-35 所示的顶拔器进行拆卸。

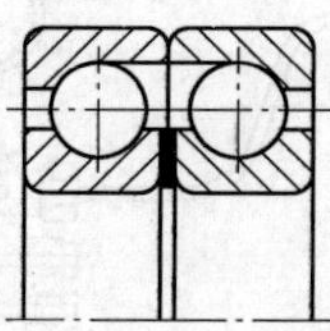

图 14-32　用垫圈预紧

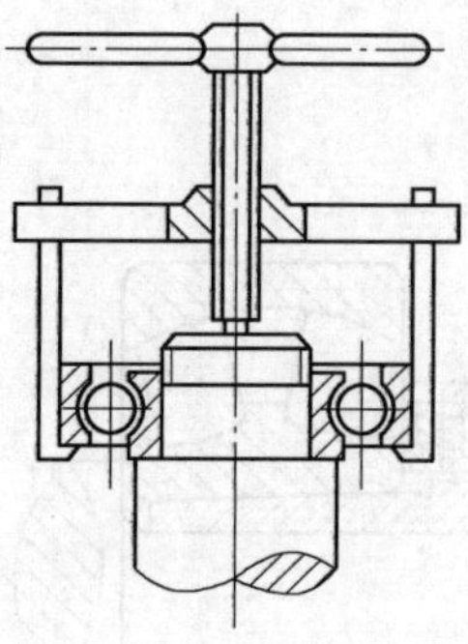

图 14-33　不正确的拆卸方法

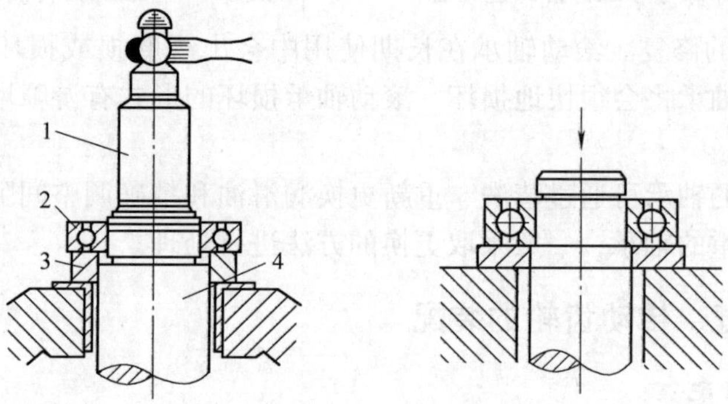

a)　　b)

图 14-34　用外力拆卸圆柱孔轴承

a）用击卸法拆卸　b）用压力机拆卸

1—铜棒　2—轴承　3—垫块　4—轴

2）圆锥孔轴承的拆卸：装在锥形轴颈上的圆锥孔轴承，可沿锥度反方向进行敲击；装在紧定套上的圆锥孔轴承，可拧下锁紧螺母，然后利用软金属棒和锤子向锁紧螺母方向敲击轴承，如图 14-36 所示；装在退卸套上的轴承，可先将锁紧螺母卸掉，然后用退卸螺母将退卸套从轴承座圈中拆出，如图 14-37 所示；对于尺寸和过盈量较大而又需要经常拆卸的轴承，常采用液压套合法进行装拆，如图 14-38 所示。

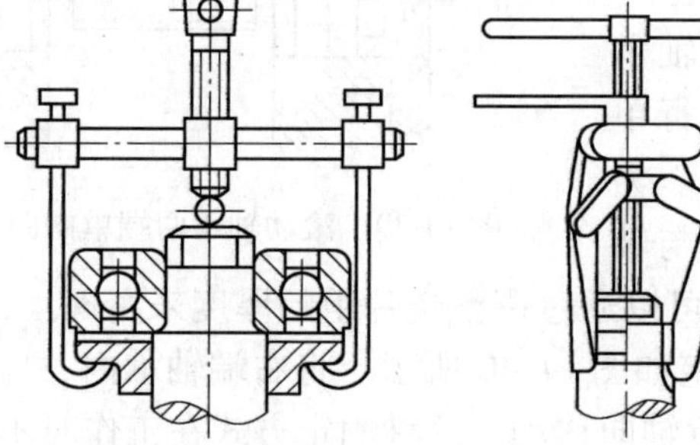

a)　　b)

图 14-35　用顶拔器拆卸滚动轴承

a）两爪顶拔器　b）三爪顶拔器

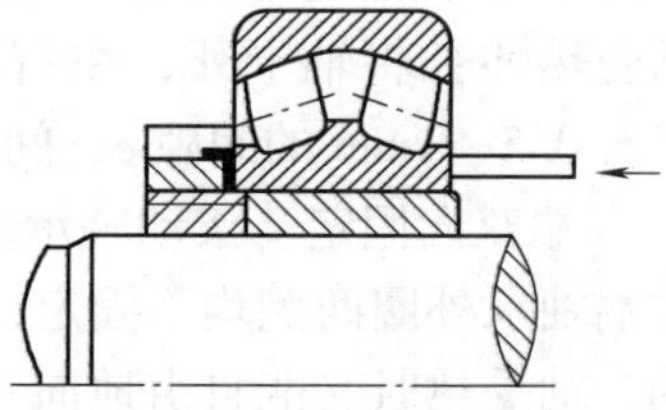

图 14-36　带紧定套轴承的拆卸

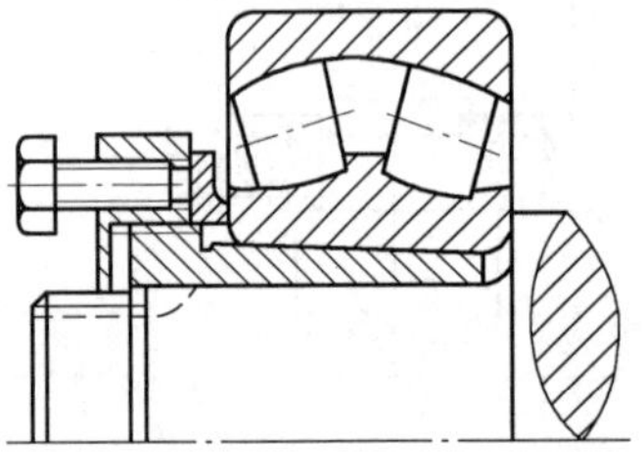

图 14-37　用退卸螺母和螺钉拆卸退卸套

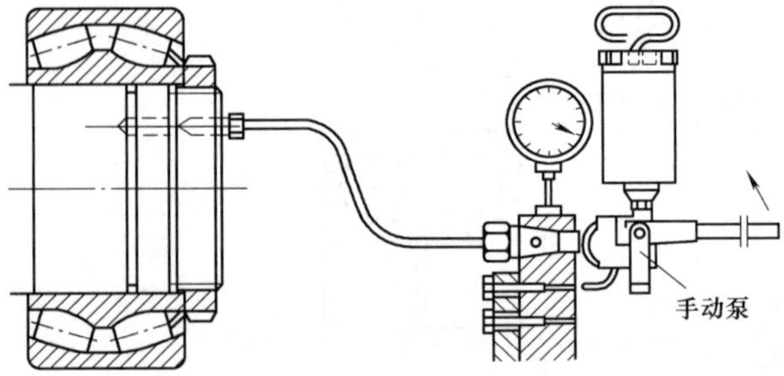

图 14-38　液压套合法装拆轴承

（7）滚动轴承的修复　滚动轴承在长期使用中会出现磨损或损坏，发现故障后应及时调整或修复，否则轴承将会很快地损坏。滚动轴承损坏的形式有游隙增大，工作表面产生麻点、凹坑或裂纹等。

对于轻度磨损的轴承可通过清洗、重新更换润滑油和精确调整间隙的方法来恢复其工作精度。对于磨损严重的轴承，一般采取更换的方法进行处理。

三、轴组、键、传动齿轮的装配

（一）轴组的装配

轴是机械中的重要零件，所有带内孔的传动零件，如齿轮、带轮、蜗轮等都要装到轴上才能工作。轴、轴上零件与两端轴承支座的组合，称为轴组。轴组装配是指将装配好的轴组组件，正确地安装到机器中，达到装配的技术要求，保证其能正常工作。轴组装配的主要工作内容有轴承固定、游隙调整、轴承预紧、轴承密封和轴承润滑装置的装配、将轴组装入箱体（或机架）等。

1. 滚动轴承的固定

轴在工作时，既不允许有径向移动，也不允许有较大的轴向移动，同时要避免因受热膨胀而卡死，因此，要求轴承有合理的固定方式。轴承的径向固定是靠外圈与轴承座孔的配合来解决的；轴承的轴向固定有两端单向固定和一端双向固定两种方式。

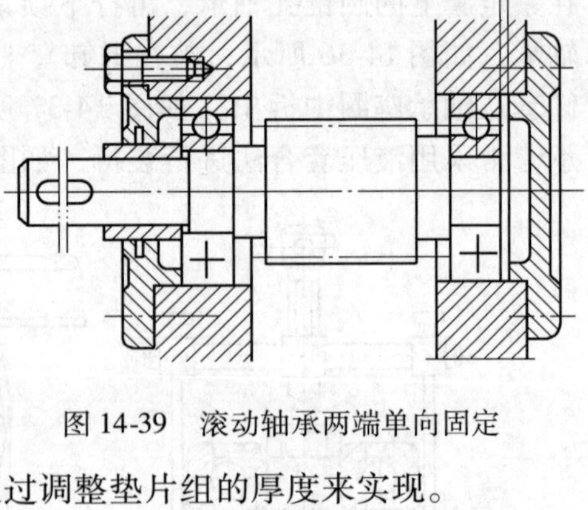

图 14-39　滚动轴承两端单向固定

（1）两端单向固定　图 14-39 所示为滚动轴承两端单向固定。每个轴承都靠轴肩和轴承盖进行单向固定，两个轴承合起来限制了轴的轴向移动。为避免轴承受热伸长将轴卡死，在右端轴承外圈与轴承盖间留有 0.5 ~ 1mm 的间隙 c，间隙 c 的大小可以通过调整垫片组的厚度来实现。

（2）一端双向固定　滚动轴承一端双向固定如图 14-40 所示。将右端轴承内、外圈双向固定，左端轴承外圈两侧均不固定，可随轴进行轴向移动。这种固定方式在工作时不会产生轴向窜动，轴受热时又能自由地向一端伸长，不会被卡死。间隙 c 的大小可以通过调整垫片组的厚度来实现。

轴承游隙的调整和预紧方法，前面已经介绍，在此不再赘述。

（二）键联结的装配

键是用来联结轴和轴上零件，用于周向固定以传递转矩的一种机械零件，具有结构简单、工作可靠、装拆方便等优点，因此获得广泛应用。

根据结构特点和用途不同，键联结可分为松键联结、紧键联结和花键联结三大类。

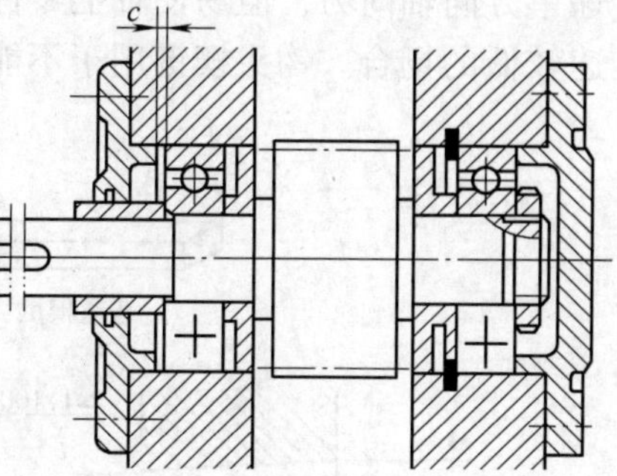

图 14-40 滚动轴承一端双向固定

1. 松键联结

松键联结是靠键的侧面来传递转矩的，只对轴上零件作周向固定，不能承受轴向力。松键联结能保证轴与轴上零件有较高的同轴度精度，在高速、精密连接中应用较多。松键联结包括普通平键联结、半圆键联结、导向平键联结及滑键联结等，其特点及应用见表 14-2。

表 14-2 松键联结的特点及应用

松键联结的类型	简 图	特点及应用
普通平键联结	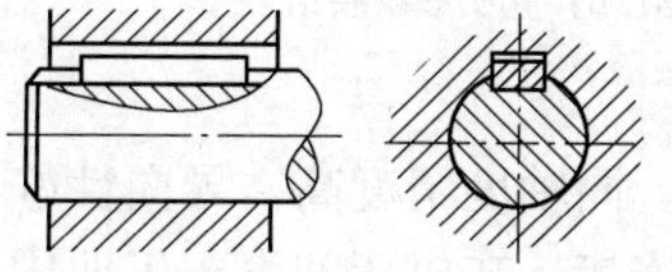	键与轴槽采用 P9/h9 或 N9/h9 配合，键与轮毂采用 Js9/h9 或 P9/h9 配合，即键在轴上和轮毂上均固定 常用于高精度、重载荷、受冲击及传递双向转矩的场合
半圆键联结	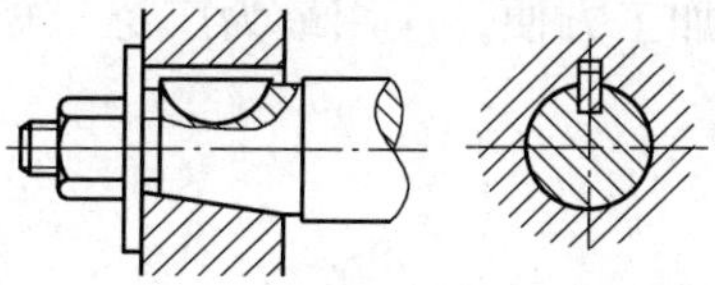	键在轴槽中能绕底圆弧曲率半径摆动，采用 G9/h9 配合，键与轮毂槽采用 JS9/h9 配合 一般用于轻载的场合，常用于轴的锥形端部
导向平键联结	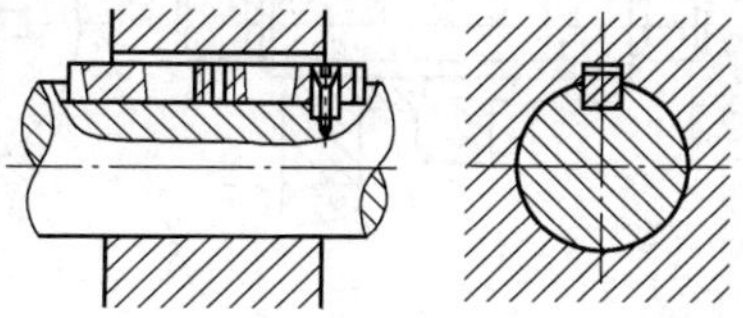	键与轴槽采用 H9/h9 配合，并用螺钉固定在轴上，键与轮毂槽采用 D10/h9 配合，轴上零件能做轴向移动 常用于轴上零件轴向移动量不大的场合
滑键联结	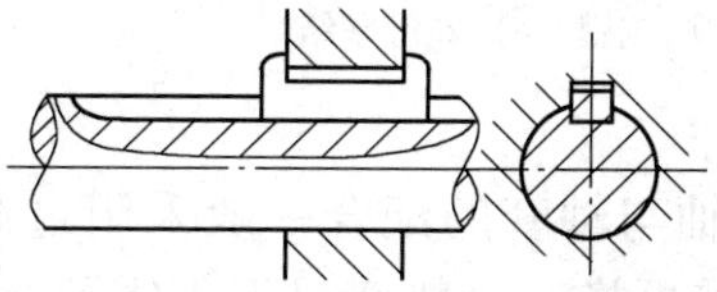	键固定在轮毂槽中（较紧配合），键与轴槽为间隙配合，轴上零件能带动键做轴向移动 用于轴上零件轴向移动量较大的场合

2. 紧键联结

紧键联结主要指楔键联结，如图 14-41 所示。楔键有普通楔键和钩头楔键两种。楔键的上、下两面是工作面，键的上表面和轮毂槽的底面均有 1:100 的斜度，键侧与键槽间有一定的间隙。装配时须将楔键打入键槽，靠过盈配合来传递转矩。紧键联结能实现轴向固定和传递单方向轴向力，但易使轴上零件与轴的配合产生偏心和歪斜，多用于对中性要求不高、转速较低的场合。钩头楔键用于不能从另一端将键打出的场合。

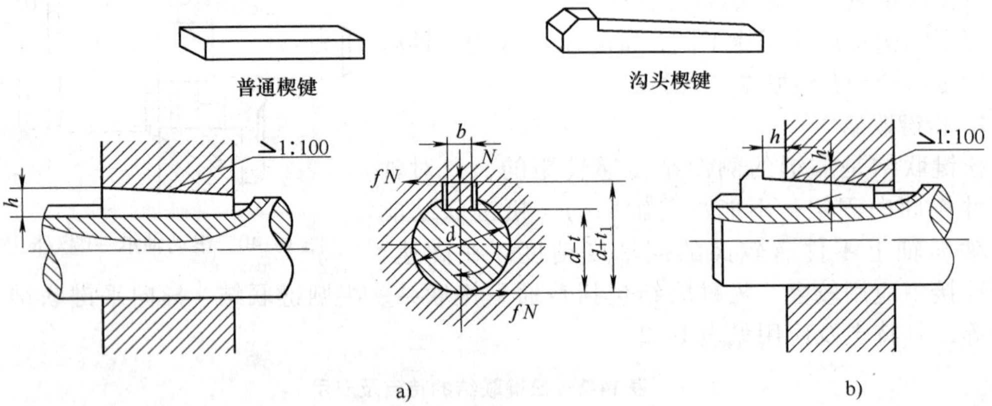

图 14-41　楔键联结

a）普通楔键联结　b）钩头楔键联结

3. 花键联结

花键联结具有承载能力高、传动转矩大、同轴度精度高、导向性好、对轴的强度削弱小等特点，用于大载荷和对同轴度要求较高的连接，在机床和汽车工业中应用广泛。

按工作方式不同，花键连接有动连接和静连接两种；按齿廓形状不同，花键可分为矩形花键、渐开线花键及三角花键。矩形花键因加工方便，应用最为广泛，矩形花键及其联结如图 14-42 所示。

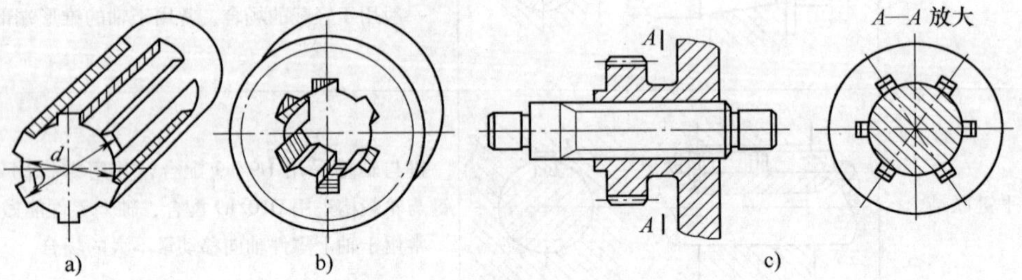

图 14-42　矩形花键及其联结

a）外花键　b）内花键　c）花键联结

4. 键联结的拆卸与修复方法

（1）平键联结的拆卸　平键联结时，轴与轴套的配合一般采用过渡配合或间隙配合。拆去联结件后，如果键的工作面完好，不需更换，一般情况下不需要拆下来。如果键已损坏，可采取以下方法拆卸：

1）尺寸较小的平键，可垫上铜皮，用錾子和锤子从一端剔出。

2）较长的平键一般都设有专供拆卸用的螺纹孔，可使用合适的螺钉旋入孔中，顶住槽底轴面，把键顶出来。

3）当键上没有螺纹孔且在键槽中配合较紧，又需要完整拆出的时候，可在键上钻孔、攻螺纹，然后旋入螺钉把它拔出来，这时键上虽然多了一个螺纹孔，但对其质量并无影响。

（2）楔键联结的拆卸 拆卸楔键时，只要注意拆卸方向就行了。拆卸时，可用冲子从键较薄的一端向外冲出。对于带有钩头的楔键，可用如图14-43所示的拆卸工具将其拉出；如果没有钩头，就只能在键的端面加工出螺纹孔，拧上螺钉将其拉出来。

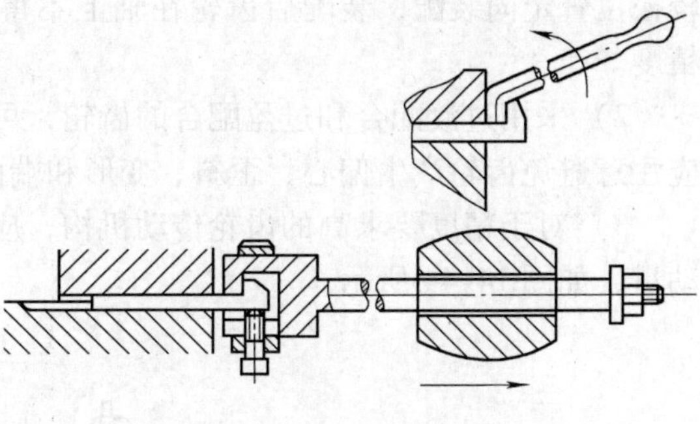

图14-43 钩头楔键的拆卸

5. 键联结的修复方法

1）键磨损和损坏时，只需更换新键即可。

2）轴与轮毂上的键槽损坏时，可将轴槽和毂槽用锉削或铣削的方法将键槽加宽，再配制新键，或相对原键槽旋转一定的角度，重新加工键槽。

3）花键连接的修复方法

① 花键磨损的修复方法：花键磨损会造成间隙过大，可采取用镀铬的方法增加花键齿的厚度。当花键磨损严重时，要用堆焊的方法加厚其齿厚，然后再用铣削或磨削的方法使花键达到技术要求。

② 花键损坏的修复方法：当花键局部损坏时，可采用堆焊的方法修复，即先在损坏处堆焊，然后进行热处理，最后采用铣削或磨削的方法使其达到技术要求。

（三）传动齿轮的装配

齿轮传动是机械中常用的传动方式之一，它是依靠轮齿间的啮合来传递动力和扭矩的，在机械传动中应用十分广泛。其优点是传动比恒定、变速范围大、传动效率高、传动功率大、结构紧凑、使用寿命长等。缺点是噪声大、无过载保护、不宜用于远距离的传动、制造装配要求高等。

1. 传动齿轮装配的技术要求

1）齿轮孔与轴的配合要满足使用要求。例如空套齿轮在轴上不得有晃动现象；滑移齿轮不应有咬死或阻滞现象；固定齿轮不得有偏心或歪斜现象。

2）保证齿轮有准确的安装中心距和适当的齿侧间隙（侧隙）。侧隙过小，齿轮转动不灵活，热胀时易卡齿，加剧磨损；侧隙过大，易产生冲击、振动。

3）保证齿面有一定的接触面积和正确的接触位置。

4）对于转速高、直径大的齿轮，应进行必要的平衡试验，以避免工作时产生过大的振动。

2. 圆柱齿轮的装配

圆柱齿轮装配一般分两个步骤进行：先把齿轮装在轴上，再把轴装入箱体。

（1）齿轮与轴的装配 齿轮与轴的装配形式有齿轮在轴上空转、齿轮在轴上滑移、齿轮在轴上固定三种形式。齿轮与轴一般采用键连接，齿轮内孔与轴的配合应根据工作要求而定。

1）间隙配合的齿轮，能在轴上空转或滑移，装配比较方便。用花键连接时，必须选择较松位置定向装配，装配后齿轮在轴上不得有晃动现象。装配精度主要取决于零件的加工精度。

2）采用过渡配合和过盈配合的齿轮，可采用手工工具敲击或在压力机上压配，装配时应注意避免齿轮产生偏心、歪斜、变形和端面未贴紧轴肩等安装误差。

3）对于精度要求高的齿轮传动机构，应在齿轮与轴装配后，检查径向跳动量和端面跳动量，如图 14-44 所示。

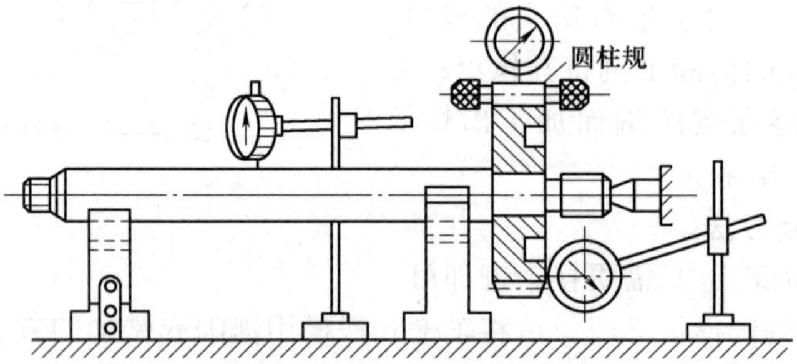

图 14-44　齿轮径向跳动和端面跳动的检查方法

（2）齿轮轴装入箱体　除了齿轮本身的制造精度外，箱体孔的尺寸精度、形状精度及位置精度都直接影响齿轮的啮合质量，所以齿轮轴部件在装配前，应检查箱体主要部位是否达到规定的技术要求。

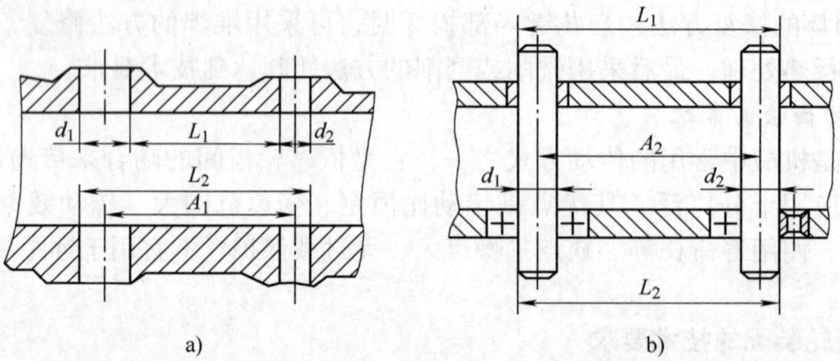

图 14-45　箱体孔距及孔系平行度的检查

1）孔距：相互啮合的一对齿轮的安装中心距是影响侧隙的主要因素。图 14-45a 所示为用游标卡尺分别测得 d_1、d_2、L_1、L_2，然后计算中心距：

$$A_1 = L_1 + \left(\frac{d_1}{2} + \frac{d_2}{2}\right) \text{或} A_1 = L_2 - \left(\frac{d_1}{2} + \frac{d_2}{2}\right)$$

图 14-45b 所示为用千分尺（或游标卡尺）和检验棒测量孔距，计算公式为

$$A_2 = \frac{L_1 + L_2}{2} - \frac{d_1 + d_2}{2}$$

2）孔系平行度检查：如图 14-45b 所示，分别测量检验棒两端尺寸 L_1 和 L_2，两者的尺寸差值就是两孔轴线的平行度误差值。

3）孔轴线与基面距离的尺寸精度和平行度检验：如图 14-46 所示，箱体基面用等高垫块支承在平板上，检验棒与孔紧密配合。用游标卡尺（量块或百分表）测量检验棒两端尺寸 h_1 和 h_2，轴线与基面距离的计算公式为

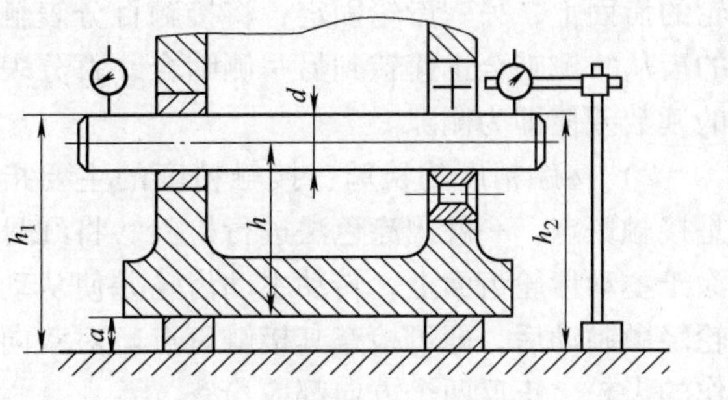

图 14-46 孔轴线与基面距离的尺寸精度及平行度检验

$$h = \frac{h_1 + h_2}{2} - \frac{d}{2} - a$$

平行度误差计算公式为

$$\Delta = h_1 - h_2$$

若平行度误差太大，可用刮削基面的方法进行修正。

4）孔中心线与端面垂直度的检验：常用有两种方法。图 14-47a 所示为将带圆盘的专用检验棒插入孔中，用塞尺检查孔中心线与孔端面的垂直度。图 14-47b 所示为用检验棒和百分表检查，检验棒转动一周，百分表读数的最大值与最小值之差即为端面对孔中心线的垂直度误差。如发现误差超过规定值，可用刮削端面的方法纠正。

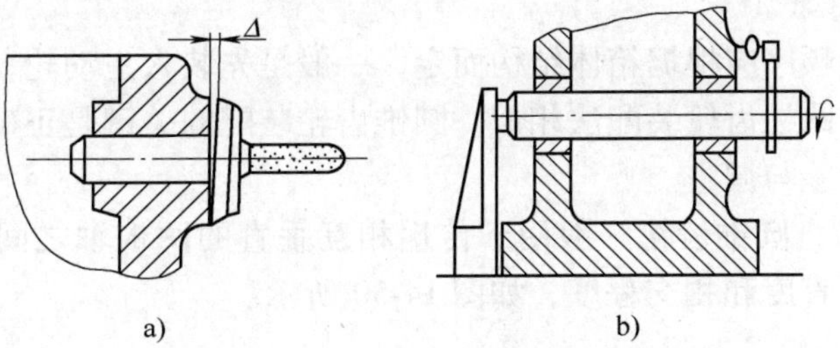

图 14-47 孔中心与端面垂直度的检验

5）孔中心线同轴度检验：图 14-48a 所示为成批生产时，用专用检验棒进行检验，若检验棒能自由地推入几个孔中，即表明同轴度合格。当有不同直径孔时，应用不同外径的检验套配合检验，以减少检验棒数量。图 14-48b 所示为用百分表及检验棒检验不同直径孔的同轴度，将百分表固定在检验棒上，转动检验棒一周，百分表最大读数与最小读数之差的一半即为同轴度误差值。

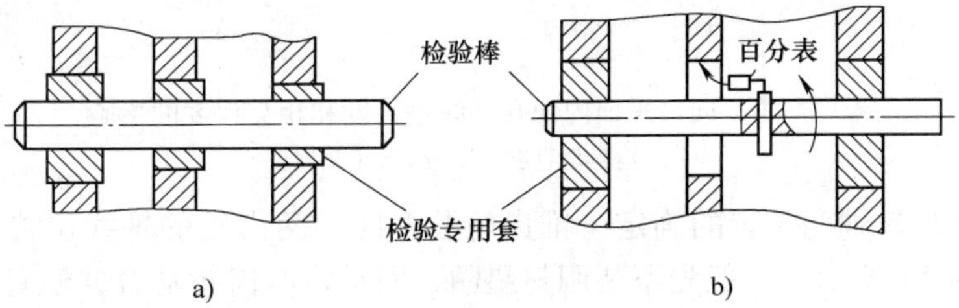

图 14-48 孔中心线同轴度的检验

（3）装配质量的检验与调整 齿轮轴部件装入箱体后，必须检查其装配质量。装配质量检验包括侧隙的检验和接触精度的检验。

1）侧隙的检验：检验侧隙的常用方法有两种，第一种方法是压铅丝法，如图 14-49a 所示，在齿面上沿齿宽两端平行放置两根直径为侧隙 1.25 ~ 1.5 倍的软铅丝，较宽的齿轮可放置 3 ~ 4 根，转动齿轮，铅丝被挤后，最薄处的厚度即为其侧隙，该方法比较直观、简单。第二种方法是用百分表检验侧隙，如图 14-49b 所示，测量时将百分表触头直接抵在一个齿轮的齿面上，另一齿轮固定，将接触百分表触头的齿从一侧啮合迅速转到另一侧啮合，百分表上的读数差值即为侧隙。

2）接触精度的检验：接触精度的主要指标是接触斑点，一般用涂色法进行检验。将红丹粉涂于主动齿轮齿面上，转动主动齿轮并使从动齿轮轻微制动后，即可检查其接触斑点。对双向工作的齿轮，正反两个方向都应检查。

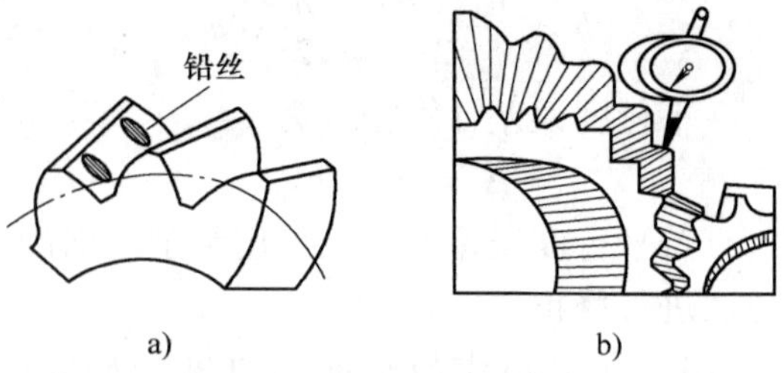

图 14-49　侧隙的检验方法

a）压铅丝法　b）用百分表检验

齿轮上接触印痕面积的大小，应随齿轮精度而定。一般传动齿轮在轮齿高度上的接触斑点不应少于30%～50%，在齿轮宽度上应不少于40%～70%，其接触位置应在节圆上下对称分布。

3. 圆锥齿轮的装配

圆锥齿轮装配的顺序应根据箱体结构而定，一般是先装入主动轮，再装入从动轮，把齿轮装到轴上的方法与圆柱齿轮装配法相似。圆锥齿轮装配的关键是正确确定圆锥齿轮的轴向位置和啮合质量的检验与调整。

（1）箱体的检验　圆锥齿轮一般用于传递相互垂直的两根轴之间的运动，装配之前应检验安装孔轴线的垂直度和相交程度，如图 14-50 所示。

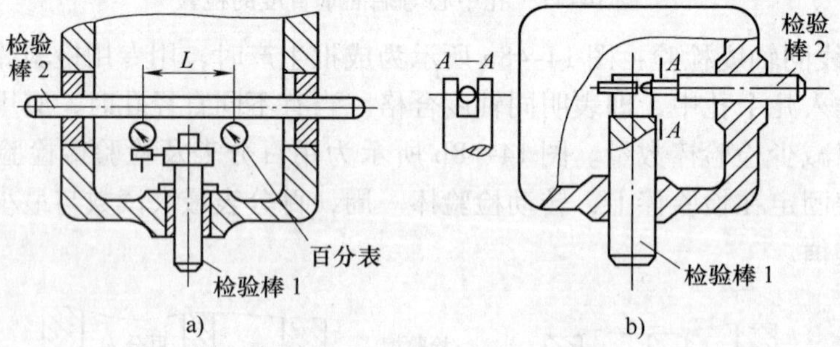

图 14-50　同一平面内两孔轴线垂直度和相交程度的检验

a）检验垂直度　b）检验相交程度

（2）两圆锥齿轮轴向位置的确定　锥齿轮装配时，两齿轮的轴线位置均用调整垫圈进行调整，如图 14-51 所示。一般先不装调整垫圈，而是将两齿轮啮合并使背锥面平齐，用塞尺测量出安装垫圈处的间隙，再按该尺寸配磨垫圈。装配后，再检查两齿轮的轴向窜动量和侧隙，要求齿轮转动灵活，正反向转动时，无明显间隙的感觉。

（3）圆锥齿轮啮合质量的检验　圆锥齿轮啮合质量的检查内容与方法为：

1）侧隙的检验：其检验方法与圆柱齿轮基本相同，使用压铅丝法检查时，铅丝的直径不宜超过最小侧隙的 3 倍。

2）圆锥齿轮接触精度的检验：用涂色法进行检验。在无载荷时，接触斑点应在齿面中间略偏于小端处；满载荷时，接触斑点应在齿高和齿宽的中间，且接触斑点应达到 40%～

60%，如图 14-52 所示。

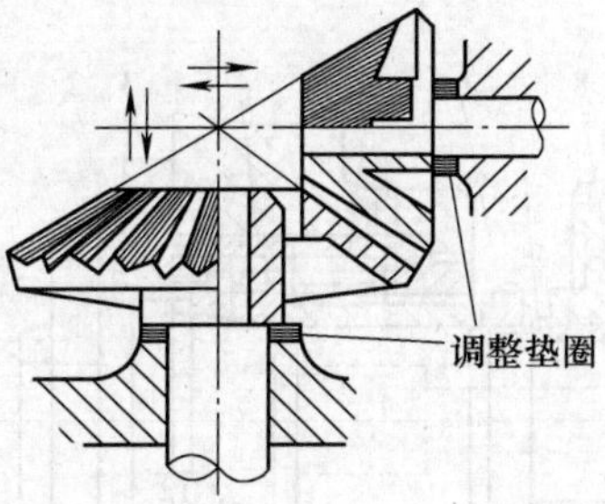

图 14-51　圆锥齿轮轴向位置的调整

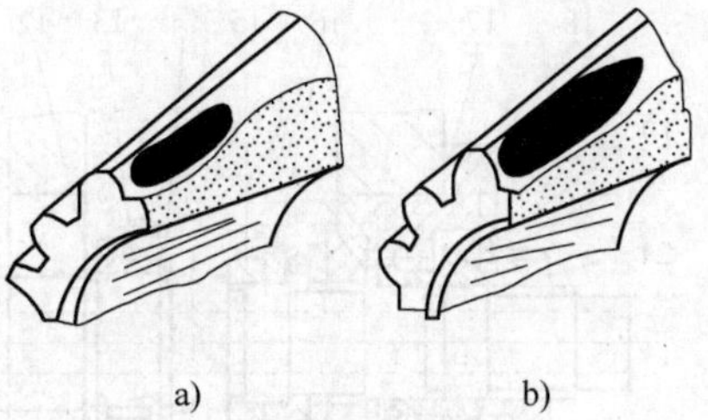

图 14-52　圆锥齿轮承载前后接触斑点的变化
a）无载荷　b）满载荷

四、装配要点

1）严格按照工艺要求所规定的操作步骤，使用合适的工具进行装配。

2）在装配过程中，应遵循先里后外，先下后上，以不影响下道工序为原则的次序进行装配。

3）装配工作要认真、细心地进行，对各配合零件的操作，不能破坏其本身的精度和表面粗糙度。

4）在任何情况下，均应保证不使脏物进入减速器的零部件内。

5）减速器总装后，要在滑动和旋转部分加润滑油，以防在运转时产生拉毛、咬住或烧坏现象。

6）最后要严格按照技术要求逐项进行检查。

课题二　装配训练

任务描述

对图 14-53 所示的 CA6140 型卧式车床的主轴轴组进行装配和调整。

任务分析

主轴部件是车床的关键部分，在工作时承受很大的切削抗力。加工工件的精度和表面质量在很大程度上取决于主轴部件的刚度和回转精度。

主轴部件的精度是指其在装配及调整之后的回转精度，包括主轴的径向圆跳动、端面圆跳动以及主轴旋转的均匀性和平稳性。

相关知识

1. 主轴径向圆跳动误差的测量

主轴径向圆跳动误差的检测方法如图 14-54a 所示，在锥孔中紧密地插入一根锥柄检验棒，将百分表固定在机床上，使百分表触头顶在检验棒表面上，旋转主轴，分别在靠近主轴端部的 a 处和距 a 处 300mm 的 b 处检验。主轴转一转，百分表在 a、b 两处读数的最大差值

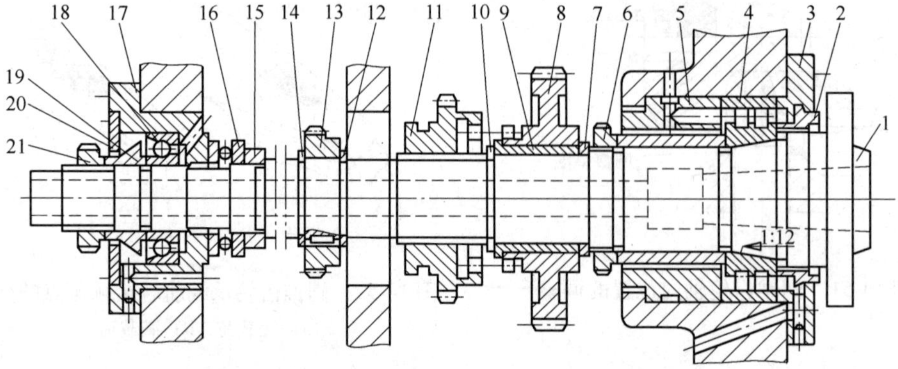

a)

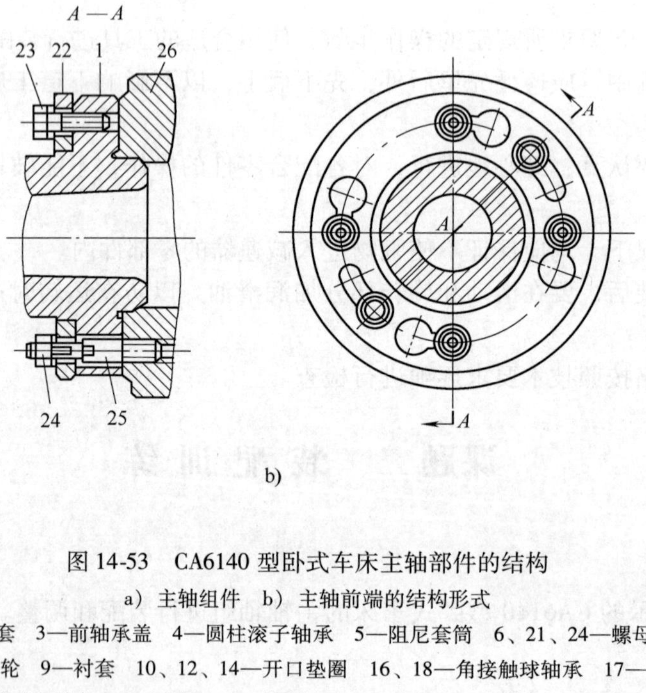

b)

图 14-53　CA6140 型卧式车床主轴部件的结构

a）主轴组件　b）主轴前端的结构形式

1—主轴　2—密封套　3—前轴承盖　4—圆柱滚子轴承　5—阻尼套筒　6、21、24—螺母　7、15—垫圈　8、11、13—齿轮　9—衬套　10、12、14—开口垫圈　16、18—角接触球轴承　17—后轴承壳体　19—锥形密封套　20—盖板　22—锁紧盘　23—螺钉　25—螺栓　26—卡盘座

即为主轴的径向圆跳动误差。

主轴径向圆跳动量也可按如图 14-54b 所示方法进行检测，直接测量主轴定位轴颈。主轴旋转一周时，百分表的最大读数差值即为径向圆跳动误差。

为了避免检验棒锥柄配合不良的影响，可拔出检验棒，相对主轴旋转 180°再插入主轴锥孔内，重复检验一次，两次测量结果的平均值就是主轴的径向圆跳动误差。

2. 主轴端面圆跳动（轴向窜动）误差的测量

如图 14-54c 所示，在主轴锥孔中紧密地插入一根锥柄短检验棒，在中心孔中装入钢球（钢球用黄油粘上），百分表固定在床身上，使百分表触头顶在钢球上。旋转主轴，百分表读数的最大差值就是端面圆跳动误差。

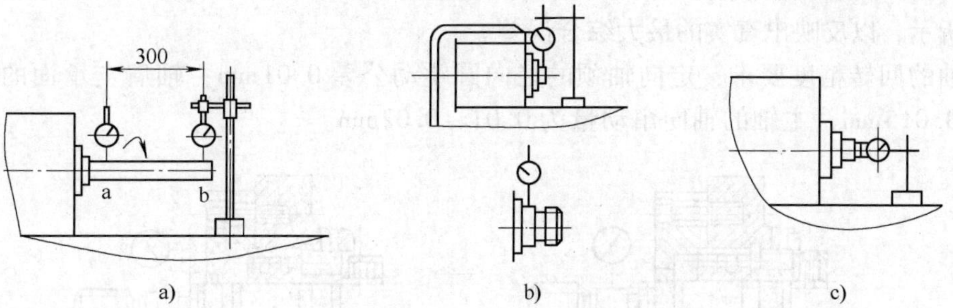

图 14-54 主轴部件回转精度的测量

任务准备

1）工具：锤子、各种扳手、纯铜棒等。

2）量具：卡尺、千分尺、百分表、检验棒、直角尺、水平仪等。

3）材料：CA6140 型卧式车床、润滑脂等。

任务实施

CA6140 型卧式车床主轴轴组装配顺序如下：

1）如图 14-53a 所示，将阻尼套筒 5 的外套和圆柱滚子轴承 4 的外圈及前轴承盖 3 装入主轴箱体前轴承孔中，并用螺钉将前轴承盖固定在箱体上。

2）把主轴分组件（由主轴 1、密封套 2、圆柱滚子轴承 4 的内圈及阻尼套筒 5 的内套组装而成）从主轴箱前轴承孔中穿入。在此过程中，从箱体上面依次将螺母 6、垫圈 7、齿轮 8、衬套 9、开口垫圈 10、齿轮 11、开口垫圈 12、键、齿轮 13、开口垫圈 14、垫圈 15 及角接触球轴承 16 装在主轴 1 上，并将主轴安装至要求的位置，如图 14-53a 所示。适当预紧螺母 6，防止轴承内圈因转动而改变方向。

3）从箱体后端将后轴壳体分组件（由后轴承壳体 17 和角接触球轴承 18 的内圈组装而成）装入箱体，并拧紧螺钉。

4）将角接触球轴承 18 的内圈按定向装配法装在轴上，敲击时用力不要过大，以免主轴移动。

5）依次装入锥形密封套 19、盖板 20、螺母 21，并拧紧所有螺钉。

6）对装配情况进行全面检查，以防止遗漏和错装。

检查评议

主轴装配调整后需进行测量，图 14-55 所示为测量主轴轴承间隙的方法。在床身平导轨上和主轴下垫木块，中间插入铁棒，一端加力 500～800N 时，在主轴上方用百分表测量，间隙应小于 0.005mm。

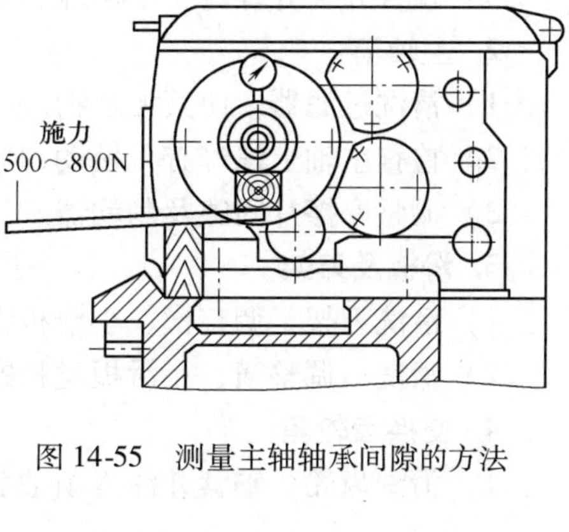

图 14-55 测量主轴轴承间隙的方法

测量主轴定向轴颈的径向圆跳动时，要将百分表测量头垂直压在主轴表面上，如图 14-56a 所示，以减少测量误差。测量主轴轴肩支承面的端面圆跳动时，要取上、下两处数据的平均值，如图 14-56b 所示，以反映出真实的最大综合误差。

主轴的回转精度要求：定向轴颈的径向圆跳动公差 0.01mm；轴肩支承面的端面圆跳动公差 0.015mm；主轴的轴向窜动量为 0.01～0.02mm。

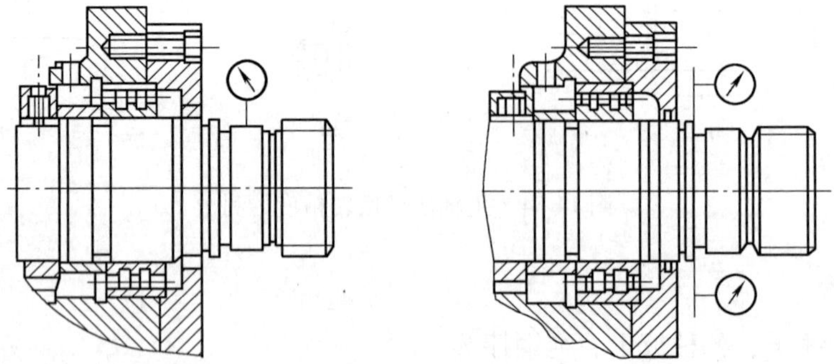

a)　　b)

图 14-56　测量主轴的回转精度

问题及防治

装配圆柱滚子轴承的内圈时，应先检查其内锥面与主轴锥面的接触面积，一般应大于 50%。如果锥面接触不良，收紧轴承时，会使轴承内滚道发生变形，破坏轴承精度，缩短轴承使用寿命。

扩展知识

卧式车床的 1 级保养

为了保证车床的精度和延长使用寿命，当车床运转 500h 后，要进行 1 级保养，主要是清洗、润滑和进行必要的调整。保养工作以操作工为主，维修工配合进行。

保养时，必须先切断电源，然后进行工作，具体保养内容和要求如下：

1. 外保养

1）清洗机床外表及各罩盖，保持内外清洁，无锈蚀、无油污。

2）清洗长丝杠、光杠和操作杆。

3）检查并补齐螺钉、手柄球、手柄。

2. 主轴箱

1）清洗过滤器，使其无杂物。

2）检查主轴上螺母有无松动，紧定螺钉是否锁紧。

3）调整摩擦片间隙及制动器。

3. 滑板及刀架

1）清洗刀架，调整横、小滑板镶条间隙。

2）清洗、调整横、小滑板丝杠螺母间隙。

4. 交换齿轮箱

1）清洗齿轮、轴套并注入新油脂。

2）调整齿轮啮合间隙。

3）检查轴套有无晃动现象。

5. 尾座

清洗尾座，保持内、外清洁。

6. 润滑

1）清洗冷却泵、过滤器、盛液盘。

2）保证油路畅通，油孔、油绳、油毡清洁无铁屑。

3）检查油质，要求油杯齐全，油窗明亮。

7. 电器

1）清扫电动机、电器箱。

2）电器装置固定整齐。

参考文献

[1] 汪哲能．钳工工艺与技能训练［M］．北京：机械工业出版社，2008.
[2] 宫成立．金工实训［M］．北京：机械工业出版社，2007.
[3] 徐鸿本，沈其文．金工实习［M］．2 版．武汉：华中科技大学出版社，2008.
[4] 栾振涛．金工实习［M］．北京：机械工业出版社，2007.
[5] 童永华，冯忠伟．钳工技能实训［M］．2 版．北京：北京理工大学出版社，2009.
[6] 陈秀华．钳工实习［M］．北京：机械工业出版社，2010.
[7] 技能士の友编集部．钳工能手［M］．戎圭明，张立丽，译．北京：机械工业出版社，2009.
[8] 陈宏钧．实用钳工手册［M］．北京：机械工业出版社，2009.
[9] 徐再贵，张剑锋．钳工入门［M］．北京：化学工业出版社，2009.
[10] 王立波．钳工［M］．北京：化学工业出版社，2011.
[12] 逯萍．钳工工艺学［M］．北京：机械工业出版社，2008.
[13] 蔡海涛．模具钳工工艺学［M］．北京：机械工业出版社，2009.
[14] 孙俊．钳工一点通［M］．北京：科学出版社，2011.
[15] 孙庚午．安装钳工手册［M］．郑州：河南科学技术出版社，2010.
[16] 赵长祥，林立．钳工实用手册［M］．北京：中国电力出版社，2009.